役にたつ化学シリーズ
村橋俊一・戸嶋直樹・安保正一 編集

# ⑧化学工学

古崎新太郎
石川　治男
田門　　肇
大嶋　　寛
後藤　雅宏
今駒　博信
井上　義朗
奥山喜久夫
西村　龍夫
大嶋　正裕 [著]

朝倉書店

役にたつ化学シリーズ ■編集委員

村 橋 俊 一　　大阪大学名誉教授
戸 嶋 直 樹　　山口東京理科大学基礎工学部物質・環境工学科
安 保 正 一　　大阪府立大学大学院工学研究科物質系専攻


8 化学工学 ■執 筆 者

＊古 崎 新太郎　　崇城大学生物生命学部，東京大学名誉教授 [1章]
＊石 川 治 男　　大阪府立大学名誉教授 [2章]
　田 門　　 肇　　京都大学大学院工学研究科化学工学専攻 [3.1, 3.2節]
　大 嶋　　 寛　　大阪市立大学大学院工学研究科化学生物系専攻 [3.3, 3.6節]
　後 藤 雅 宏　　九州大学大学院工学研究院応用化学部門 [3.4, 3.8節]
　今 駒 博 信　　神戸大学工学部応用化学科 [3.5, 3.7節]
　井 上 義 朗　　大阪大学大学院基礎工学研究科化学系専攻 [4章]
　奥 山 喜久夫　　広島大学大学院工学研究科物質化学システム専攻 [5章]
　西 村 龍 夫　　山口大学工学部機械工学科 [6章]
　大 嶋 正 裕　　京都大学大学院工学研究科化学工学専攻 [7章]

執筆順，[ ]内は担当章・節，＊印は本巻の執筆責任者

# はじめに

　化学工学という工学の一分野が提案されてから約 1 世紀が経過し，その体系がほぼ完成されたのはおおよそ 20 世紀の終わりということができよう．当初は，単位操作という物理操作を中心とする分離精製技術の基礎となる工学であったが，次第に反応を取り扱うべく発展し，さらにはプラント全体のシステム，さらには地域や地球全体の環境をも対象とするに至った．すなわち，物質の変化・移動・分離を伴う諸現象の解明と解析，それらを扱う装置の設計の基礎工学としての役割を果たしてきたということができる．近年，技術の展開がバイオテクノロジー，ナノテクノロジーなどに対象を広げても，化学工学のもつストラテジーは有効に，かつますます活躍の場を与えられている．

　化学工学の基礎は，移動現象を扱う分野（移動速度論），分離精製を扱う分野（単位操作），反応を装置工学の立場から扱う分野（反応工学），システム全体を制御する分野（制御工学からシステム工学まで）のいろいろなスペクトルをもっている．それらをつなぐ基礎科学は，応用数学であり，物理学であり，化学である．また近年では生物学の基礎もバイオプロセスの解析・設計には欠かせない．

　本書は，化学工学の基礎についてこれから化学工学を勉強しようという初学者向けに，"役にたつ化学工学"という観点から専門家によって分担執筆されたものである．対象とする分野は，工学系のみならず，農学系，医学系など他の自然科学においても活用できる．ただし，ここに書かれた内容はあくまでも初心者向きの基礎であって，これが先端分野の応用に直ちにつながるものではない．また，先端分野への応用についての記述も含まれていない．しかしながら，基礎を十分に理解することによって，新規な発想が芽生え，さらには先端技術の開発に結びつくものと私達は信じている．その意味で本書が，科学技術を学ぶための有益な基礎知識を読者に与えることができるよう期待してやまない．

　最後に，本書の執筆にあたられた諸先生，および出版にご尽力頂いた朝倉書店に厚く御礼を申し上げる．

2005 年 2 月

著者を代表して

古 崎 新太郎

石 川 治 男

役にたつ化学シリーズ 8 化学工学

# 目　次

## ■ 1 化学工学とその基礎 ■

1.1 化学プロセスの特徴 ………………………………………………………… *1*
1.2 化学工学の目的と体系 ………………………………………………………… *2*
1.3 化学工学の領域 ………………………………………………………… *4*
1.4 物質収支とエネルギー収支 ………………………………………………………… *5*
　　　　　a. 物 質 収 支　*5*
　　　　　b. エネルギー収支　*9*
■演 習 問 題 ………………………………………………………… *13*

## ■ 2 化学反応操作 ■

2.1 化学反応と反応器の分類 ………………………………………………………… *17*
　　　　　a. 化 学 反 応　*17*
　　　　　b. 反応器とその内部の反応流体の流れ　*19*
2.2 反応速度式 ………………………………………………………… *21*
　　　　　a. 反応速度の定義　*21*
　　　　　b. 反応次数と反応の分子数　*22*
　　　　　c. 反応速度の温度依存性　*22*
　　　　　d. 反応速度式の導出　*23*
2.3 反応器設計の基礎式 ………………………………………………………… *26*
　　　　　a. 量 論 関 係　*27*
　　　　　b. 反応器の設計方程式　*30*
2.4 反応器の設計と操作 ………………………………………………………… *36*
　　　　　a. 回分反応器による反応操作　*36*
　　　　　b. 連続槽型反応器による反応操作　*38*
　　　　　c. 管型反応器による反応操作　*41*
2.5 反応速度解析法 ………………………………………………………… *42*
　　　　　a. 回分反応器による反応速度の測定と解析　*42*
　　　　　b. 連続式反応器による反応速度の測定と解析　*46*
■演 習 問 題 ………………………………………………………… *48*

## 3 分離操作

- 3.1 分離の原理 ……………………………………………………………… 50
  - a. 分離に利用する物質の特性　50
  - b. 平衡分離　51
  - c. 速度差分離　51
  - d. 分離係数　52
- 3.2 ガス吸収 …………………………………………………………………… 54
  - a. ガスの溶解度　54
  - b. 物理吸収速度　55
  - c. ガス吸収装置　59
  - d. 充塡層の所要高さ　60
- 3.3 蒸留 ………………………………………………………………………… 65
  - a. 回分式蒸留と連続式蒸留　66
  - b. 蒸留装置の基本構成と精製蒸留の基本操作　66
  - c. 蒸留の原理：気液平衡　68
  - d. 種々の蒸留法　71
  - e. 連続精留の理論段数　75
- 3.4 抽出 ………………………………………………………………………… 80
  - a. 液液平衡関係の表現　81
  - b. 抽出操作　83
- 3.5 吸着 ………………………………………………………………………… 87
  - a. 単一粒子への吸着　87
  - b. 吸着平衡　88
  - c. 吸着剤への吸着速度　89
  - d. 吸着装置とその操作　90
- 3.6 晶析 ………………………………………………………………………… 96
  - a. 結晶の構造と諸特性　96
  - b. 物質の溶解度と晶析の原理　98
  - c. 結晶生成のメカニズム　99
  - d. 晶析の量論　101
  - e. 晶析の動力学　102
  - f. 晶析装置　103
- 3.7 乾燥 ……………………………………………………………………… 105
  - a. 湿り空気の性質　105
  - b. 乾燥特性　108
  - c. 乾燥器の基本設計　110
- 3.8 膜分離 …………………………………………………………………… 114
  - a. 膜透過の速度式　116
  - b. 逆浸透膜　117

　　　　　　　c．限外沪過膜　*119*
　　　　　　　d．ガス分離膜　*119*
　　　　　　　e．透過気化膜　*121*
　　　　　　　f．透　析　膜　*121*
　　　　　　　g．液　　　膜　*121*
■ 演 習 問 題 ……………………………………………………………………………*124*

## ■ 4 流体の運動と移動現象 ■

**4.1 液体中の移動現象** ………………………………………………………………*126*
　　　　　　　a．流体の流れと運動量移動　*126*
　　　　　　　b．分子拡散現象　*129*
　　　　　　　c．熱伝導現象　*130*
**4.2 流れの形態** ……………………………………………………………………*130*
　　　　　　　a．流れ場の基礎式　*130*
　　　　　　　b．層流と乱流　*132*
　　　　　　　c．次 元 解 析　*135*
　　　　　　　d．Fanning の摩擦係数　*136*
**4.3 流れ系の巨視的エネルギー収支** ……………………………………………*138*
　　　　　　　a．Bernoulli の定理　*138*
　　　　　　　b．巨視的機械エネルギー収支(Bernoulli の式)　*139*
**4.4 複雑な流れ系** …………………………………………………………………*140*
　　　　　　　a．撹拌槽内の流れ　*140*
　　　　　　　b．充填層内の流れ　*142*
　　　　　　　c．混　相　流　*142*
■ 演 習 問 題 ……………………………………………………………………………*143*

## ■ 5 粉粒体操作 ■

**5.1 粒子の物性** ……………………………………………………………………*146*
　　　　　　　a．対数正規分布　*147*
　　　　　　　b．Rosin-Rammler 分布　*148*
　　　　　　　c．粒径および粒度分布の測定　*148*
**5.2 単一粒子の運動** ………………………………………………………………*149*
　　　　　　　a．単一粒子に作用する抵抗力　*149*
　　　　　　　b．外力場における単一粒子の運動　*149*
　　　　　　　c．静電気力による粒子の運動　*150*
**5.3 固 液 分 離** ……………………………………………………………………*151*
　　　　　　　a．沈 殿 濃 縮　*151*
　　　　　　　b．沪　　　過　*152*

## 5.4 集　　塵 ················································································ 154
　　　　　a. サイクロン　*154*
　　　　　b. 電気集塵器　*155*
　　　　　c. バグフィルター　*156*
　　　　　d. エアフィルター　*156*
## 5.5 分級と混合 ············································································ 157
■ 演習問題 ···················································································· 158

# 6 エネルギーの流れ

## 6.1 エネルギーの形態とその性質 ···················································· 161
　　　　　a. エネルギーの種類と変換　*161*
　　　　　b. 熱力学第一法則　*162*
## 6.2 エネルギーの有効利用 ···························································· 163
　　　　　a. Carnotの熱機関　*163*
　　　　　b. 熱力学第二法則　*165*
　　　　　c. ヒートポンプ　*166*
## 6.3 エネルギーの評価 ·································································· 167
　　　　　a. エクセルギー　*167*
　　　　　b. コジェネレーション技術　*169*
　　　　　c. 発電システム　*170*
## 6.4 熱エネルギーの輸送過程 ························································· 171
　　　　　a. 伝熱の形態　*171*
　　　　　b. 熱　伝　導　*171*
　　　　　c. 対　流　伝　熱　*173*
　　　　　d. 放　射　伝　熱　*174*
　　　　　e. 熱　交　換　器　*174*
　　　　　f. 伝　熱　促　進　*176*
■ 演習問題 ···················································································· 177

# 7 プロセスシステム

## 7.1 最適という概念 ······································································ 179
## 7.2 最適熱交換システムの設計（ピンチテクノロジー） ······················· 182
　　　　　a. エネルギー有効テクノロジーの評価指標　*182*
　　　　　b. $T$-$Q$ 線図　*184*
　　　　　c. 最小接近温度差　*186*
　　　　　d. 熱　複　合　線　*187*
　　　　　e. 複合線の分解と熱交換器の構成　*188*
■ 演習問題 ···················································································· 191

**付 録** ································································································ *192*
　　　　付録1　国際単位系(SI)　*192*
　　　　付録2　ギリシャ文字　*193*

**演習問題解答** ···················································································· *194*

**索　引** ································································································ *199*

# 化学工学とその基礎

1

　化学工学は20世紀の初めに，まず石油精製装置の設計基礎を与える学術としてアメリカおよびイギリスにおいて誕生し，発展してきた．その内容は物質の流れや拡散，熱の輸送の問題から化学反応を取り扱うべく発展し，さらに総合的にシステムとして全体を解析する体系を整えてきた．本書は，化学工学について，その全容をわかりやすく示すことを目的としている．この章では，その概念を理解してもらうことを目的として，その全体像について記述する．

## 1.1　化学プロセスの特徴

　化学プロセスにおいては，1種類またはいくつかの原料から，副生物を含む多くの物質が生産される．外から目には見えないが，装置の中で物質の移動や熱の伝達が起こり，物質の変化・反応が進んでいる．したがって，対象とする系をはっきり定めて，物質の移動や変化を解析する

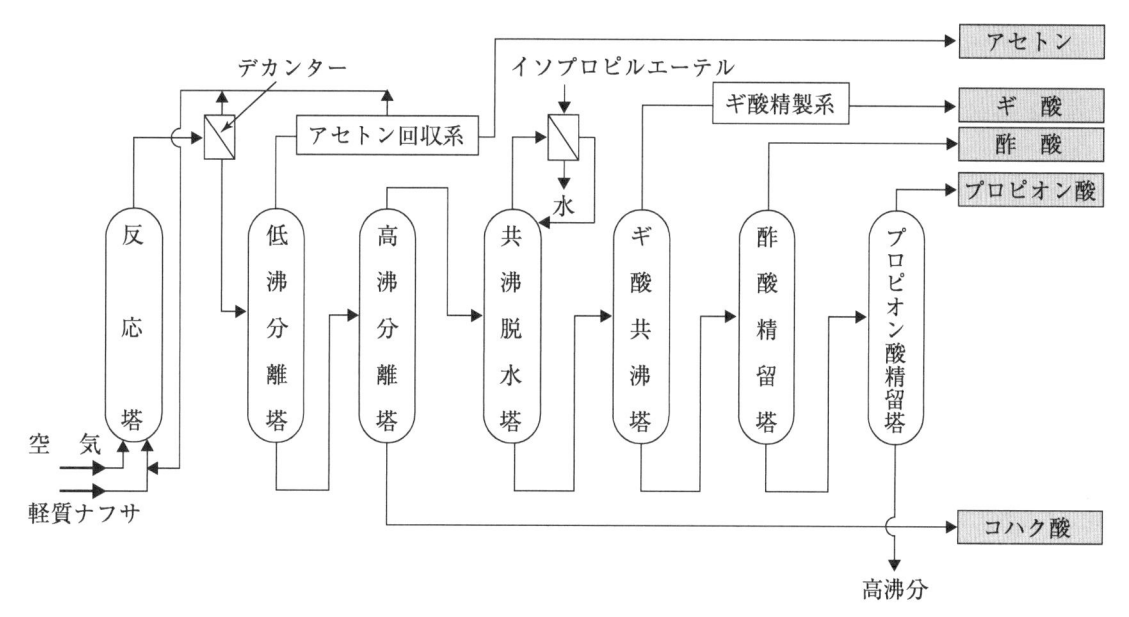

図 1.1　ナフサ液相酸化による酢酸の製造プロセスフロー
[酢酸工業会編：日本酢酸業界史，p.703 (1978)]

必要がある．図1.1はナフサの酸化による酢酸の製造に関するプロセスフローシート(1)であるが，いろいろな物質が系に入り，また排出されることがわかる．さらに，未反応の物質を分離して原料として再利用するリサイクルもあり，複雑になっている．

　このように原料と中間生成物，製品，副生成物が入り組んだ出入りをするのが化学プロセスの特徴である．また，ユーティリティーの供給もあり，配管は複雑である．その流れにおいて，反応装置や種々の分離装置がいろいろな役割を演じている．それらの中では物質が変化したり，分離精製されている．温度や圧力の広い範囲で操作されているのが，特徴である．肉眼で変化を見ることはできないが，内部の変化は物理測定やサンプルを採取して分析（化学分析や機器分析）でモニターしている．それぞれの装置が性能を十分に発揮できるように設計し操作することが重要なのである．

> **ユーティリティー**
> 蒸気，冷却水，純水，窒素ガス，乾燥空気など原材料ではないが，プロセスを動かすのに必要な副材料を総称してユーティリティーとよんでいる．

## 1.2　化学工学の目的と体系

　上記のように化学プロセスは物質の変化を扱い，反応と分離精製を行っている．装置の中で何が起こっているかを知り，もっとも少ないコストで操作できるように設計するのが，化学工学の役割である．コストは経済的なものであるが，同時にエネルギーから見ても効率良く操作することにもつながっている．最小エネルギーという概念がこれからますます重要になるであろう．

　化学工学は上記のように，化学プロセスを設計，解析することから成立した学問であるが，その後，プロセスだけでなくデバイスや，物質の変化を伴うシステムの設計や解析にも応用されるようになってきた．たとえば，金属を基盤に蒸着，析出させて電子応答を行うデバイスを作製したり，生体内の現象を数理的に解析して，医療にその結果を応用しようとすることも行われている．生物の機能を利用して物質を生産したり，環境浄化に役立てたりすることも，化学工学が展開してきた学術の手法を適用することも行われる．言い換えると，従来化学プロセスを対象としたものが，地球環境や生体など広く対象を広げて解析し，生産や適正化などの行動へ展開しているのが現状である．

　それでは，化学工学の体系とはどのようなものであろうか？まず，物質の変化を扱うのであるから，物性が重要な基礎をなしている．とくに，物性を規定する $P$-$V$-$T$ の関係（状態方程式），分離に関係する相平衡，移動（エネルギー・物質）に関係する移動物性（熱伝導率・拡散係数など）は基礎データとして重要である．これらは，広い意味で熱力

> **状態方程式**
> 圧力を $P$，容積を $V$，絶対温度を $T$ で表して，それらの関係を表す式を状態方程式と称する．
>
> **相平衡**
> 気体，液体，固体などの相が平衡状態にあるときのそれぞれの相における物質の濃度についての相互の関係を相平衡あるいは相平衡関係と称している．

次いで，装置の中で起こる現象の解析には，装置内の流れについて検討する必要がある．流体力学も化学工学の大事な基礎学問である．これと，熱エネルギーの流れ（熱伝達），物質の移動が装置内の変化の理解に欠かせない現象であり，これらが化学工学の基礎を形成している．流れ（モーメンタム），熱・物質の移動現象には相似性があることが知られている（4章参照）．

さて，化学プロセスにおいて反応が重要な役割を演ずることはいうまでもない．反応の工学的側面を扱うのが反応工学である．すなわち，工業反応速度論を基礎として，反応器の中の流動・熱伝達・拡散についての知見を応用して反応器の設計と操作の最適化を行う．

次に，反応で生成した物質や未反応の物質を，それぞれの用途に応じた純度にまで分離し精製することが必要である．また，周囲の環境を損なわないように，粉塵や汚染物質を除去し処理することも大切であろう．分離精製技術も化学工学の重要な分野である．従来，単位操作として体系化されてきた拡散操作，たとえばガス吸収，蒸留，抽出，吸着，晶析，あるいは機械的分離操作，たとえば沈降，沪過，集塵，遠心分離などがこれに当たる．

化学プロセスは全体として有機的なシステムを形成している．シス

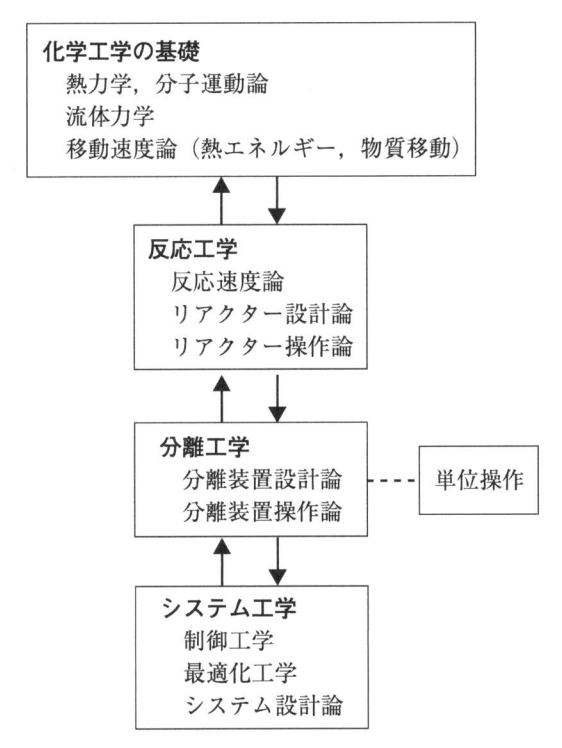

図 1.2 化学工学の体系

テムを自動化し制御する制御工学，システムを解析して最適化するシステム工学なども化学工学の重要な分野である．この方面では，ロボット工学やコンピューター技術など他分野とも関係が深い．化学プロセスのみならず，環境問題の処理などにおいて，全体をみながら問題を処理することが大切である．システムを考え，さらにサブシステムに分けて解析し，全体の最適化を図ることは重要で，このようなアプローチもシステム工学の分野に属する．こう考えると，システム工学は社会のいろいろな現象にも適用することができるといえよう．

以上をまとめて，化学工学の体系を図に表すと，図1.2のようになる．

## 1.3 化学工学の領域

前節で化学工学の体系について記した．ここでは，化学工学の応用される領域について記すことにする．化学工学は元来，石油精製プロセスの設計から始まり，化学プロセス一般に応用され，さらに，化学工学の手法は地球環境システムの改善，新材料の開発など，物質の変化を伴う系の定量的解析や，取り扱う装置の設計などに応用されている．たとえば，超臨界流体を利用した反応や分離法も化学工学で開発された手法が活用されている．

また，生物機能を利用するバイオリアクターやバイオ生産物の分離精製も，それぞれ反応工学や分離工学の応用である．薬物を生体内において患部に輸送する技術，人工臓器の作製についても化学工学の考え方が適用される．宇宙船などのクローズドシステムにおける環境の変化の解析と浄化もこれまでに開発された手法の延長で検討がなされて

**反応工学，分離工学**
反応装置内の物質変化の状態や装置設計を行う工学の分野が反応工学，分離装置についての分野が分離工学である．それぞれ化学工学の中の重要な分野を占めている．

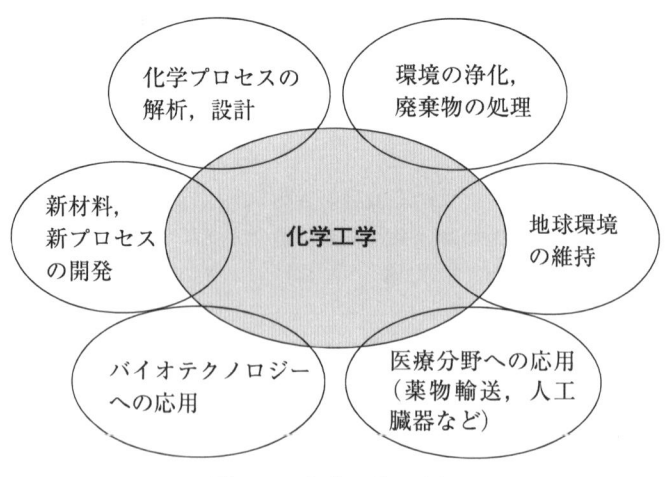

図 1.3　化学工学の応用

いる．

　以上のように，化学工学の領域は，化学プロセスだけでなく種々の現象の解析と予測へと展開している．化学工学の応用分野を，読者の理解のために図1.3にまとめておく．広く，いろいろな分野に役立つことがわかるであろう．

## 1.4 物質収支とエネルギー収支

　化学工学は物質の変化を扱う装置やシステムの開発を解析する学問である．したがって，どのように物質が変化して行くのか定量的に調べる必要がある．そこで，ある系を定めて，物質の変化や出入りを解析する．これが物質収支である．また，物質の変化に伴って，エネルギーの供給や除去の必要なことも考えられる．この場合には，エネルギー収支も必要である．本節では，物質収支とエネルギー収支について説明する．

**物質とエネルギーの収支**
資金の流れの収支をとるのと同様に，物質量やエネルギー量の出入りおよび蓄積を勘定するのが物質収支であり，エネルギー収支である．これが，すべての解析の基準となる．

### a．物質収支

　物質収支の基本は質量保存の法則である．収支を計算する領域を決めて，その領域における各物質（あるいは元素）の出入りを以下の式に従って計算する．

$$[入量]-[出量]=[蓄積量] \tag{1.1}$$

定常状態であれば，蓄積量は0である．その場合，[入量]＝[出量]となる．

　物質収支は実例で説明した方がわかりやすいので，以下にいくつかの例を示すことにしよう．

---

【例題1.1】メタンを空気で燃焼している．メタンの供給量が1.0 $Nm^3 h^{-1}$ のとき，完全燃焼するための空気の過剰率を10％として完全燃焼していると考えると，燃焼装置の出口における $CO_2$，$N_2$，$O_2$，および水蒸気の流量はいくらとなるか？

[解答] メタンの燃焼反応式は以下のように表される．

$$CH_4 + 2O_2 = CO_2 + 2H_2O$$

いま，基準としてメタン100 mol が供給されていると考える．空気の過剰率が10％であるので，$O_2$ が $100 \times 2 \times 1.1 = 220$ mol，$N_2$ が $220 \times (79/21) = 828$ mol 供給されている．そのうち，反応に消費される $O_2$ は200 mol である．出口には20 mol が排出される．また，$CO_2$ は100 mol，$H_2O$ は200 mol 生成する．メタン1.0 $Nm^3 h^{-1}$ に対する出口におけるガス流量は $CO_2$ 1.0 $Nm^3 h^{-1}$，$N_2$ 8.28 $Nm^3 h^{-1}$，

**$Nm^3$**
標準状態（この場合 273 K，1 atm）における気体の容積を $Nm^3$ で表す．

$O_2$ 0.20 Nm³ h⁻¹, $H_2O$ 2.0 Nm³ h⁻¹ となる．なお，排気の温度が水蒸気の飽和温度よりも下回れば，$H_2O$ 濃度は飽和水蒸気圧の濃度となり，過剰の水蒸気は凝縮して水となる．

**one pass**
原料から製品までの流れが一方通行のものを，ここでは one pass と称している．プラントにおける現場の用語でもある．

例題 1.1 は，単一反応の one pass の操作であるが，プロセスでは，未反応物質の回収再利用（リサイクル）が行われる．また，副生物が生成したり，何種類かの原料を扱う場合もあり，このような場合には物の流れの分岐点において物質収支をとる必要がある．図 1.4 のようないくつかのラインによる出入りがあるときにも，式（1.1）を用いて対象とする領域において物質（分子あるいは原子，原子団）の収支をとる．

**図 1.4** 複数の出入りのある系の収支

定常状態においては，流量を $F_i$ 濃度を $C_i$ で表すと（$i$ は成分を表わす），

$$\sum (F_i C_i) + [反応などで生成する量] - [反応などで消失する量] = 0 \tag{1.2}$$

**繰り返し演算**
ある関係をもつ条件式の解を解析的でなく，試行錯誤的に繰り返し演算により求める方法に Regula-Falsi 法，Newton 法などがある．Newton 法の方が収束が速いといわれているが，発散して解に到達しないこともある．

式（1.2）で，$F_i$ は入量に対しては正，出量に対しては負の値とする．なお，このような系が連結されたシステムになると，上の物質収支式がいくつもできて，それらを連立させて解く必要がある．一次方程式の連立なら，たとえば Gauss の消去法，また，非線形項を含む場合には Regula-Falsi 法，Newton 法などを用いてコンピューター計算を行うことが多い．パッケージプログラムになって提供されてもいる．

【例題 1.2】ある分離装置がある．この装置を用いてベンゼンとトルエンの混合物からベンゼンを分離する．原料中のベンゼン濃度は 40 モル％ で残りはトルエンである．装置の性能から，製品中にはベンゼンが 99.5 モル％，残渣にはベンゼンが 0.5 モル％ とすることが期待される．ベンゼンの製品への回収率はいくらであろうか？

［解答］簡単な物質収支である．原料を 100 モルとすると，その中に含まれるベンゼンは 40 モルである．これが，分離後に純度 99.5％ の製品と，10％ ベンゼンを含む残渣に分かれる．この関係を式で表すと，

$$40 = 0.995P + 0.1(100-P)$$

となる．ここで，$P$ は製品の総量である．上の式を解いて，$P=33.5$ mol となる．66.5 mol は残渣である．製品へのベンゼンの回収率は $33.5 \times 0.995/40 = 0.833$，すなわち 83.3％である．

次に，もう少し複雑な系の収支を考えてみよう．次の例題 1.3 は，分岐のある場合の例である．

**【例題 1.3】** サトウキビからエタノールを製造する図 1.5 のようなプロセスを考える．原料のサトウキビは庶汁（グルコース換算で糖分 12％）75％，セルロース 12％，リグニン 4％ を含み，残りは他の有機質，無機質である．エタノールへの変換率は 95％ である．また，セルロースをグルコースに転換する収率は 90％，最終生成工程（蒸留）のエタノール収率は 98％ とする．蒸留残渣にはキシロースなど資化されない糖質，高級アルコール，有機酸その他炭化水素が含まれる．

(1) 原料 1 kg より得られるエタノールの量を求めよ．
(2) 残渣のうち固形分以外はすべて蒸留残渣になると考える．このものを原料としてメタンを得るとするとメタンはどのくらい得られるであろうか？ メタンへ変化する割合は炭素基準で 90％ とする．

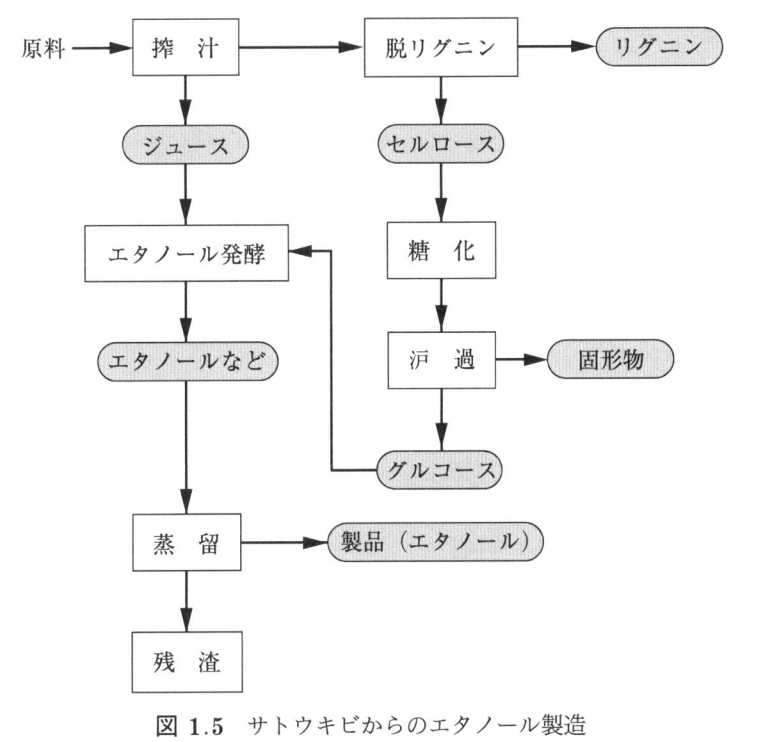

> グルコースの質量の約半分がエタノールに，残りが二酸化炭素に変化することがわかる．

図 1.5 サトウキビからのエタノール製造

[解答] (1) まず，この系において発酵に用いられるグルコースの量を計算する．

ジュースからは $0.75 \times 0.12 = 0.09$ kg，セルロースの糖化からは $0.12 \times 0.9 \times 180/162 = 0.12$ kg のグルコースが得られる．ここで，180 はグルコース $C_6H_{12}O_6$ の分子量，162 はセルロースの結合単位 $C_6H_{10}O_5$ の分子量である．よって，グルコースは合計 0.21 kg であるが，グルコースの発酵は次式に従ってエタノールと二酸化炭素が生成する．

$$C_6H_{12}O_6 \longrightarrow 2\,C_2H_5OH + 2\,CO_2$$

よって，0.21 kg のグルコースから生成するエタノールの量は次のようにして求められる．

$$0.21 \times 0.95 \times 2 \times 46/180 = 0.102\ \text{kg}$$

ここで，エタノールの分子量は 46 である．蒸留の収率が 98％であるので，蒸留後のエタノールの収量は $0.102 \times 0.98 = 0.100$ kg となる．

(2) 炭素収支を考える．発酵で未反応のグルコースは $0.21 \times 0.05 = 0.0105$ kg 存在するので，その内の炭素量は，$0.0105 \times 6 \times 12/180 = 0.0042$ kg である．蒸留の残渣はすべてエタノールであると仮定して炭素量を計算すると，$0.102 \times 0.02 \times 24/46 = 0.00106$ kg である．したがって，メタンの原料となる炭素原子の量は 0.00526 kg，これから 90％ の収率でメタンが生成するものと考えると，その生成量は $0.90 \times 0.00526 \times 16/12 = 0.0062$ kg と計算される．

次に，リサイクル（循環）のある系についての例を考える．基本的には，それぞれの装置の入口・出口で式 (1.2) が成り立つことを利用する．図 1.6 に示すように反応装置および分離装置においてフローの分岐がある場合には，反応装置のまわりと分離装置のまわりで収支をとってみるのが原則である．

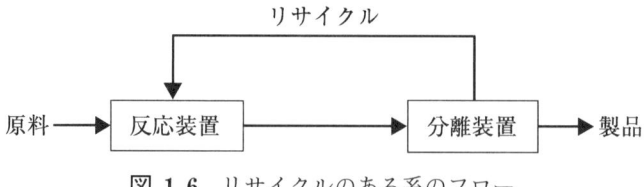

図 1.6　リサイクルのある系のフロー

**ポリスチレンの用途**
ポリスチレンは食器など透明なプラスチックとして用途が広い．スチレンは他の原料と共重合させて，種々の有用な有機材料にも利用される．

【例題 1.4】ポリスチレンを製造するプロセスの主要部は概略，図 1.6 のように描くことができる．原料のスチレンモノマーは重合反応によりポリスチレンになるが，1 回の反応では 95％ が重合して

ポリスチレンになり，残りは分離後に反応に戻される．微量の副生物や不活性の物質についてはここでは無視することにする．分離装置でのスチレンモノマーの回収率は98％とし，2％は系外に除去される．原料100モルに対して，リサイクル量は何モルと計算されるか？

[解答] リサイクルされるスチレンモノマーの量を $x$ モルとする．このとき，反応装置へ供給されるスチレンモノマーの総量は $100+x$ モルである．その95％がポリマーになるので，未反応モノマー量は $0.05\times(100+x)$ モルとなる．このうちの98％が分離装置で回収されてリサイクルされる．よって，

$$0.98\times0.05\times(100+x)=x$$

これを解いて，$x=5.15$ モルと求まる．

## b．エネルギー収支

化学プロセスにはエネルギーの出入りもある．したがって，物質収支と同様に境界の定まった系を決めて，その系におけるエネルギー収支をとることが必要になる．エネルギーとしては，プロセスを考える場合，内部エネルギー $U$ に熱 $Q$ と外部から仕事量 $W$ の合計を考えればよい．すなわち，

$$(U+Q+W)_{in}-(U+Q+W)_{out}=[エネルギー蓄積量] \quad (1.3)$$

流通系の場合，入口と出口において圧力によるエネルギー $PV$ の出入りがある．この仕事量を他の機械的な仕事 $W_M$ と区別して考えると，

$$(U+Q+PV+W_M)_{in}-(U+Q+PV+W_M)_{out}=[エネルギー蓄積量] \quad (1.4)$$

ここで，$PV$ に正の符号を付けたのは，系の外から系に与えられるエネルギーを示しているからである．$U+PV=H$ の関係があるので，式 (1.4) は次式のように書きかえることができる．$H$ はエンタルピーである．

$$(H+Q+W_M)_{in}-(H+Q+W_M)_{out}=[エネルギー蓄積量] \quad (1.5)$$

定常状態では，蓄積量はないので，式 (1.5) の右辺は0である．すなわち，

$$(H+Q+W_M)_{in}=(H+Q+W_M)_{out} \quad (1.6)$$

となる．系の入口と出口における流体のエンタルピーの差を $\Delta H$ で表すと，次式を得る．ここで，$\Delta$ は（出口）－（入口）を示す．

$$\Delta H=H_{out}-H_{in}=(Q_{in}-Q_{out})-(W_{out}-W_{in}) \quad (1.7)$$

すなわち，系に入る熱量と系の行う仕事量の差は流体のエンタルピーの増加に等しい．ここでいう仕事量はタービンをまわすなどの流体の

**装置内移動時の温度変化**
エンタルピー収支の計算により，物質が装置やシステム中を移動する時の温度の変化を求めることができる．

行う機械的仕事を意味する．以上の点を考慮して，流通系のエネルギー収支は一般にエンタルピー収支とよばれる．エンタルピーの変化 $\Delta H$ は定圧比熱 $c_p$ を用いると，

$$\Delta H = M[(c_p T)_{\text{out}} - (c_p T)_{\text{in}}] \tag{1.8}$$

と，温度 $T$ の変化で表すことができる．比熱が一定なら，

$$\Delta H = M c_p (\Delta T) \tag{1.9}$$

のように温度の変化と結び付けることができる．ここで，M は物質の流量（$\text{mol s}^{-1}$，$\text{kg s}^{-1}$ など）である．なお，外部に与える仕事がないとき，流体のエンタルピー変化 $\Delta H$ は熱の出入りを表している．この場合，エネルギー収支は熱収支ということもできる．なお，系内で反応が起こる場合には，反応熱も $\Delta H$ の中に考慮する．つまり，$\Delta H$ は流体のエンタルピー変化であり，発熱反応（反応の $\Delta H_R < 0$）が起こるときは，出口と入口の流体のエンタルピーの差に反応によるエンタルピー変化（$-\Delta H_R$）が加わる．$\Delta H_R$ の前に負号があるのは，反応熱が［生成物のエンタルピー］−［原料のエンタルピー］であるため，すでに［出口−入口］を示しているからである．

---

**【例題 1.5】** 例題 1.1 でメタンの燃焼熱 $\Delta H$ を $-891\,\text{kJ mol}^{-1}$ とする．この値が温度によらず一定として，断熱状態で燃焼を行ったときの気体の温度上昇を計算せよ．第 1 近似として気体の比熱も温度，種類によらず $30\,\text{J mol}^{-1}\text{K}^{-1}$ とする．もし，排出ガスの温度を $500\,\text{K}$ とするならば，熱交換器により何 J の熱を回収できるか？原料のメタンは $298\,\text{K}$ で供給されている．

[解答] 例題 1.1 の結果から，メタン 1 mol に対して入口および出口のガスは 11.5 mol 流れている．出口温度を $T\,\text{K}$ とすると，断熱操作の場合

$$30 \times 11.5 \times 298 - 30 \times 11.5\,T + 891\,000 = 0$$

となる．これから，

$$T = 2880\,\text{K}$$

となり，これを断熱火炎温度という．なお，出口温度を $500\,\text{K}$ となるように熱を利用すると，利用できる熱量 $Q_{\text{out}}$ は以下のように求まる．

$$30 \times 11.5 \times 298 + 891\,000 - Q_{\text{out}} - 11.5 \times 30 \times 500 = 0$$

したがって，利用できる熱量は $729\,\text{kJ}$ である．ただし，以上の計算は 1 mol のメタンをベースにしている．当然ながら，供給メタンの量に応じて利用できる熱量は変化することに注意されたい．

**【例題 1.6】** 例題 1.3 の系で，蒸留に要する熱量をセルロースの燃焼熱で補うとすると，糖化に利用するセルロースはどれだけになるであろうか？ リグニンの燃焼も利用するとどうなるか？ セルロースおよびリグニンの燃焼熱は 17.0 MJ kg$^{-1}$ とする．また，蒸留にはエタノールの蒸発潜熱の 10 倍の熱量が消費されるものと仮定する．

**［解答］** エタノール 1 kg を基準に考える．このとき，物質収支から糖化により得られるグルコースは 0.12×0.75＝0.09 kg，残ったセルロースとリグニンはそれぞれ 0.12 kg，0.04 kg である．

まず，リグニンの燃焼を利用しないときを考える．セルロース 0.12 kg のうち，糖化にまわす分を $y$[kg] とすると燃焼には (0.12 − $y$)[kg] のセルロースを用いることができる．このときに生産されるエタノール量を $x$[kg] とすると，収率などは例題 1.3 と同じとすれば，エタノールの生成に関する次の物質収支が得られる．

$$x = (0.09 + y \times 0.9 \times 180/162) \times 0.95 \times 0.98 \times 2 \times 46/180$$
$$= (0.09 + y) \times 0.476 = 0.476\,y + 0.0428$$

一方，エンタルピー収支は，全系を通じて消費されるエンタルピーは蒸留によるもので，これとセルロースの燃焼によるエンタルピー変化がバランスすると考える．エタノールの蒸発エンタルピーを 38.6 kJ mol$^{-1}$ とすると，蒸留に必要なエンタルピーは題意により次式となる．

$$10 \times 10^3 x \times 38600/46 = 8.39 \times 10^6 x$$

この熱量に見合うセルロースの量は，$8.39 \times 10^6 x / (17.0 \times 10^6) = 0.49\,x$ kg である．すなわち

$$0.49\,x = 0.12 - y$$

この $x$ のところに先の式から得られる $x$ を代入すると，

$$0.49(0.476\,y + 0.0428) = 012 - y$$

となり，$y = 0.080$ kg，$x = 0.081$ kg と求まる．セルロース 0.12 g のうち，約 2/3 が糖化に用いられる．

次に，リグニンも燃焼できるとすると，

$$0.04 + (0.12 - y) = 0.49\,x$$

これとエタノール生成の物質収支式とを連立させると，$y = 0.112$ kg，$x = 0.096$ kg となる．この場合は，セルロースの約 93% が糖化に利用できる．

---

**エタノールの分離**

蒸留に要するエネルギーが非常に大きいので，近年では膜を使ったエタノールの分離が試みられている．

**【例題 1.7】** アンモニアの合成過程は図1.7のようになっている．原料の水素と窒素は3：1の比で系に供給される．反応器に入る前に圧縮機で反応圧力まで加圧され，反応は触媒を用いて平衡に従って進行する．反応後にガスは冷却されて，生成アンモニアは液体となって分離される．冷却器の温度はアンモニアの凝縮温度以下に設定する必要がある．ここでは，330 K に冷却するものとする．未反応のガスは循環されて再び反応器に戻される．反応器入口の圧力は 20 MPa，温度は 700 K とする．また，系内の不活性ガスの存在は無視する．

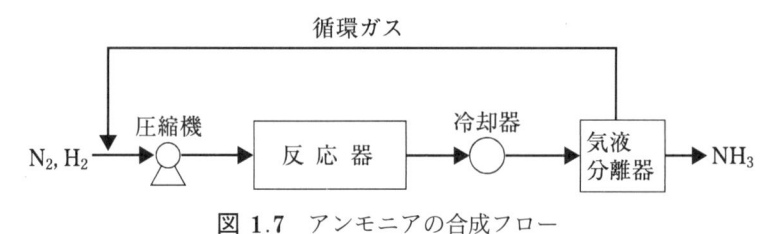

図 1.7 アンモニアの合成フロー

アンモニア生成の平衡および反応熱は次式のように得られている．

$$NH_3 \rightleftharpoons 1/2\, N_2 + 3/2\, H_2$$
$$K_P = p_{N_2}^{1/2} p_{H_2}^{3/2}/p_{NH_3} = 80.0, \quad \Delta H = 39.0\ \mathrm{kJ\ mol^{-1}}$$

ここで，$p$ は分圧であり，単位は atm ($1.013 \times 10^5$ Pa) である．

このとき，アンモニア 1 mol を合成する場合の循環ガス量および反応器で除去すべき熱量を求めよ．原料の水素と窒素は 300 K で供給され，系からの熱損失はないものとする．アンモニアの凝縮エンタルピーを 23.0 kJ mol$^{-1}$ とすると，冷却器で除去するエンタルピーはいくらになるか？ ガスの比熱を 30 J K$^{-1}$ mol$^{-1}$ とする．

**[解答]** 入口圧力は 20 MPa (197 atm) であるので，その窒素分圧は 49.3 atm，水素分圧は 147.8 atm である．$N_2$ の反応率を $x$ で表すと平衡時において各成分の分圧は，

$$p_{N_2} = 49.3(1-x),\quad p_{H_2} = 147.8(1-x),\quad p_{NH_3} = 98.6\,x$$

となる．したがって，平衡定数を用いると上式から次式が得られる

$$49.3^{1/2}(1-x)^{1/2} \times 147.8^{3/2}(1-x)^{3/2} = 80.0 \times 98.6\,x$$

これを解いて，$x = 0.463$ となる．

生成するアンモニア 1 mol に対して供給される窒素は 0.5 mol，水素は 1.5 mol である．反応器出口の各成分のモル比は，上の計算から $N_2 : H_2 : NH_3 = 1 : 3 : 1.70$ となる．よって，アンモニア 1 mol に対して $N_2$ が 0.588 mol，$H_2$ が 1.76 mol 存在し，これらは冷

---

**分離と合成の反応式**
この式はアンモニアの分解について示してあり，合成はこの逆反応であるので注意が必要である．

**平衡反応**
アンモニア合成は平衡反応によるもので，反応は100 % は進行しないで平衡に達する．合成反応は容積の減少を伴うので，ルシャトリエ (Le Chatelier) の原理によれば反応が進むためには高い圧力が有利である．一方，温度は低い方が平衡の観点からは望ましいが，低すぎると反応速度が小さくなる．

却器の後にアンモニアと分離されて循環される．よって，循環ガス量は 2.35 mol である．反応器へは 4.35 mol の混合ガスが供給される．

冷却器前後のエンタルピー収支をとってみる．ガスが反応温度 700 K から冷却器の温度 330 K まで冷却された後に，アンモニアが液化するとして計算できる．すなわち，冷却器で除去するエンタルピーの量は，生成アンモニア 1 mol あたり

$$4.35 \times 30 \times 0.001 \times (700-330) + 23.0 = 71.3 \text{ kJ}$$

となる．

---

■ 化学工学の生い立ち ■

化学工学は，化学変化を利用して工業的に物質を生産したり，分離精製により目的とする物質を得るための化学プラントの設計を行うために，19 世紀の終わり頃に提案され発展してきた．化学工学の講義が大学で行われたのは，1887 年に英国のマンチェスター大学において G. F. Davis により，また 1888 年に米国のマサチューセッツ工科大学（MIT）で L. M. Norton によるものとされている．1901 年には，Davis による "A Handbook of Chemical Engineering" という本も出版された．本格的な化学工学の概念をまとめたものは，1923 年の MIT の教授らによる "Principles of Chemical Engineering" である．なお，日本における化学工学の最初の講義は，1910 年頃のようである．化学工学の講座（当時は化学機械学）は 1922 年に京都大学に創設されている．

化学工学は，石油精製工業とともに発展し，単位操作とよばれる分離装置の設計が中心であった．その後，学術の発展とともに，化学工学も化学反応やプロセスシステムを取り扱うようになっている．物質のミクロな変化（ナノテクノロジー）や，バイオテクノロジーの分野などに，化学工学の原理は広く応用されている．

1) 神保元二；化学工学，**54**，614-618 (1990)．
2) 吉田文武；化学工学，**59**，218-222 (1995)．

## 演習問題（1章）

1.1 社会的に重要な課題で，化学工学の貢献できるものをあげて，どのように貢献できるのか，学問体系との関連について説明しなさい．

1.2 化学の一分野の工業化学と，本書で説明する化学工学はどのような協力を行って社会に貢献できると考えられるか，考察しなさい．

1.3 298 K における水のフェノールへの溶解度は 28.2 ％（質量），フェノールの水への溶解度は 8.12 ％（質量）である．いま，水：フェノールの質量が 1：1 の混合溶液を静置して 2 相に分離させるとき，平衡に達したときの水相とフェノール相の質量の比はどうなるか？

1.4 エタノールと水を混合溶液から蒸留で分離している．原料中のエタノールは 12 ％（質量）で，製品として 80 mol％ のエタノールを収率 95 ％ で得たい．このとき，製品と残留液の割合はモル比および質量比にして，どのような割合になると計算されるか？

1.5 酸化エチレンを，エチレンと空気の反応により製造している．このとき，副反応としてエチレンの燃焼も同時に進行する．いま，エチレンの酸化エチレンへの選択率を80％とし，残りは完全に燃焼するものとする．反応器におけるエチレンの転化率（反応率）は95％である．また，$O_2$は完全に消費されている．このとき，エチレン1モルを供給する場合の反応器出口のガス組成を計算せよ．酸化エチレンの生成エンタルピーは$105\,\mathrm{kJ\,mol^{-1}}$，エチレンの燃焼熱は$1.32\,\mathrm{MJ\,mol^{-1}}$とすると，反応器における消費エチレンあたりの発生熱量は何kJ (mol-ethylene)$^{-1}$となるか？

1.6 アクリロニトリル$CH_2=CHCN$はプロピレン，アンモニア，酸素の関与する反応で生産される．

 (1) 副生物がないとすると，原料のモル比はどのようになるか？

 (2) 上記の組成で酸素の代わりに空気を用いて反応を行ったとき，プロピレン反応率を40％，アクリロニトリルへの選択率を80％（副生物はアクロレイン$CH_2=CHCHO$のみが生成するものとする）として，1回通過型反応器の出口ガスの組成を計算せよ．

 (3) プロピレンに対してアンモニアと酸素をモル比にして$1:0.4:0.6$の割合で供給した場合，反応率と選択率が上と変わらないとすると，(2)の結果はどうなるか？ ここでも，空気を酸素源として使用する．

 (4) (3)の条件において，反応器の出口ガスからアクリロニトリル，アンモニア，アクロレインを除去したのちに燃焼炉で残留プロピレンを完全に燃焼させるには，空気を容量比で炉にどれほど添加すればよいであろうか？

1.7 例題1.7で空気に含まれるアルゴンArが，循環系内に蓄積する問題について考察しよう．Arは不活性ガスであるので反応はしないが，$N_2$，$H_2$，$NH_3$の分圧に影響する．いま，Arの循環ガス中のモル分率が0.05まで許容できるとすると，循環系からのガスの抜き出し（パージ）の割合はいくらになるであろうか？ 0.1まで許容できるとするとどうなるか？ 空気中のアルゴンのモル分率は0.0128である．

1.8 メタノール（液体）$1\,\mathrm{m^3\,h^{-1}}$を燃焼炉からの排気ガス$2200\,\mathrm{Nm^3\,h^{-1}}$（$\mathrm{Nm^3}$は標準状態における体積$\mathrm{m^3}$）により熱交換器で加熱している．排気ガスの組成は$N_2$ 66.3％，$CO_2$ 10.7％，$O_2$ 1.60％，$H_2O$ 21.4％ である．メタノールは300Kで供給されており，また供給排気ガスの温度は700Kで熱交換後には330Kになるように操作したい．熱交換器は1atmで，向流で操作されており，熱損失は無視できるものとする．このとき，熱交換器から排出されるメタノール蒸気は何度と推定されるであろうか？ なお，この条件におけるメタノールの蒸発潜熱は$36.5\,\mathrm{kJ\,mol^{-1}}$で，液体メタノールの密度は$780\,\mathrm{kg\,m^{-3}}$，比熱は$2.60\,\mathrm{kJ\,K^{-1}\,kg^{-1}}$で温度によらず一定とする．また，気体の定圧比熱$C_p\,[\mathrm{J\,K^{-1}\,mol^{-1}}]$は以下の表で示される．

$$C_p = a + bT + cT^2 \quad (T\text{の単位はK})$$

表 1.1

|  | $a$ | $b\times 10^3$ | $c\times 10^6$ |  | $a$ | $b\times 10^3$ | $c\times 10^6$ |
|---|---|---|---|---|---|---|---|
| $N_2$ | 27.016 | 5.812 | $-0.289$ | $CH_3OH$ | 14.839 | 104.822 | $-30.054$ |
| $O_2$ | 25.594 | 13.251 | $-4.205$ | $CO_2$ | 26.748 | 42.258 | $-14.247$ |
| $H_2O$ | 30.204 | 9.933 | 1.117 |  |  |  |  |

**1.9** エチレンをエタンの熱分解により製造している．一般に管型反応器が使用されているが，ここでは反応についての検討は行わず，物質とエネルギーの収支を考えよう．操作は973Kで，反応器内における平均の圧力は150 kPa（絶対圧）とする．原料はエチレンが50％で残りは水蒸気である．この反応の平衡と反応熱は次式で与えられている．

$$C_2H_6 = C_2H_4 + H_2, \quad K_P = 0.13 \text{ atm}, \quad \Delta H = 127 \text{ kJ mol}^{-1}$$

（1）反応器の出口において，エチレンの分解は平衡の80％に達している．このときの出口組成を求めなさい．

（2）この分解に見合うだけの熱量はエチレン $1.0 \times 10^4$ Nm$^3$ に対していくらとなるであろうか？

**1.10** 天然ガスを用いて石灰石を加熱し，その熱分解により生石灰 CaO を製造している．石灰石の $CaCO_3$ は完全に分解される．石灰石の水分は無視できる．分解反応器からの排ガスの組成（乾量基準）は $CO_2$ 22％，CO 2％，$O_2$ 3％で残りは窒素である．石灰石の純度は95％で残りは不活性の不純物である．また，天然ガスの組成はメタン98％で2％の窒素を含んでいる．

（1）この条件で，石灰石1 kg あたりの天然ガスの使用量を推定せよ．また，完全に燃焼（$CO_2$ 生成）したメタンの割合を求めよ．

（2）石灰石の分解熱は $300 \text{ kJ mol}^{-1}$，メタンの燃焼エンタルピーは，$CO_2$ 生成の場合 $-802.9 \text{ kJ mol}^{-1}$，CO 生成の場合 $-519.7 \text{ kJ mol}^{-1}$ である．天然ガスと石灰石は 300 K で供給され，300 K の空気は排出される生石灰（不純物を含む）との熱交換により予熱されて反応器に供給される．簡単のために，熱交換器は完全混合状態で，出口では空気と生石灰の温度差はなくなるものと仮定する．このとき，定常状態において反応器は何度で操業されていると推定されるか？なお，定圧比熱 $C_p$ は，$N_2$，$O_2$，および CO については $30 \text{ J mol}^{-1}\text{K}^{-1}$，$CO_2$，$CH_4$，および $H_2O$ については $40 \text{ J mol}^{-1}\text{K}^{-1}$，$CaCO_3$，石灰石中の不純物（分子量100と仮定），および CaO についてはそれぞれ $120 \text{ J mol}^{-1}\text{K}^{-1}$，$80 \text{ J mol}^{-2}\text{K}^{-1}$，$50 \text{ J mol}^{-1}\text{K}^{-1}$ で，簡単のためにいずれも温度によらず一定とする．

**1.11** 図 1.8 のプロセスフローシートに従って多糖類 $(C_6H_{10}O_5)_n$ からエタノールを製造する．原料1中の多糖類の濃度は10％（重量）で，残りは水である．第1反応器 R1 においては供給される多糖類の40％がペントース（五炭糖；$C_5H_{10}O_5$）とグルコース $C_6H_{12}O_6$ に転化する．ペントースとグルコースの生成比はモル比で1:4とする．R1 出口溶液から未反応多

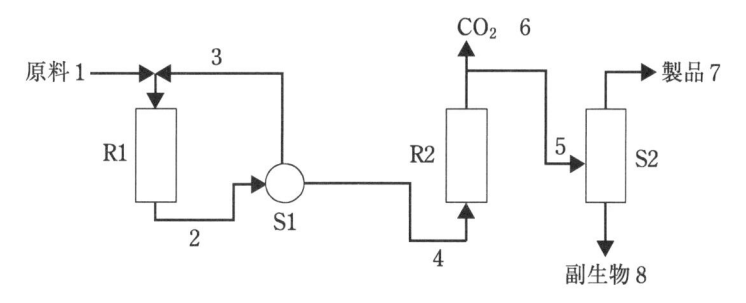

図 1.8 プロセスフロー

糖類を分離器S1において除去し，その溶液をR1へリサイクルする．リサイクルライン3における溶液中の水分は多糖類に対して重量比で0.2である．

S1を通ったペントースとグルコースは残りの水とともに第2反応器R2に進み，ここでグルコースの98％がエタノールに変化する．生成した二酸化炭素を気液分離器で除去したのち，分離器S2において製品エタノール7と副生物8を分離する．この製品中のエタノールのモル分率は0.85であり，残りは水とする．他の成分はすべて副生物としてS2の下部から排出される．なお，S2においてはエタノールの99％が製品となるが，1％は副生物と一緒に排出される．

以上の条件で，原料1が100 kg h$^{-1}$で供給されるとき，フローシート上の各ラインにおける構成成分の流量を表1.2に記入せよ．

表 1.2 物質収支データ表 [単位 kg h$^{-1}$]

|  | 1 | 2 | 3 | 4 | 5 | 6 | 7 | 8 |
|---|---|---|---|---|---|---|---|---|
| $(C_6H_{10}O_5)_n$ | 10 |  |  | — | — | — | — | — |
| $C_6H_{10}O_5$ | — |  |  |  |  | — | — |  |
| $C_6H_{12}O_6$ | — |  | — |  |  | — | — |  |
| $C_2H_5OH$ | — | — | — | — |  | — |  |  |
| $CO_2$ | — | — | — | — |  |  | — | — |
| $H_2O$ | — |  |  |  |  | — |  |  |
| 計 | 100 |  |  |  |  |  |  |  |

# 化学反応操作　2

　化学工業では，種々の化学反応操作を行う．したがって，経済的で合理的な化学反応プロセスを選定するとともにその操作条件を確立し，反応プロセスを構成する各種の反応器の適切な形式選定と，その設計および操作を行うための手法が重要になる．これらの基礎的事項を体系化したのが反応工学であり，化学反応の工学的解析と反応器の設計がそのおもな内容である．反応プロセスには，化学反応そのもののほかに物質移動（拡散）や伝熱といった物理的過程が含まれているので，実測の反応速度データからこれらの影響を分離して化学反応の速度式を決定するのが化学反応方工学的解析である．

　反応器の設計では，工業的な操作条件においてこれらの物理的な過程が化学反応にどのような影響を与えるかを評価し，反応操作条件や反応器の形状，大きさなどを決定する．本章では，反応工学のごく基礎的な事項，すなわち化学反応と反応器の分類法，反応速度の表し方，反応器の設計法，反応速度の解析法などについて述べる．

## 2.1　化学反応と反応器の分類

### a．化学反応

　化学反応は，化学の分野では，無機反応，有機反応および生化学反応に大別され，それぞれが反応機構に基づいてさらに細かく分類されているが，反応工学では，反応器の設計・操作の立場から反応の量論関係を与える量論式の個数と，反応に関与する相の状態に着目して，化学反応を分類している．

　気相・液相・固相のそれぞれ単一相内で起こる反応を，気相反応，液相反応，固相反応といい，これらを一括して均一反応とよぶ．これに対して，反応に関与する相が二つ以上存在する場合を不均一反応といい，気相・液相・固相の組合せによって，気液反応，気固反応などと分類される．表2.1は化学反応の相形態による分類を示したもので，それぞれの反応について現在工業的に実施されている具体的な反応例をあげておいた．

**活性汚泥法**

排水と好気性微生物（生育に酸素の存在を必要とする微生物）を曝気槽（空気を吹き込んで酸素を供給する装置）で接触させて，排水中の有機物を分解除去する方法を活性汚泥法という．微生物は有機物を栄養分として摂取して増殖し，フロックとよばれる綿状の凝集体を形成する．このフロックが活性汚泥である．したがって，活性汚泥法は，気体(空気)-液体(排水)-固体(活性汚泥)の三相系の反応と見なすことができる．微生物は，自己消化により消滅もするが，一般には汚泥として増加するので，定期的に汚泥を系外に取り出し，脱水汚泥として廃棄する必要がある．

表 2.1 化学反応の相形態による分類

| 反応の分類 | | 反応例 |
|---|---|---|
| 均一反応 | 気相反応 | 炭化水素の熱分解反応，NO の酸化反応 |
| | 液相反応 | エステル化反応，ポリエステルの塊状重合反応 |
| 不均一反応 | 気固反応 | 石炭の燃焼反応，石灰石の熱分解反応 |
| | 気液反応 | 炭化水素の塩素化反応，エタノールアミン水溶液による $CO_2$ の反応吸収 |
| | 液液反応 | ベンゼンのニトロ化反応，乳化重合反応 |
| | 液固反応 | イオン交換反応 |
| | 固固反応 | セメント製造反応，セラミックス合成反応 |
| | 気固触媒反応 | アンモニア合成反応，エチレンの酸化反応 |
| | 液固触媒反応 | 固定化酵素反応 |
| | 気液固触媒反応 | 油脂の水素添加反応，活性汚泥法 |

次式で表される均一反応を考える．

$$aA + bB \rightarrow cC + dD \tag{2.1}$$

式 (2.1) は，原料成分の A と B が反応して生成物成分の C と D を生成すること，およびこれらの反応成分の変化量の比が量論係数 $a$, $b$, $c$ および $d$ の比に等しいことを示しており，量論式とよばれる．反応を記述するのに必要な量論式が一つだけの場合を単一反応，複数個の量論式を必要とする場合を複合反応という．可逆反応は，正反応と逆反応から構成されており，それぞれ量論式が書けるが，反応に関与する各成分の量的関係を規定するには正逆両反応のうちのどちらか一方の反応の量論式で十分であるので，単一反応として取り扱える．

複合反応には種々の形式のものがあるが，並列反応（または並発反応），逐次反応，およびこれら二つを組み合わせた逐次並列反応のどれかに属するとみなすことができる．

ただ一つの量論式で記述できる単一反応でも実際の反応過程は複雑であって，中間生成物を生成する多くの過程を経て進行する場合が少なくない．各過程において，それ以上に分割できない反応を素反応とよぶ．素反応によって生成するラジカル，イオン，不安定な錯合体などの活性中間体は，反応性に富んでおり，他の素反応によって迅速に消費されるから，その濃度および正味の生成速度はいずれも非常に小さく，通常の分析法によって定量したり，分離して取り出したりするのが困難なことが多い．したがって，量論式は，通常素反応の量論式を加え合わせて活性中間体を消去した形で表されているいると考えるべきである．単一の量論式で表される反応は，その反応がいくつかの素反応からなる反応であっても単一反応に分類できる．

## b. 反応器とその内部の反応流体の流れ

化学工業で用いられている反応器は，多種多様である．図2.1は，操作法と形状により反応器を分類したもので，その形状から槽型反応器（stirred-tank reactor）と管型反応器（tubular reactor）とに大別できる．また，操作法からは回分式，連続式および半回分式に分類できる．

**構造形式による反応器の分類**
反応器を構造形式で分類すると，固定槽型，流動層型，移動槽型，撹拌槽型，段塔型，濡壁塔型，空管型などとなる．

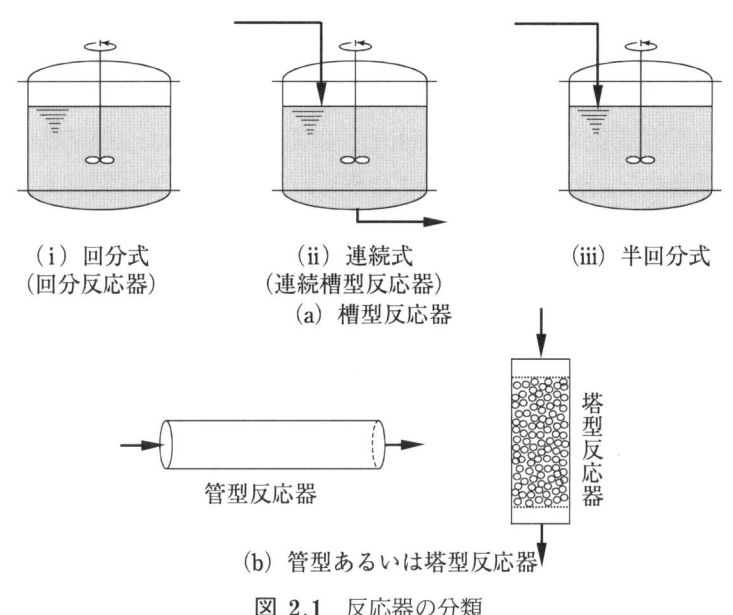

（i）回分式（回分反応器）　（ii）連続式（連続槽型反応器）　（iii）半回分式
(a) 槽型反応器

管型反応器　塔型反応器
(b) 管型あるいは塔型反応器

図 2.1　反応器の分類

回分式は，一定量の反応原料を反応器内に仕込んでから反応を開始させ，所定の時間が経過したのち，装置内の反応混合物を全部取り出す方式である．連続式は流通式ともよばれ，反応原料を反応器入口から連続的に供給し，反応生成物を含む反応混合物を装置出口から連続的に取り出す方式である．半回分式は回分式と連続式の中間的な特徴をもつ方式で，反応原料の一成分を槽型反応器内に仕込んでおき，そこへ他の原料成分を少量ずつ連続的あるいは間欠的に供給しながら反応させる方式である．

槽型反応器内には，反応物質の均一分散をはかる目的で撹拌機が備えられており，反応熱の除去または補給を目的として，ジャケットやコイルなどが設けられている．この反応器は，主として均一液相反応に用いられるが，気液反応や気液固触媒反応などの不均一反応にも用いられる．槽型反応器は，回分式および連続式の両操作で用いられ，回分式で使用される場合に回分反応器（batch reactor），連続式で用いられる場合に連続槽型反応器（continuous stirred-tank reactor；CSTR）という．連続槽型反応器としては，数個の槽型反応器を直列に結合した直列連続槽型反応器が採用されることもある．

**流加培養**
微生物の培養では，ある特定の制限基質（微生物の増殖速度を制限する特定の成分）を培養液中に連続的あるいは間欠的に供給するが，目的生成物は培養終了時まで取り出さない方法がとられる場合がある．この半回分式操作を，発酵の分野では流加培養とよんでいる．これは，①微生物の増殖を阻害するエタノールや酢酸などを基質とする場合，②ある基質（グルコース）の濃度が高いと目的生産物の抑制が起こる場合，③ある特定の栄養分（アミノ酸など）を要求する微生物（栄養要求性株）を培養する場合，などに有効な培養法である．

管型反応器は細長い管状の反応管を用いた反応器で，連続操作に対してのみ採用される．装置内での反応物質の濃度は，入口からの距離によって連続的に変化する．

図2.2は，回分反応器と連続式反応器である連続槽型反応器，直列連続槽型反応器（3槽）および管型反応器における原料成分Aの濃度分布を模式的に示す．ただし，4種の反応器の容積$V$および反応開始時あるいは反応器入口での濃度$C_{A0}$はいずれも等しく，さらに連続式反応器では原料供給速度$v_0$は等しいとしている．回分反応器では，槽内の場所によらず濃度は等しいが時間とともに変化する．また，連続槽型反応器の場合には，図2.2(b)に示すように，反応器出口で時間によって変化しない一定の濃度が観測されるが，これは槽内のあらゆる場所の濃度と同じである．管型反応器では，濃度は入口からの距離または容積によって連続的に変化するが，時間によっては変化しない．また，図2.2(c)は等容積の連続槽型反応器を3台直列に連結した直列連続槽型反応器における各槽の出口における濃度を示すが，全体的に眺めれば，管型反応器内の濃度分布に似かよっていることがわかる．なお，管型反応器内の長さ方向の濃度分布は，回分反応器における濃度の経時変化に対応している．

(a) 回分反応器　　(b) 連続槽型反応器

(c) 直列連続槽型反応器　　(d) 管型反応器

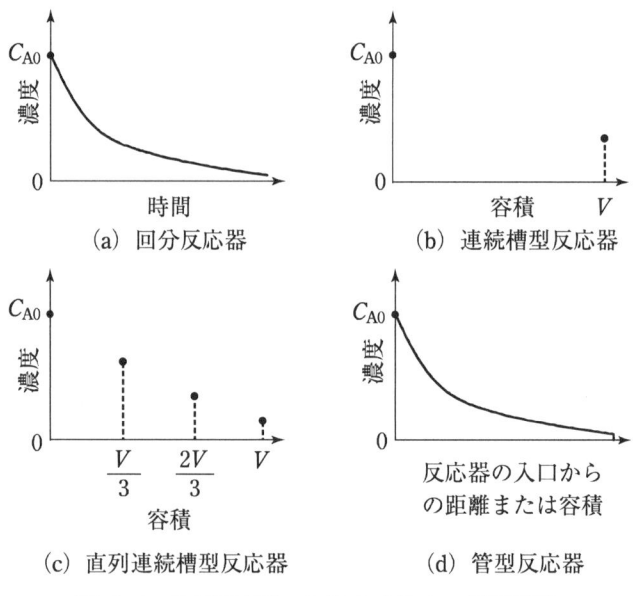

図 2.2　各種反応器における成分Aの濃度変化

流通式反応器内での反応流体の流れは複雑であるが，反応工学では，理想化された流動状態として，完全混合流れ（perfectly mixed flowあるいはmixed flow）と押出し流れ（plug flowあるいはpiston flow）の二つの流れを考える．完全混合流れとは，反応器に供給された反応流

体は瞬間的に混合分散され，装置内のあらゆる個所で温度，濃度ともに均一となるような流れの状態をいう．反応流体の流れが完全混合流れの反応器を完全混合流れ反応器（mixed low reactor あるいは mixed reactor）とよぶ．連続操作の槽型反応器は完全混合流れ反応器とみなして取り扱われる．

一方，押出し流れとは，反応器に供給された反応流体が装置入口から出口に向かってピストンで押出されるように軸方向に向かって移動する流れの状態をいう．この場合，流れと直角方向の反応成分の濃度は均一であるが，流れ方向には濃度分布を生じる．

反応流体の流れが押出し流れの反応器を押出し流れ反応器（plug flow reactor または piston flow reactor；PFR）とよび，管型反応器は押出し流れ反応器とみなして取り扱われる．完全混合流れと押出し流れを総称して理想流れとよび，反応流体の流れが理想流れの反応器を理想流れ反応器という．工業用反応器は，内部の流体の流れが完全混合流れや押出し流れのような理想流れから偏倚しているので，非理想流れ反応器とよばれる．

## 2.2 反応速度式

反応器の合理的な設計や操作を行うためには，装置内で進行する化学反応の速度についての知識が必要である．本節では，まず反応速度の定義とその表現法について概説したのち，複雑な反応経路を経て進行する反応の反応速度式を導出する方法について述べる．

### a．反応速度の定義

量論式が式（2.1）で表される均一反応について考える．反応成分 A に対する反応速度 $r_A$ は，反応成分混合物の単位体積 [m$^3$] について単位時間 [s] に増加する A 成分の物質量 [mol] と定義され，その単位は mol m$^{-3}$ s$^{-1}$ である．反応成分 B, C, D に対しても反応速度 $r_B$, $r_C$, $r_D$ がそれぞれ定義できる．この場合，反応が進行するにつれて，生成物成分の量は増大するから，C, D 成分に対する反応速度 $r_C$, $r_D$ は正の値をとるが，原料成分である A, B 成分の量は減少するから，$r_A$, $r_B$ は負の値をとる．通常各成分に対する反応速度の値は異なるが，反応速度の絶対値を量論係数で割った値は互いに等しくなり，その値は量論式に固有な値になる．すなわち，量論式（2.1）に対しては

$$r = \frac{r_A}{-a} = \frac{r_B}{-b} = \frac{r_C}{c} = \frac{r_D}{d} \tag{2.2}$$

が成立する．式（2.2）で定義される $r$ を量論式（2.1）に対する反応速

**非理想流れのモデル**

非理想流れを表現するモデルとしては，①混合拡散モデル，②槽列モデル，③組合せモデル，の三つがある．混合拡散モデルは，装置内に組成分布が存在すると，それを均一化しようとして濃度勾配に比例する速度で物質が移動するために押出し流れから偏寄すると考えるモデルであり，管型反応器などの流れに適用できる．槽列モデルは，等しい容積を持つ完全混合流れ反応器（連続槽型反応器）が直列に連結した反応器であるみなし，その槽の数 $N$ によって混合状態を表す．$N=1$ の場合は完全混合流れに，また $N \to \infty$ は押出し流れに相当する．組合せモデルは，装置内の流れを，押出し流れ，完全混合流れおよびよどみの部分に分け，これらの部分をバイパス流，循環流，十字流（流体エレメントの交換はあるが流れは起こらない）などで連結して表現するモデルである．

度とよぶ．

二つ以上の量論式で与えられる複合反応の場合，着目した成分に対する速度式は，各量論式に対する反応速度と量論係数の積の和として表される．

上述の反応速度の$r_A$, $r_B$などは，均一反応を対象にした反応混合物の単位体積あたりについての反応速度であるが，不均一反応の場合には他の基準を採用した方が便利である．たとえば，気固反応では反応固体の単位質量あたりについての反応速度$r_{Am}$ [mol kg$^{-1}$ s$^{-1}$]を，気液反応では気液の単位界面積基準の反応速度$r_{As}$ [mol m$^{-2}$ s$^{-1}$]を採用した方が都合がよい．

### b．反応次数と反応の分子数

量論式（2.1）の反応速度$r$は，次式

$$r = k C_A^m C_B^n \tag{2.3}$$

のように，各成分の濃度のベキ乗の積の形で表されることが多い．このとき，反応はA成分に関して$m$次，B成分に関して$n$次，全体として$(m+n)$次の反応であるという．反応次数の$m$, $n$は実験的に求められる値であって，量論係数$a$, $b$とは必ずしも一致せず，整数ではなく分数や小数のことも多い．なお，式（2.1）が素反応式である場合，$m$, $n$はそれぞれ量論係数の$a$, $b$に一致する．このとき，$m+n$（$=a+b$）は反応の分子数とよばれ，必ず正の整数となる．

反応速度は式（2.3）のように各成分の濃度のベキ乗の積の形で表されるとはかぎらず，後述の式（2.12）のような分数式や複雑な関数型となることもある．

### c．反応速度の温度依存性

式（2.3）の反応速度式中の係数$k$は，反応速度定数（reaction rate constant）とよばれ，一般に温度だけの関数である．反応速度定数の単位は反応次数によって異なり，反応速度の単位として[mol m$^{-3}$ s$^{-1}$]，濃度の単位として[mol m$^{-3}$]を用いると，$n$次反応の速度定数の単位は[(mol m$^{-3}$)$^{1-n}$ s$^{-1}$]で表される．

反応速度定数の温度依存性は，経験的に得られた次のArrheniusの式

$$k = A e^{-E/RT} \tag{2.4}$$

によって表される．ここで，$E$ [J mol$^{-1}$]は反応の活性化エネルギー（activation energy），$R$は気体定数（$=8.314$ J mol$^{-1}$ K$^{-1}$），$T$は温度[K]である．また，$A$は頻度因子（frequency factor）とよばれ，反応速度定数と同じ次元を有する．

式（2.4）の両辺の対数をとると，次式

**活性化エネルギー**
反応が完結するためには乗り越えなくてはならないエネルギー障壁がある．この障壁の頂点に遷移状態（活性錯体）があり，活性錯体と原形（原料成分）の内部エネルギーの差が活性化エネルギーとよばれる．活性化エネルギーの値は，普通の化学反応では数十〜数百 kJ mol$^{-1}$である．活性化エネルギーが大きいほど反応速度の温度依存性が大きい．すなわち，反応速度定数は，低温域では小さいが温度上昇に伴い急激に大きくなる．

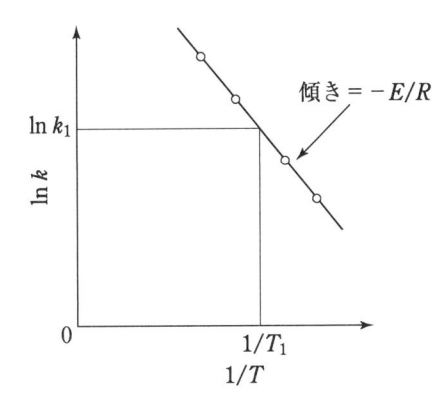

図 2.3 Arrhenius プロット：活性化エネルギーの決定法

$$\ln k = \ln A - \frac{E}{RT} \tag{2.5}$$

が得られる．したがって，種々の温度における反応速度定数の実測値を $\ln k$ 対 $1/T$ の関係としてプロットすると，図 2.3 に示すように右下りの直線が得られ，その勾配 $-E/R$ から活性化エネルギー $E$ の値が求められる．図のような $\ln k$ 対 $1/T$ のプロットを通常 Arrhenius プロットとよんでいる．

Arrhenius プロットや活性化エネルギーの値から，各種温度における反応速度定数，律速段階，反応機構などの推定が可能になる．

### d．反応速度式の導出

上述のように，単一の量論式で記述できる化学反応であっても，多くの素反応からなる反応が少なくない．このような反応の場合，各素反応の量論式がわかればそれぞれの速度式が求められるから，全体としての速度式を得ることができる．しかし，このようにして得られた速度式は，活性中間体の濃度を含んでいるが，通常それらの濃度を測定できないので，実用にはならない．このような活性中間体の濃度を含まない反応速度式を導出するのに用いられる近似法として，定常状態近似法 (steady-state approximation) と律速段階近似法 (rate determining step approximation) とがある．

**(1) 定常状態近似法**　反応の各素反応過程で生成する活性中間体は，他の素反応によって迅速に消費されるから，反応系内の存在量は微量であり，その濃度は原料成分や生成物成分の濃度に比べて無視できる．さらに，原料成分や生成物成分の濃度の変化速度と比較して，活性中間体の濃度の変化速度，すなわち活性中間体の正味の生成速度は近似的にゼロとみなせるほど小さくなる．このような二つの条件が満足される場合，この活性中間体に対して定常状態の近似が成立する．したがって，活性中間体の濃度を測定可能な原料成分や生成物成分の濃度

の関数として求めることが可能となり，活性中間体の濃度を含まない反応速度式が導出できる．

定常状態近似法を適用して，次の量論式

$$2A + B \longrightarrow A_2B \tag{2.6}$$

で表される反応に対する反応速度式を導出する．式 (2.4) の反応が，次の二つの素反応

$$A + B \underset{k_2}{\overset{k_1}{\rightleftarrows}} AB^* \tag{2.7}$$

$$AB^* + A \xrightarrow{k_3} A_2B \tag{2.8}$$

からなるものとし，活性中間体の $AB^*$ に対して定常状態近似を適用する．式 (2.7) の正，逆両反応と式 (2.8) の反応の速度から，$AB^*$ の正味の生成速度 $r_{AB^*}$ を表す式を導き，これをゼロと近似すると次式のようになる．

$$r_{AB^*} = k_1[A][B] - k_2[AB^*] - k_3[AB^*][A] \fallingdotseq 0 \tag{2.9}$$

式 (2.9) を解けば，測定不可能な活性中間体の濃度 $[AB^*]$ を，測定可能な A 成分および B 成分の濃度 $[A]$ および $[B]$ の関数として表した次式が得られる．

$$[AB^*] = \frac{k_1[A][B]}{k_2 + k_3[A]} \tag{2.10}$$

量論式 (2.6) に対する反応速度 $r$ は，生成物成分の $A_2B$ に対する反応速度 $r_{A_2B}$ に等しいから次式で表される．

$$r = r_{A_2B} = k_3[AB^*][A] \tag{2.11}$$

したがって，本式に式 (2.10) を代入することにより，量論式 (2.6) に対する反応速度 $r$ を与える式として次式が得られる．

$$r = \frac{(k_1 k_3 / k_2)[A]^2[B]}{1 + (k_3 / k_2)[A]} \tag{2.12}$$

$(k_3/k_2)[A] \ll 1$ が成立する A 成分の低濃度領域では，式 (2.12) は

$$r = \frac{k_1 k_3}{k_2}[A]^2[B] \tag{2.13}$$

で近似され，式 (2.6) の反応が $3(=2+1)$ 次反応として進行することがわかる．これは，A の低濃度条件下では式 (2.7) の反応に比べて式 (2.8) の反応がきわめて遅いことを示しており，これを律速過程とよぶ．逆に，$(k_3/k_2)[A] \gg 1$ が成立する A 成分の高濃度領域では，式 (2.12) は

$$r = k_1[A][B] \tag{2.14}$$

となり，この反応が $2(=1+1)$ 次反応で近似できる．この場合，式 (2.7) の正方向の反応で表される素反応が律速過程である．

このように，反応次数が濃度や圧力条件によって変化することが多くの反応で認められている．

**(2) 律速段階近似法** 数個の素反応が逐次的に進行する反応において，どれか一つの素反応過程の速度が他の素反応の速度に比べてきわめて遅い場合には，その遅い素反応の速度が反応全体の速度を支配することになる．この素反応過程を律速段階（rate determining step または rate controlling step）という．反応を構成する素反応のうちの一つを律速段階とした場合には，他の素反応はすべて（迅速）平衡状態にあると見なすことができ，活性中間体の濃度を含まない速度式を導出することができる．

律速段階近似法は，定常状態近似法よりも適用範囲は狭いが，数多くの素反応過程を考慮しなければならない酵素反応などでは定常状態近似法と組み合わせて用いることにより比較的簡単な速度式が得られるため，有効な解析手段である．

【**例題2.1**】 酵素Eを触媒とする基質Sから生成物Pを合成する反応は，次の機構に従う．

$$E + S \underset{k_2}{\overset{k_1}{\rightleftarrows}} ES \overset{k_3}{\longrightarrow} E + P \quad (a)$$

ここでESは活性中間体である酵素-基質複合体 (enzyme-substrate complex) である．律速段階近似法を用いて反応速度式を導出せよ．

[**解答**] この反応は，酵素-基質複合体ESが生成する1段目の反応と，分子の組み替えが起こり生成物Pが生成する2段目の反応からなっている．1段目の反応の速度は2段目の反応の速度よりも迅速であり，常に平衡関係が成立すると仮定すれば，律速段階近似法が適用できる．

反応速度 $r$ は，反応生成物Pに対する反応速度 $r_P$ に等しいから

$$r = r_P = k_3[ES] \quad (b)$$

酵素-基質複合体の濃度 $[ES]$ は，1段目の反応が平衡に保たれているという仮定により，基質Sおよび酵素Eの濃度に関係付けられる．

$$k_1[S][E] = k_2[ES] \quad (c)$$

ここで，$[E]$ は溶液中に遊離の状態で存在する酵素の濃度であり，$[ES]$ は基質と結合している酵素の濃度を表す．全酵素濃度を $[E_T]$ とすると，次式の関係（物質収支式）が成立する．

$$[E_T] = [E] + [ES] \quad (d)$$

本式を式 (c) に代入して $[ES]$ について解くと，次式が得られる．

**酵 素**
酵素は，生体内触媒として働く球状タンパク質であり，その分子量は，小さいもので1万弱，大きいものは数百万に及ぶ．分子量が小さいものは1本のポリペプチド鎖（アミノ酸がペプチド結合により鎖状に連なったもの）からなる単量体酵素 (monomeric enzyme) であり，分子量の大きいものはサブユニットとよばれるポリペプチド鎖の単位が複数個会合した多量体酵素 (oligomeric enzyme) である．酵素タンパク質が触媒活性を発現するのに，他の因子を必要とする場合がある．これは，金属イオン ($Mg^{2+}$, $Mn^{2+}$, $Cu^{2+}$, $Fe^{2+}$ など)，補欠分子族 (FAD, PLPなど) および補酵素 (ATP, $NAD^+$/NADH, CoAなど) であり，総称して共同因子とよばれている．酵素は，①多種多様な反応を特異的に触媒する，②穏和な条件下で触媒機能を発揮する，③環境適合型化学プロセスを構築できる，などの長所を有するが，極限環境下（高温・高圧，強酸性・強アルカリ性など）では機能しない，比較的価格が高いといった欠点もある．

$$[\mathrm{ES}] = \frac{k_1[\mathrm{E_T}][\mathrm{S}]}{k_2 + k_1[\mathrm{S}]} = \frac{[\mathrm{E_T}][\mathrm{S}]}{K_\mathrm{m} + [\mathrm{S}]} \tag{e}$$

ただし,式中の $K_\mathrm{m}$ は次式

$$K_\mathrm{m} = \frac{k_2}{k_1} = \frac{1}{K_\mathrm{eq}} \tag{f}$$

に示すように,平衡定数 $K_\mathrm{eq}$ の逆数であり,濃度の単位をもつ.この $K_\mathrm{m}$ は,Michaelis 定数とよばれている.

式(f)を式(b)に代入することにより,反応速度 $r$ は

$$r = r_\mathrm{P} = k_3[\mathrm{ES}] = \frac{k_3[\mathrm{E_T}][\mathrm{S}]}{K_\mathrm{m} + [\mathrm{S}]} \tag{g}$$

となる.全酵素濃度 $[\mathrm{E_T}]$ が一定のもとで基質濃度 $[\mathrm{S}]$ を大きくすると,反応速度 $r$ はその最大値 $V_\mathrm{max}$ に漸近する.この最大値は次式

$$V_\mathrm{max} = k_3[\mathrm{E_T}] \tag{h}$$

で与えられるから,式(h)を用いて式(g)を書きなおすと

$$r = \frac{V_\mathrm{max}[\mathrm{S}]}{K_\mathrm{m} + [\mathrm{S}]} \tag{i}$$

が得られる.式(i)は酵素反応の速度論的取扱いの基礎となっている著名な式で,Michaelis-Menten 式とよばれている.

式(i)において $[\mathrm{S}] = K_m$ の場合には $r = V_\mathrm{max}/2$ となる.この結果から,反応速度が最大値 $V_\mathrm{max}$ の 1/2 に等しいときの基質濃度 $[\mathrm{S}]$ の値が Michaelis 定数 $K_m$ に等しいことがわかる.

基質濃度が小さいときには,式(i)は

$$r = \frac{V_\mathrm{max}}{K_\mathrm{m}}[\mathrm{S}] \tag{j}$$

となり,反応は 1 次反応とみなせる.逆に,基質濃度が大きいときには,式(i)は

$$r = V_\mathrm{max} \tag{k}$$

となり,このときの反応は 0 次反応と近似できる.

**Michaelis-Menten 式**
Michaelis と Menten は,1913 年に律速段階近似法を適用して式 (i) を導出したが,後に (1925 年) Briggs と Haldane は,定常状態近似法を用いて式 (i) と同じ速度式を導出した.ただし,この場合の Michaelis 定数 $K_\mathrm{m}$ は,次式
$$K_\mathrm{m} = \frac{k_2 + k_3}{k_1}$$
で定義され,式 (f) とは異なっている.

## 2.3 反応器設計の基礎式

反応器内での化学反応の進行に伴い,反応に関与する各反応成分の物質量はそれぞれ変化するが,これらの変化量の間には量論式に基づく量的関係すなわち量論関係が成立する.本節では,まず特定の反応成分の転化率を用いて種々の量論関係式を導く.次に,単一反応を対象にして,等温状態下の 3 種の理想反応器における物質収支から,反応器の

設計や反応操作の解析に必要な基礎式を導出する．

**a．量論関係**

**(1) 限定反応成分**　反応器内で，式 (2.1) の量論式で表される単一反応が進行する場合について考える．反応器へ供給される反応原料中の各成分の混合比率は，量論比と異なる場合が多く，通常はある成分が量論比に基づく理論量よりも過剰に含まれている．量論比に比べてもっとも少なく供給される原料成分を限定反応成分とよぶ．反応器内での反応による各反応成分の変化量は量論比に比例するから，各成分中のある1成分に着目し，この成分の変化量から残りの成分の変化量が求められる．着目成分としては限定反応成分を選ぶのが便利である．

**(2) 転化率**　反応器に供給された原料物質がどれだけ反応したかを表す量として，転化率 (conversion) が用いられる．転化率は反応率ともよばれ，反応器に供給された限定反応成分のうち，反応によって消失した割合と定義される．

回分操作では，反応器へ供給した限定反応成分 A の物質量 $n_{A0}$ [mol] がある時間反応したのち反応器内に $n_A$ [mol] だけ残っているとすると，反応による成分 A の消失量は $n_{A0} - n_A$ であるから，A の転化率 $x_A$ は上の定義から，次式で表される．

$$x_A = \frac{n_{A0} - n_A}{n_{A0}} \tag{2.15}$$

限定反応成分 A の転化率 $x_A$ を用いると，量論式 (2.1) の量論関係に基づいて，原料成分 A，B，生成物成分 C および D の装置内での残存量 $n_A$, $n_B$, $n_C$, $n_D$ [mol] を，次式のように書き表すことができる．

$$n_A = n_{A0} - n_{A0} x_A = n_{A0}(1 - x_A) \tag{2.16}$$

$$n_B = n_{B0} - \frac{b}{a} n_{A0} x_A \tag{2.17}$$

$$n_C = n_{C0} + \frac{c}{a} n_{A0} x_A \tag{2.18}$$

$$n_D = n_{D0} + \frac{d}{a} n_{A0} x_A \tag{2.19}$$

不活性成分 I が存在する場合には，その量は不変であるから，次式が成立する．

$$n_I = n_{I0} \tag{2.20}$$

ここで，$n_{j0}$ は反応開始時における成分 $j$ の物質量である（$j$ = A, B, C, D, I）．

式 (2.16)～(2.20) から，任意の時刻 $t$ における反応系全体の物質量 $n_t$ [mol] を与える式として次式が得られる．

$$n_t = n_A + n_B + n_C + n_D + n_I$$

$$= n_{t0} + \frac{-a-b+c+d}{a} n_{A0} x_A$$

$$= n_{t0}(1 + \delta_A y_{A0} x_A) = n_{t0}(1 + \varepsilon_A x_A) \tag{2.21}$$

ここで，$n_{t0}$，$y_{A0}$ はそれぞれ反応開始時における全成分の物質量の総和，反応開始時における A 成分の存在割合をモル分率で表したもので，次式のように表される．

$$n_{t0} = n_{A0} + n_{B0} + n_{C0} + n_{D0} + n_{I0} \tag{2.22}$$

$$y_{A0} = \frac{n_{A0}}{n_{t0}} \tag{2.23}$$

また，$\delta_A$，$\varepsilon_A$ はそれぞれ次式で与えられる．

$$\delta_A = \frac{-a-b+c+d}{a} \tag{2.24}$$

$$\varepsilon_A = \delta_A y_{A0} \tag{2.25}$$

**係数 $\varepsilon_A$**
式 (2.21) に $x_A=1$ を代入して $\varepsilon_A$ について解くと，次式の関係が得られる．

$$\varepsilon_A = \frac{n_{t,x_A=1} - n_{t0}}{n_{t0}}$$

$$= \frac{\text{反応完了時での}}{\text{反応開始時の}}$$
$$\frac{\text{全物質量の増加}}{\text{全物質量}}$$

したがって，$\varepsilon_A$ は反応完了時における物質量の増加率（モル数増加率）ということができる．

流通操作の場合，装置内の任意の位置での限定反応成分 A の転化率 $x_A$ は，装置の入口および装置内の任意の位置での A 成分の物質量流量をそれぞれ $F_{A0}$ および $F_A [\text{mol s}^{-1}]$ とすると，次式のように定義される．

$$x_A = \frac{F_{A0} - F_A}{F_{A0}} \tag{2.26}$$

式 (2.26) を回分反応器に対する式 (2.15) と比較すると，装置内の A 成分の物質量 $n_A$ と物質量流量 $F_A$ とが対応していることがわかる．したがって，回分反応器内での各成分の物質量 $n_A$，$n_B$，$n_C$ などに対する諸式を物質量流量 $F_A$，$F_B$，$F_C$ などに対する諸式と読み替えて用いればよい．

**(3) 濃　度**　反応が進行しても反応混合物の体積あるいは密度が変化しない反応系を定容系という．液相反応は，通常定容系とみなし得る．気相反応も一定容積の回分反応器内で行う場合には，もちろん定容系として取り扱うことができる．しかしながら，気相反応を流通反応器や容積の変化する回分反応器を用いて行う場合には，反応の進行につれて物質量が変化すれば，反応混合物の密度は変化するから，変容系とみなさなければならない．この場合でも，反応器内の圧力が一定に保持されていれば，変容系でも定圧系として取り扱える．

回分反応器内の任意の成分 $j$ の物質量を $n_j [\text{mol}]$，反応混合物の体積を $V [\text{m}^3]$ とすれば，成分 $j$ の濃度 $C_j [\text{mol m}^{-3}]$ は，次式

$$C_j = \frac{n_j}{V} \tag{2.27}$$

で与えられる．また，流通反応器内での成分 $j$ の濃度 $C_j$ は，反応混合物

の体積流量を $v\,[\mathrm{m^3\,s^{-1}}]$，成分 $j$ の物質量流量を $F_j\,[\mathrm{mol\,s^{-1}}]$ とすると，次式から算出できる．

$$C_j = \frac{F_j}{v} \tag{2.28}$$

式 (2.27) と (2.28) 中の $n_j$ と $F_j$ は，上述のように，$x_\mathrm{A}$ の関数として表すことができるが，$V$ と $v$ は定容系の場合と変容系の場合とでは異なる．

定容系の場合には，反応混合物の体積 $V$ および体積流量 $v$ はそれぞれ反応開始時における値 $V_0$ および反応器入口における値 $v_0$ に等しい．したがって，定容回分反応器について得られた物質量に関する式 (2.16)～(2.20) を，式 (2.27) に代入したのち，$V = V_0$ とすると，表 2.2 の諸式が得られる．これらの関係式は，定容系とみなせる流通反応器の場合でも成立する．

次に，反応の進行に伴い容積の変化する回分反応器を用いて気相反応を行う場合について考える．理想気体と仮定でき，等温・定圧の条件が成立する場合には，次式の関係が成立する．

$$\frac{V}{V_0} = 1 + \varepsilon_\mathrm{A} x_\mathrm{A} \tag{2.29}$$

したがって，変容系であっても定圧系と見なされる気相反応では，容積の変化する回分反応器内の成分 $j$ の濃度 $C_j$ は，式 (2.27)，(2.29) および物質量に対する式 (2.16)～(2.20) から，各反応成分の濃度は表 2.2 のように表される．

表 2.2 式 (2.1) の量論式で与えられる単一反応を定容系および定圧系で行う場合の各成分の濃度

| 成分 | 定容系 | 定圧系 |
|---|---|---|
| A | $C_\mathrm{A} = C_\mathrm{A0}(1 - x_\mathrm{A})$ | $C_\mathrm{A} = \dfrac{C_\mathrm{A0}(1 - x_\mathrm{A})}{1 + \varepsilon_\mathrm{A} x_\mathrm{A}}$ |
| B | $C_\mathrm{B} = C_\mathrm{B0} - \dfrac{b}{a} C_\mathrm{A0} x_\mathrm{A}$ | $C_\mathrm{B} = \dfrac{C_\mathrm{B0} - (b/a) C_\mathrm{A0} x_\mathrm{A}}{1 + \varepsilon_\mathrm{A} x_\mathrm{A}}$ |
| C | $C_\mathrm{C} = C_\mathrm{C0} + \dfrac{c}{a} C_\mathrm{A0} x_\mathrm{A}$ | $C_\mathrm{C} = \dfrac{C_\mathrm{C0} + (c/a) C_\mathrm{A0} x_\mathrm{A}}{1 + \varepsilon_\mathrm{A} x_\mathrm{A}}$ |
| D | $C_\mathrm{D} = C_\mathrm{D0} + \dfrac{d}{a} C_\mathrm{A0} x_\mathrm{A}$ | $C_\mathrm{D} = \dfrac{C_\mathrm{D0} + (d/a) C_\mathrm{A0} x_\mathrm{A}}{1 + \varepsilon_\mathrm{A} x_\mathrm{A}}$ |
| I | $C_\mathrm{I} = C_\mathrm{I0}$ | $C_\mathrm{I} = \dfrac{C_\mathrm{I0}}{1 + \varepsilon_\mathrm{A} x_\mathrm{A}}$ |

流通反応器を用いて気相反応を行う場合も，上と同様に取り扱うことができる．すなわち，気体反応混合物の体積 $V$ の代わりに気体反応混合物の体積流量 $v$ を用いれば式 (2.29) はそのまま用いられる．さらに，その式を式 (2.28) に代入すれば，表に示した回分反応器に対する

**非等温・非定圧の非定容回分反応器で気相反応を行う場合の反応混合物の体積変化**

非定容回分反応器で気相反応を行う場合，反応開始時 ($t=0$) と，それ以降の任意の時刻における気体成分全体についての状態方程式は次式で与えられる．

$$P_{t0} V_0 = z_0\, n_{t0} R T_0$$
$$P_t V = z n_t R T$$

ここで，添字 0 は $t=0$ における値を示し，$P_t$ は全圧，$z$ は圧縮係数を表す．これら二つの式から，次式

$$\frac{V}{V_0} = \frac{z}{z_0} \frac{n_t}{n_{t0}} \frac{P_{t0}}{P_t} \frac{T}{T_0}$$

の関係が得られる．いま，圧縮係数の変化は無視できる ($z \fallingdotseq z_0$) とし，さらに式 (2.21) の関係を上式に代入すると

$$\frac{V}{V_0} = (1 + \varepsilon_\mathrm{A} x_\mathrm{A}) \frac{P_{t0}}{P_t} \frac{T}{T_0}$$

の関係が得られる．

諸式とまったく同じ式が得られる．

**b. 反応器の設計方程式**

理想流れ反応器，すなわち完全混合流れ反応器（連続槽型反応器）および押出し流れ反応器（管型反応器）に，回分反応器を加えた計3種の反応器を理想反応器（ideal reactor）とよぶことにし，この理想反応器を用いて行われる反応操作の基礎式を導出する．

**(1) 反応器の物質収支式** 反応器内での反応操作の基礎式は，反応器内に図2.4に示したような微小容積要素を想定し，その内部で任意の反応成分$j$に対する物質収支をとることにより導くことができる．容積要素の大きさは，要素内の反応成分の濃度が均一とみなせる程度の大きさに選ぶ必要がある．

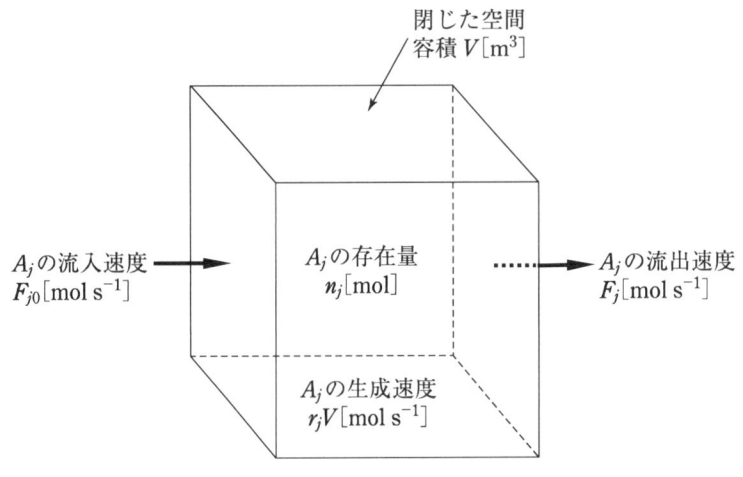

**図 2.4** 成分 $A_j$ の物質収支

図2.4に示した容積要素について成分$j$の物質収支をとると，次式が得られる．

  ［容積要素内への成分$j$の流入速度］
  －［容積要素外への成分$j$の流出速度］
  ＋［容積要素内での反応による成分$j$の生成速度］
  ＝［容積要素内での成分$j$の蓄積速度］  (2.30)

ここで，容積要素の容積を$V\,[\mathrm{m^3}]$，容積要素内の成分$j$の物質量を$n_j$ [mol]，時間を$t\,[\mathrm{s}]$，反応による成分$j$の生成速度を$r_j\,[\mathrm{mol\,m^{-3}\,s^{-1}}]$とし，成分$j$の流入速度および流出速度をそれぞれ$F_{j0}\,[\mathrm{mol\,s^{-1}}]$および$F_j\,[\mathrm{mol\,s^{-1}}]$とすると，式 (2.30) は

$$F_{j0} - F_j + r_j V = \frac{\mathrm{d}n_j}{\mathrm{d}t} \tag{2.31}$$

のように表される．式 (2.31) は理想反応器における物質収支の一般式である．以下では，この式を個々の理想反応器に適用する．

## (2) 回分反応器

（ⅰ）定容回分反応器：定容回分反応器に対しては，$F_{j0}=F_j=0$ が成立するから，この関係を式 (2.31) に代入すると，次式が得られる．

$$\frac{\mathrm{d}n_j}{\mathrm{d}t} = r_j V \tag{2.32}$$

ここで，$V$ は装置内の反応混合物の体積であり，一般に反応器容積とよばれる．定容回分反応器では，$V$ は一定であるから，式 (2.32) は次式

$$\frac{\mathrm{d}(n_j/V)}{\mathrm{d}t} = \frac{\mathrm{d}C_j}{\mathrm{d}t} = r_j \tag{2.33}$$

のように書き替えられる．限定反応成分であるA成分に対して上式を適用し，積分すると次式となる．

$$t = \int_{C_{A0}}^{C_A} \frac{\mathrm{d}C_A}{r_A(C_A)} = \int_{C_A}^{C_{A0}} \frac{\mathrm{d}C_A}{-r_A(C_A)} \tag{2.34}$$

ここで，$C_{A0}$ は $t=0$ すなわち反応開始時におけるA成分の濃度であり，$-r_A(C_A)$ はA成分の濃度 $C_A$ で表した消失速度を表す．

濃度 $C_A$ の代わりに転化率 $x_A$ を変数として用いる場合には，式 (2.34) の代わりに次式を用いればよい．

$$t = C_{A0} \int_0^{x_A} \frac{\mathrm{d}x_A}{-r_A(x_A)} \tag{2.35}$$

ここで，$-r_A(x_A)$ は転化率 $x_A$ で表したA成分の消失速度を表す．式 (2.34) または式 (2.35) により，回分反応器において濃度が $C_A$ または転化率が $x_A$ になるのに必要な時間 $t$ を求めることができる．反応速度式 $-r_A(C_A)$ や $-r_A(x_A)$ が複雑な場合には，これらの式の積分を解析的に行うことは困難であり，図積分法または数値積分法によらなければならない．

**図積分法**
図積分は，通常 Simpson の積分公式や台形公式を用いて行われる．

---

【例題2.2】 $A+bB \rightarrow C$ で表される液相不可逆二次反応を回分反応器で行う．転化率を時間の関数として表せ．

［解答］反応速度は，次式で表される．

$$-r_A = kC_A C_B = kC_{A0}^2 (1-x_A)(\theta_B - bx_A) \tag{a}$$

ここで，$\theta_B = C_{B0}/C_{A0}$ である．式 (a) を式 (2.35) に代入すると次式が得られる．

$$t = C_{A0} \int_0^{x_A} \frac{\mathrm{d}x_A}{(1-x_A)(\theta_B - bx_A)} \tag{b}$$

$\theta_B \neq b$ のとき

$$t = C_{A0} \int_0^{x_A} \frac{\mathrm{d}x_A}{(1-x_A)(\theta_B - bx_A)}$$

$$= \frac{1}{kC_{A0}(\theta_B-b)} \int_0^{x_A} \left(\frac{1}{1-x_A} - \frac{b}{\theta_B-bx_A}\right) dx_A$$

$$= \frac{1}{kC_{A0}(\theta_B-b)} \left[-\ln(1-x_A) + \ln(\theta_B-bx_A)\right]_0^{x_A}$$

$$= \frac{1}{kC_{A0}(\theta_B-b)} \ln \frac{(\theta_B-bx_A)}{\theta_B(1-bx_A)} \quad \text{(c)}$$

$\theta_B = b$ のとき

$$t = \frac{1}{bkC_{A0}} \int_0^{x_A} \frac{dx_A}{(1-x_A)^2} = \frac{1}{bkC_{A0}} \left[\frac{1}{1-x_A}\right]_0^{x_A}$$

$$= \frac{1}{bk}\left[\frac{1}{C_{A0}(1-x_A)} - \frac{1}{C_{A0}}\right] = \frac{1}{bk}\left(\frac{1}{C_A} - \frac{1}{C_{A0}}\right) \quad \text{(d)}$$

比較的簡単な反応速度式に対して,式(2.34)または式(2.35)を用いて解析的に導出した回分反応器の反応時間と転化率または濃度との関係式を表2.3に示した.

**表 2.3** 定容回分反応器に対する基礎式の積分形

| 量論式 | 反応速度式 | 積 分 形 |
|---|---|---|
| 任意の量論式 | $-r_A = k$ | $t = \frac{C_{A0}-C_A}{k} = \frac{C_{A0}x_A}{k} \quad \left(t \leq \frac{C_{A0}}{k}\right)$ |
| | $-r_A = kC_A$ | $t = -\frac{1}{k}\ln\frac{C_A}{C_{A0}} = -\frac{1}{k}\ln(1-x_A)$ |
| | $-r_A = kC_A^n$ $(n=2,3,\cdots)$ | $t = \frac{C_A^{1-n} - C_{A0}^{1-n}}{(n-1)k} = \frac{C_{A0}^{1-n}[(1-x_A)^{1-n}-1]}{(n-1)k}$ |
| $A + bB \to C$ | $-r_A = kC_A C_B$ | $t = \frac{\ln(\theta_B C_A/C_B)}{kC_{A0}(b-\theta_B)} = \frac{\ln[\theta_B(1-x_A)/(\theta_B-bx_A)]}{kC_{A0}(b-\theta_B)} \quad (\theta_B \neq b)$ $t = \frac{1}{bk}\left(\frac{1}{C_A} - \frac{1}{C_{A0}}\right) = \frac{x_A}{bkC_{A0}(1-x_A)} \quad (\theta_B = b)$ |
| $A \rightleftharpoons C$ | $-r_A = k\left(C_A - \frac{C_C}{K_c}\right)$ | $t = \frac{K_c}{k(K_c+1)} \ln \frac{K_c C_{A0} - C_{C0}}{(K_c+1)C_A - C_{A0} - C_{C0}}$ $= \frac{K_c}{k(K_c+1)} \ln \frac{K_c - \theta_C}{K_c - \theta_C - (K_c+1)x_A}$ |

$\theta_B = C_{B0}/C_{A0}, \quad \theta_C = C_{C0}/C_{A0}$

(ii) 定圧回分反応器:定圧回分反応器を用いて,一定温度のもとで気相反応を行う場合について考える.限定反応成分Aに対して式(2.32)を適用し,本式に式(2.16)と式(2.29)の関係を代入すると

$$\frac{d[n_{A0}(1-x_A)]}{dt} = r_A V_0 (1 + \varepsilon_A x_A) \tag{2.36}$$

となる.これを整理すると

$$\frac{C_{A0}}{1+\varepsilon_A x_A}\frac{dx_A}{dt}=-r_A \tag{2.37}$$

となるから,式 (2.37) を積分すると次式が得られる.

$$t=C_{A0}\int_0^{x_A}\frac{dx_A}{(1+\varepsilon_A x_A)(-r_A)} \tag{2.38}$$

ただし,反応速度式中の各成分の濃度は,表2.2に示した定圧系に対する式を用いてすべて $x_A$ の関数として表さなければならない.

**(3) 連続槽型反応器** 図2.5 に示す連続槽型反応器における反応操作について考える.操作は定常状態下で行われるので,式 (2.31) の右辺はゼロとなり

$$F_{j0}-F_j+r_j V=0 \tag{2.39}$$

が成立する.式 (2.39) を限定反応成分 A に対して適用すると,次式の関係

$$\frac{F_{A0}-F_A}{V}=-r_A \tag{2.40}$$

が得られる.式 (2.40) に式 (2.26) と $F_{A0}=v_0 C_{A0}$ の関係式を代入すると

$$\frac{v_0 C_0 x_A}{V}=-r_A \tag{2.41}$$

となる.ここで,流通反応器の新しい操作変数として,時間の単位をもつ空間時間 (space time) $\tau$ を次式

$$\tau=\frac{V}{v_0} \tag{2.42}$$

のように定義すると,式 (2.41) は次のように書き替えられる.

$$\tau=\frac{V}{v_0}=C_{A0}\frac{x_A}{-r_A} \tag{2.43}$$

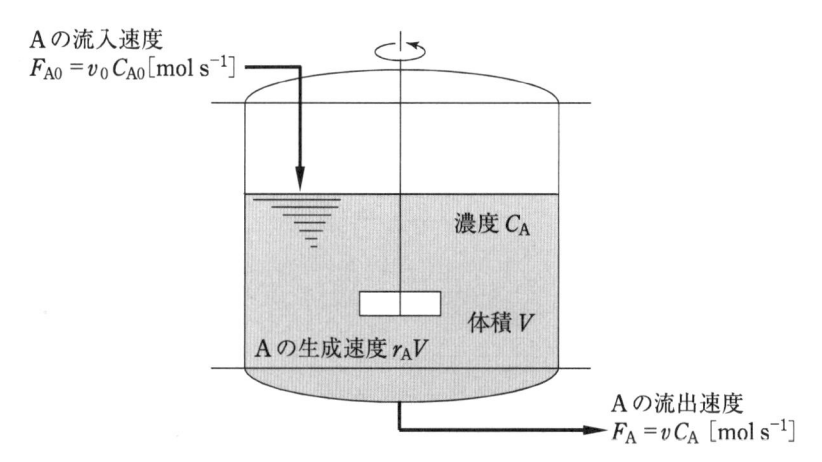

**定圧回分反応器**
反応の進行につれて物質量の変化する気相反応を容積が一定の回分反応器(定溶反応器)で行うと,反応の進行に伴い圧力が変化する.この反応を,可動栓(ピストン)を有する反応器で行うと反応の進行に伴いピストンが自動的に移動して反応器の容積が変化し一定の圧力下で反応を行うことができる.このようなタイプの反応器を定圧回分反応器とよぶ.

図 2.5 連続槽型反応器の物質収支

式 (2.43) を使用すれば，希望する転化率 $x_A$ の値を達成するのに必要な反応器の空間時間 $\tau$ あるいは反応器容積 $V$ を算出することができる．ただし，反応速度式中の各成分の濃度としては，液相反応に対しては表2.2の定容系に対する諸式を，気相反応に対しては同表の定圧系に対する諸式をそれぞれ使用しなければならない．

上述のように，式 (2.42) で定義される空間時間 $\tau$ は，時間の単位をもつ流通反応器の操作変数で，回分反応器における反応時間 $t$ に対応している．空間時間が 20 min ということは，20 min ごとに反応器容積に等しい量の反応流体が反応器へ供給されることを意味する．

また，空間時間 $\tau$ の逆数は空間速度（space velocity）とよばれ，次式によって定義される．

$$S_V = \frac{1}{\tau} = \frac{v_0}{V} \tag{2.44}$$

空間速度は，時間の逆数の単位をもつ．空間速度が $3\,\mathrm{h}^{-1}$ というのは，1 h に反応器容積の 3 倍量の反応流体が処理されることを意味する．

空間時間および空間速度は，いずれも流通反応器の性能を比較するのに用いられる．所定の転化率を得るのに必要な空間時間の値が小さいほど，空間速度の値が大きいほど，反応器の性能は優れている．なお，空間時間および空間速度の算出に用いられる反応流体の体積流量 $v_0$ としては，反応器入口における温度と圧力のもとでの値が採用される．

**(4) 管型反応器**　図 2.6 に示すように，管型反応器すなわち押出し流れ反応器の入口から容積にして $V$ および $(V+\mathrm{d}V)$ だけ離れた位置に二つの断面を想定し，この二つの断面に挟まれた微小容積要素 $\mathrm{d}V$ における任意の成分 $j$ の物質収支をとる．管型反応器内では反応成分の濃度は流れ方向に連続的に変化しており，したがって $j$ 成分の物質量流量 $F_j$ も反応器入口からの流れ方向距離すなわち反応器容積 $V$ の関数とみなすことができる．前出の物質収支の一般式 (2.30) の各項は，それぞれ $F_j$, $F_j+\mathrm{d}F_j$, $r_j\mathrm{d}V$, 0 となるから，成分 $j$ の物質収支式は結局，

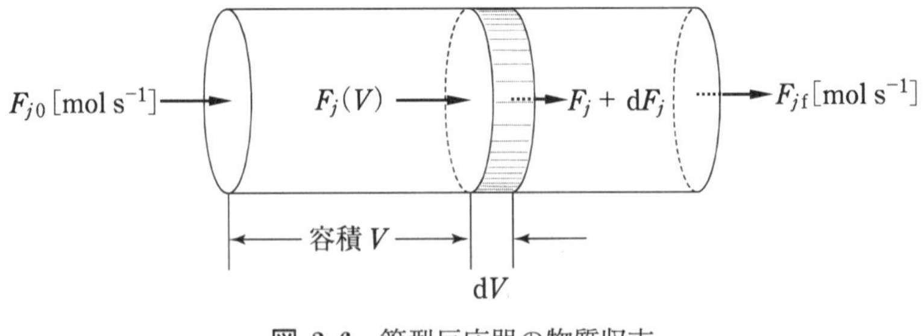

**空間速度**
発酵の分野では，空間速度のことを希釈率（dilution rate）とよび，記号 $D$ で表している．
$$D = S_V$$

**平均滞留時間**
**(mean residence time)**
反応流体の流体エレメントが流通反応器内にとどまっている時間を滞留時間（residence time）とよぶ．押出し流れ反応器では，すべての流体は等しい滞留時間をもつが，連続槽型反応器では滞留時間に分布が存在する．各流体エレメントの滞留時間の平均値を平均滞留時間とよぶ．気相反応の場合には，反応の進行につれて物質量が変化したり，反応器内部に温度や圧力の分布が存在したりすると，反応器内の位置により反応流体の体積流量 $v$ が反応器入り口での値 $v_0$ とは異なってくる．このよう場合には，空間時間 $\tau$ と平均滞留時間とは一致しない．

図 2.6　管型反応器の物質収支

次式
$$F_j - (F_j + dF_j) + r_j dV = 0 \tag{2.45}$$
のようになり，これを整理すれば
$$\frac{dF_j}{dV} = r_j \tag{2.46}$$
が得られる．限定反応成分 A に対して本式を適用し，さらに転化率 $x_A$ の定義式 (2.28) を用いると
$$F_{A0} \frac{dx_A}{dV} = -r_A \tag{2.47}$$
となり，この式を積分すると
$$\frac{V}{F_{A0}} = \int_0^{x_A} \frac{dx_A}{-r_A(x_A)} \tag{2.48}$$
あるいは
$$\tau = \frac{V}{v_0} = C_{A0} \int_0^{x_A} \frac{dx_A}{-r_A(x_A)} \tag{2.49}$$
が得られる．反応速度 $-r_A$ を転化率 $x_A$ の関数として表せば，式 (2.48) あるいは式 (2.49) の積分が可能となり，転化率 $x_A$ が所定の値になるのに必要な反応器容積 $V$ または空間時間 $\tau$ が計算できる．反応速度式が複雑な場合には，式 (2.48) あるいは式 (2.49) の積分を解析的に求めることは困難で，図積分法または数値積分法によらなければならない．

管型反応器を用いて比較的簡単な定圧系気相反応を行う場合の基礎式の積分形を表 2.4 に示した．なお，$\varepsilon_A = 0$ とおけば，本表の結果は液相反応に対しても適用できる．

**表 2.4** 定圧気相反応を管型反応器で行うときの基礎式の積分形

| 量論式 | 反応速度式 | 積　分　形 |
|---|---|---|
| $A \rightarrow cC$ | $-r_A = kC_A$ | $\tau = \dfrac{1}{k}\left[(1+\varepsilon_A)\ln\dfrac{1}{1-x_A} - \varepsilon_A x_A\right]$ |
| $A + bB \rightarrow cC$ | $-r_A = kC_A C_B$ $(\theta_B \neq b)$ | $\tau = \dfrac{1}{bkC_{A0}}\left[\varepsilon_A^2 x_A + \dfrac{(1+\varepsilon_A)^2}{(\theta_B/b)-1}\ln\dfrac{1}{1-x_A}\right.$ $\left. + \dfrac{(1+\varepsilon_A\theta_B/b)^2}{(\theta_B/b)-1}\ln\dfrac{(\theta_B/b)-x_A}{(\theta_B/b)}\right]$ |
| $A \rightleftharpoons cC$ | $-r_A = k_1 C_A - k_2 C_C$ | $\tau = \dfrac{\theta_C + cx_{A\infty}}{k_1(\theta_C + c)} \times$ $\left[-(1+\varepsilon_A x_{A\infty})\ln\left(1-\dfrac{x_A}{x_{A\infty}}\right) - \varepsilon_A x_A\right]$ |

$\theta_B = C_{B0}/C_{A0}$, $\theta_C = C_{C0}/C_{A0}$, $x_{A\infty} =$ 平衡転化率．定容液相反応に対しては $\varepsilon_A = 0$ とおく．

**(5) 連続槽型反応器と管型反応器の性能比較** 限定反応成分 A の反応速度 $-r_A$ を転化率 $x_A$ の関数として表し，$C_{A0}/(-r_A)$ の値を $x_A$ に対してプロットすると，図 2.7 に示すような曲線が得られる．$x_A=0\sim x_{Af}$（反応器出口での値）の範囲内での曲線 DE と $x_A$ 軸 OB に挟まれた斜線部分 DOBE の面積は，反応器出口の転化率を $x_{Af}$ とした場合の式 (2.49) の右辺の値，すなわち管型反応器の空間時間 $\tau_p$ を与える．

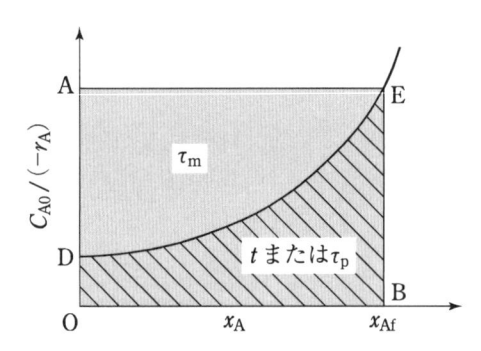

図 2.7 反応器の性能比較（反応速度が転化率 $x_A$ の増大に伴い単調に減少する場合）

連続槽型反応器に対しては式 (2.43) が成立するが，装置出口の転化率が $x_{Af}$ の場合の右辺の値 $C_{A0}x_{Af}/[-r_A(x_{Af})]$ は，図 2.7 では垂線 BE の長さ $C_{A0}/[-r_A(x_{Af})]$ と $x_A$ 軸上の OB の長さ $x_{Af}$ の積に等しい．すなわち，図 2.7 中の灰色の長方形 AOBE の面積は，連続槽型反応器の空間時間 $\tau_m$ を表す．

面積 DOBE と面積 AOBE の比較から明らかなように，管型反応器の空間時間 $\tau_p$ は連続槽型反応器の空間時間 $\tau_m$ よりも小さい．この事実は，両反応器への反応流体の供給速度 $v_0$ が同一であれば，同じ転化率 $x_{Af}$ を達成するのに必要な反応器の容積は，連続槽型反応器よりも管型反応器の方が小さくてすむことを示している．ただし，この結論は反応速度が転化率の増大につれて単調に減少する場合に限って成立し，自触媒反応のように反応速度が最大値をとるような場合には，連続槽型反応器と管型反応器のどちらの性能が優れているかは簡単には判定できない．

**空間時間の表示について** 空間時間 $\tau$ は，連続槽型反応器の場合は式 (2.43) で，また管型反応器の場合は式 (2.49) で与えられるが，両者を同時に図示する場合，違いを明確にするために，前者には mixed flow の m を，また後者には plug flow の p を添字として付けている．

## 2.4 反応器の設計と操作

本節では，2.3 節で導出した回分反応器，連続槽型反応器および管型反応器の設計方程式に基づく反応器設計と反応操作について述べる．

**a．回分反応器による反応操作**

回分式反応操作とは，まず始めに所定量の反応物質を反応器に仕込

み，所定の反応温度と圧力条件のもとで，希望する転化率まで反応させた後，反応器内の反応物質と生成物質の混合物を取り出す方式の操作である．この一連の操作すなわち1サイクルに必要な反応操作時間は，実際の反応時間のほかに，原料仕込みなどに必要な前処理時間と反応後の反応器内容物の取り出しや反応器の洗浄などに必要な後処理時間を加えたものになる．これら前処理および後処理に要する時間は，通常転化率には無関係な一定値である．

**(1) 定容回分式反応操作**　一般の液相反応のように，系の密度変化が無視できる場合には，$V$ は反応の進行に関係なく一定と見なせるから，このような場合には，反応時間 $t$ は，式 (2.34) または (2.35) で与えられる．式 (2.49) と式 (2.35) を比較すれば明らかなように，回分式反応操作における反応時間（経過時間）$t$ は，管型反応器操作における空間時間 $\tau$ と対応している．回分式反応操作におけるこの経過時間 $t$ は，図 2.7 の斜線で示した部分の面積 DOBE に相当する．

比較的簡単な反応に対する定容回分反応器の反応時間と転化率あるいは濃度との関係式は，表 2.3 に与えられている．

定容反応系では，式 (2.35) から明らかなように，$t$ は反応器容積 $V$ に関係なく，転化率 $x_A$ により決定される．したがって，回分式反応操作における反応器容積 $V$ は，生産量を判断する指標である．

---

**【例題 2.3】** 定容回分反応器を用いて，A＋B→C で表される液相二次反応（$-r = k C_A C_B$）を行わせる．A 成分および B 成分の初濃度がそれぞれ $2\,\mathrm{kmol\,m^{-3}}$ および $5\,\mathrm{kmol\,m^{-3}}$ の条件で反応を開始し，転化率 90% を達成したい．必要な反応時間を求めよ．ただし，反応速度定数は $k = 1.5 \times 10^{-7}\,\mathrm{m^3\,mol^{-1}\,s^{-1}}$ とせよ．

**［解答］** 定容系の二次反応の場合の反応時間を求める式は，表 2.3 に与えられている．題意から，$C_{A0} = 1\,\mathrm{kmol\,m^{-3}}$，$C_{B0} = 5\,\mathrm{kmol\,m^{-3}}$ であるから，$\theta_B = C_{B0}/C_{A0} = 5/1 = 5$ である．また，$b = 1$ であるから，$\theta_B \neq b$ である．したがって，反応時間 $t\,[\mathrm{s}]$ は次式で求められる．

$$t = \frac{\ln[\theta_B(1-x_A)/(\theta_B - b x_A)]}{k C_{A0}(b - \theta_B)} \quad (\theta_B \neq b)$$

上式に A および B 成分の初濃度と $x_A = 0.90$ を代入すると，反応時間 $t$ が求まる．

$$t = \frac{\ln[5 \times (1-0.9)/\{5-(1 \times 0.9)\}]}{(1.5 \times 10^{-7}) \times 1 \times (1-5)} = 3.51 \times 10^6\,\mathrm{s}$$

**(2) 定圧回分式反応操作**　反応によりモル数が増加あるいは減少する気相反応を，反応器圧力が一定に保たれる回分反応器を用いて行う．この場合，反応開始時に所定量の気相反応原料 $n_{A0}$ を容積 $V$ の反応器に仕込み，反応開始後の転化率 $x_A$ の経時変化を測定する．

この場合の基礎式は，式 (2.38) で与えられる．定圧系であるから，任意時間 $t$ における A 成分の濃度 $C_A$ は，表2.2 より，次式

$$C_A = \frac{n_A}{V} = \frac{C_{A0}(1-x_A)}{1+\varepsilon_A x_A} \tag{2.50}$$

で与えられる．したがって，反応速度が $-r_A = kC_A$ で表される一次反応の場合には，式 (2.38) は次式のようになる．

$$t = \frac{1}{k}\int_0^{x_A} \frac{dx_A}{1-x_A} = \frac{1}{k}\ln\frac{1}{1-x_A} \tag{2.51}$$

式 (2.51) から明らかなように，所定の転化率に達するのに必要な反応時間は，定容反応器の場合と同じになる（表2.3 参照）．

**b. 連続槽型反応器による反応操作**

**(1) 単一連続槽型反応器**　上述のように，連続槽型反応器の設計の基礎式は，式 (2.43) で与えられる．反応器の操作設計では，一般に転化率 $x_A$ と反応速度 $-r_A$ は既知であるから，空間時間 $\tau$ が式 (2.43) によって算出できる．したがって，反応器容積 $V$ が既知であれば，原料供給速度 $v_0$ が求まることになる．以下に具体的な反応速度式を例として $\tau$ の解析法について述べる．

反応速度が成分 A に関して $n$ 次の液相反応を考える．反応速度は，$-r_A = k_n C_A^n$ で表されるので，式 (2.43) を書き換えると，次式が得られる

$$\tau k_n C_{A0}^{n-1}\left(\frac{C_A}{C_{A0}}\right)^n + \frac{C_A}{C_{A0}} - 1 = 0 \tag{2.52}$$

反応次数 $n$ を与えると，濃度 $C_A$ または転化率 $x_A$ と空間時間 $\tau$ の関係を求めることができる．

ゼロ次反応（$n=0$）の場合：

$$\frac{C_A}{C_{A0}} = 1 - \frac{k_0 \tau}{C_{A0}} \quad (\text{ただし，} \tau \leq C_{A0}/k_0 \text{ である}) \tag{2.53}$$

一次反応（$n=1$）の場合：

$$\frac{C_A}{C_{A0}} = \frac{1}{1+k_1\tau} \tag{2.54}$$

二次反応（$n=2$）の場合：

$$\frac{C_A}{C_{A0}} = \frac{(1+4k_2\tau C_{A0})^{1/2}-1}{2k_2\tau C_{A0}} \tag{2.55}$$

## (2) 直列連続槽型反応器

（i）代数的解法：図2.8に示すように，容積の異なる $N$ 個の連続槽型反応器が直列に連結され，それぞれの反応槽が異なる温度で操作されている場合を考える．

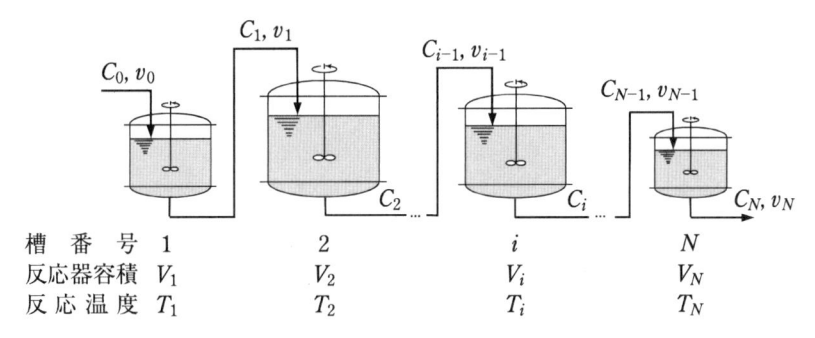

**図 2.8** 直列連続槽型反応器

任意の第 $i$ 番目の反応槽（容積 $V_i$）に着目して反応成分Aの物質収支をとると，

$$v_{i-1}C_{Ai-1} - v_i C_{Ai} = (-r_{Ai})V_i \tag{2.56}$$

この式を書き換えると，

$$\frac{C_{Ai}}{C_{Ai-1}} = \frac{1}{(v_i/v_{i-1}) + (-r_{Ai})\tau_i/C_{Ai}} \tag{2.57}$$

となる．ただし，$\tau_i = V_i/v_{i-1}$ である．ここで，$N$ 個の槽全体について考えると，

$$\frac{C_{AN}}{C_{A0}} = 1 - x_A = \frac{C_{A1}}{C_{A0}} \frac{C_{A2}}{C_{A1}} \cdots \frac{C_{Ai}}{C_{Ai-1}} \cdots \frac{C_{AN}}{C_{AN-1}} \tag{2.58}$$

が成立するから，式（2.57）と組み合わせると第 $N$ 槽出口における成分Aの濃度 $C_{AN}$，あるいは転化率 $x_A$ が求まる．

各槽の容積，温度がすべて等しく，反応流体の体積流量の変化が無視でき，さらに成分Aに関して1次の反応（$-r_{Ai} = k_i C_{Ai}$）の場合には，$V_1 = V_2 = \cdots = V_N \equiv V$，$k_1 = k_2 = \cdots = k_N \equiv k$，$v_1 = v_2 = \cdots = v_N \equiv v_0$，$\tau_1 = \tau_2 = \cdots = \tau_N \equiv \tau$ とおけるから，式（2.57）と式（2.58）から，次式の関係が得られる．

$$\frac{C_{AN}}{C_{A0}} = 1 - x_A = \frac{1}{(1+k\tau)^N} \tag{2.59}$$

（ii）図式解法：容積の異なる $N$ 個の連続槽型反応器が直列に連結されている場合を考える．第 $i$ 番目の反応器に対する物質収支式 (2.56) を変形すると，次式が得られる．

$$-r_{Ai} = \frac{C_{Ai-1}}{\tau_i} - \frac{C_{Ai}}{\tau_i} \tag{2.60}$$

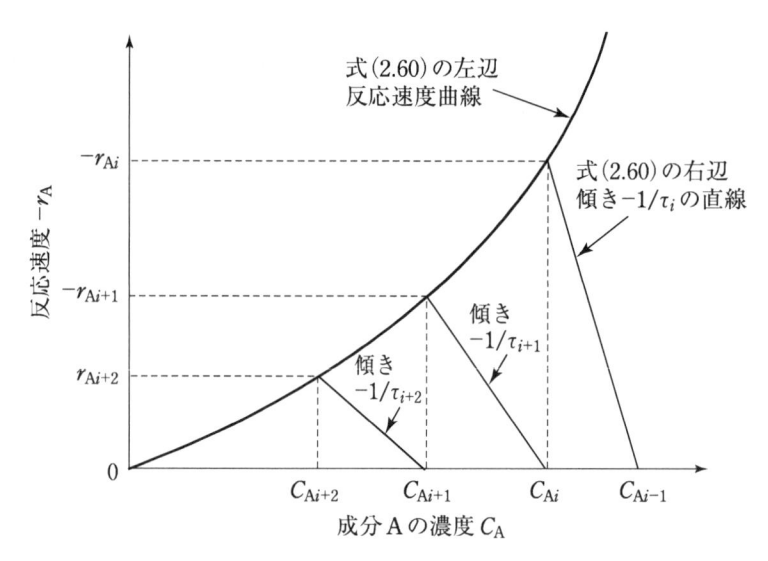

**図 2.9** 直列連続槽型反応器操作の図解法

反応速度 $-r_{Ai}$ は，各種反応成分の第 $i$ 番目の反応器出口における（したがって槽内の）濃度の関数であるが，量論関係を用いることにより限定反応成分 A の濃度 $C_{Ai}$ のみの関数として表せる．$C_{Ai-1}$ は第 $i$ 槽の入口における成分 A の濃度であるから既知と見なせるので，式 (2.60) の両辺は $C_{Ai}$ の関数である．図 2.9 に示すように，反応速度 $-r_A$ を縦軸に，A 成分濃度 $C_A$ を横軸とするグラフを描くと，一般に右上がりの曲線（反応速度曲線）になる．これが式 (2.60) の左辺に相当する．また，式の右辺は横軸 $C_{Ai-1}$ を通る傾き $-1/\tau_i$ の直線となる．この直線の勾配は反応器容積が一定でも，操作変数である体積流量により変化するので，一種の操作線である．この直線と反応速度曲線との交点が，未知数である反応槽出口濃度 $C_{Ai}$ を与えることになる．

入口濃度 $C_{A0}$ と反応流体の体積流量 $v_0$ が既知であり，各槽の反応温度が同じである場合，最終の第 $N$ 槽出口濃度 $C_{AN}$ の決定は以下の手順で行うことができる．

① グラフの横軸上に第 1 槽入口濃度 $C_{A0}$ の点を決める．
② 第 1 反応槽容積 $V_1$ より，空間時間 $\tau_1 = V_1/v_0$ を算出する．
③ 横軸上の $C_{A0}$ の点を通り，傾き $-1/\tau_i$ の直線を引く．
④ 反応速度曲線と直線の交点から，第 1 反応槽出口濃度 $C_{A1}$ を決定する．
⑤ グラフ横軸上に $C_{A1}$ の点をとり，①〜④と同様な操作により第 2 反応槽出口濃度 $C_{A2}$ を決定する．
⑥ 最終の第 $N$ 槽まで上の操作を繰り返すと $C_{AN}$ が求まり，最終反応転化率 $x_A (= 1 - C_{AN}/C_{A0})$ が計算できる．

【例題2.4】量論式が A＋B→C で表される液相一次反応を，反応槽総容積 10 m³ の連続槽型反応器を用いて行う．下記の三つの場合について，反応成分 A の転化率を求めよ．ただし，反応速度は $-r_A = kC_A [\mathrm{mol\ m^3\ s^{-1}}]$，$k=0.0004\ \mathrm{s^{-1}}$ で与えられ，また反応流体の流量は 10 m³ h⁻¹ の一定であるとせよ．

(1) 容積 10 m³ の反応槽 1 台で反応させる場合．
(2) 容積 5 m³ の反応槽 2 台を直列につないで反応させる場合．
(3) 容積 2 m³ の反応槽 5 台を直列につないで反応させる場合．

[解答] 単一または等容積の反応槽を複数台直列に連結した連続槽型反応器を用いて液相一次反応を行わせるのであるから，転化率は式 (2.59) より，次式

$$x_A = 1 - \frac{1}{(1+k\tau)^N} \tag{a}$$

で与えられる．題意より，体積流量 $v_0 = 10\ \mathrm{m^3\ h^{-1}} = 10/3600 = 0.00278\ \mathrm{m^3\ s^{-1}}$．

(1) 反応槽は 1 台であるから，$V_1 = V_T = 10\ \mathrm{m^3}$．したがって，$= V_T/v_0 = 10/0.00278 = 3600\ \mathrm{s}$，$k\tau = 0.0004 \times 3600 = 1.44$．式 (a) で $N=1$ とおき，数値を代入すると，

$$x_A = 1 - 1/(1+1.44) = 0.590$$

(2) 各反応槽（容積 $V_1 = V_2 = V = 5\ \mathrm{m^3}$）での空間時間 $\tau_1 = \tau_2 = \tau = V/v_0 = 5/0.00278 = 1800\ \mathrm{s}$，$k\tau = (0.0004) \times (1800) = 0.72$．式 (a) で $N=2$ とおき，数値を代入すると，

$$x_A = 1 - 1/(1+0.72)^2 = 0.662$$

(3) (2) と同様にして $V = 2\ \mathrm{m^3}$，空間時間 $\tau = 2/0.00278 = 720\ \mathrm{s}$，$k\tau = (0.0004) \times (720) = 0.288$

$$x_A = 1 - 1/(1+0.288)^5 = 0.718$$

以上の結果から明らかなように，連続槽型反応器では，総容積が同じであれば，単一の反応槽を用いるよりは容積の小さい反応槽を複数台直列に連結して操作する方が高い転化率が得られる．

### c. 管型反応器による反応操作

工業的な大量生産システムでは，反応器としては管型反応器が用いられることが多い．反応器中に固体触媒粒子などが充填され，反応管の半径方向の温度分布や濃度分布が無視できる場合には，流れの状態が理想的な押出し流れに近くなる．さらに，反応器の流れ方向に温度変化がなく等温と見なせる場合，設計の基礎式は上述の式 (2.48)，あるい

は式 (2.49) で与えられる．操作論の立場からいえば，これらの式から，与えられた原料供給速度 $F_{A0}(=v_0 C_{A0})$ あるいは空間時間 $\tau$ に対する転化率 $x_A$ が求まることになる．

## 2.5 反応速度解析法

反応装置を合理的に設計するには，実験によって得られた反応速度データに基づいて，反応速度が反応成分の濃度や温度によってどのように変化するかを詳細に検討し，反応次数，反応速度定数，活性化エネルギーなどの速度パラメーターを求めて，反応速度式を決定しておく必要がある．

反応速度を測定する実験方法には，回分反応器を用いる方法と連続式反応器を用いる方法の二通りがある．両実験法とも，まずある一定温度の条件下で反応速度の濃度依存性を明らかにし，ついで種々温度の異なる条件下で反応速度を測定し反応速度の温度依存性を調べ，反応速度式を決定する．本節では，単一反応を対象とした反応速度の測定法と速度データの解析法について述べる．

### a. 回分反応器による反応速度の測定と解析

回分反応器を用いる反応速度測定法は，主として液相反応に用いられる．反応成分濃度の経時変化を測定し，積分法または微分法によって測定データを解析して反応速度を求める．積分法は，反応速度を仮定してその積分形を求め，これを実験結果と比較して速度パラメーターを決定する方法であり，微分法は，実験的に求めた反応成分濃度と時間との関係曲線を図上微分して各濃度での反応速度を算出し，その結果に基づいて反応速度を求める方法である．また，限定反応成分の半減期を初濃度の関数として実験的に求め，得られた結果から反応速度を決定する半減期法も用いられることがある．

なお，反応の進行につれて物質量が変化する気相反応を，反応器容積が一定の回分反応器で行い，反応器内の全圧の変化速度から反応速度を求める全圧追跡法もしばしば採用される．

**(1) 微分法** 成分 $j$ の濃度の変化速度 $r_j$ は，定容回分反応器では次式で与えられ，濃度の時間変化に等しい．

$$r_j = \frac{dC_j}{dt} \doteqdot \frac{\Delta C_j}{\Delta t} \tag{2.61}$$

したがって，実験的に得られる着目成分 $j$ の濃度 $C_j$ 対反応経過時間 $t$ のデータを図上微分や数値微分すれば，種々の時間（したがって種々の濃度）における反応速度 $r_j$ が求まる．量論関係が式 (2.1) のように既

---

**反応速度の測定**
反応速度を測定するには，回分反応器を用いる場合には着目成分の反応器内の濃度の経時変化を追跡したり，流通式反応器の場合には反応器の入口・出口における反応流体中の着目成分の濃度の差を求めたりする必要がある．濃度の測定法としては，反応速度が大きくない場合には，反応流体からサンプルを採取して反応を停止させたのち，滴定分析法や機器分析法で着目成分の濃度を測定する方法が用いられる．迅速な反応の場合，サンプルの採取中の反応の進行を無視できないので，サンプルを採取しないで反応器内あるいは反応器の入口・出口で光学的方法（吸光度測定など）や電気的な方法（電気伝導度測定など）で連続的に測定する方法が用いられる．

知の場合，反応に関与する成分 A, B, C, D のいずれか1成分に着目してその濃度変化を追跡し反応速度を求めてやれば，式 (2.2) の関係を用いて他の成分に対する反応速度が算出できる．

成分 A の消失速度 $-r_A$ が，A 成分濃度の $n$ 次に比例すると仮定すると，

$$-r_A = -\frac{dC_A}{dt} = kC_A^n \qquad (2.62)$$

と表されるから，両辺の対数をとれば，

$$\log(-r_A) = \log k + n \log C_A \qquad (2.63)$$

したがって，実験結果を $\log(-r_A)$ 対 $\log C_A$ の関係としてプロットして直線で相関できれば，式 (2.62) で表される速度式を仮定したことが妥当であったことになり，その直線の傾きと切片より，次数 $n$ と速度定数 $k$ が求まる．

また，反応速度が次式のように成分 A に関して $n$ 次，B 分に関して $m$ 次に比例すると仮定できる場合，反応速度式は次式で与えられる．

$$-r_A = kC_A^n C_B^m \qquad (2.64)$$

まず，B 成分が大過剰の条件下で反応を行えば，B 成分の濃度変化は A 成分の濃度変化に較べて小さく無視できるので，下記の式 (2.65) のように A 成分に関して擬 $n$ 次の反応であるとした取扱いができ，次数 $n$ が求まる．

$$-r_A = k'C_A^n \qquad \text{ただし，} \quad k' = kC_{B0}^m \qquad (2.65)$$

次に成分 A の濃度が過剰な条件下で実験を行って，成分 B に関する次数 $m$ を決定する．

**(2) 積分法** まず，反応速度式を仮定し，定容系の場合には式 (2.34) または式 (2.35)，定圧系の場合には式 (2.38) に代入して積分して限定反応成分 A の濃度 $C_A$ または転化率 $x_A$ を時間 $t$ の関数として求め，この式を次式

$$F(C_A) = \lambda(k) t \qquad (2.66)$$

のように変形しておく．ここで，左辺 $F(C_A)$ は $C_A$ の関数であり，最初に仮定した反応速度式によって異なった代数式となる．右辺の $\lambda(k)$ は，反応速度定数 $k$ を含む定数を表す．次に，回分反応器を用いて，限定反応成分の濃度 $C_A$ と時間 $t$ の関係を測定し，実験結果を式 (2.66) に基づき $F(C_A)$ 対時間 $t$ の関係としてプロットする．もし，データが原点を通る直線で相関できれば，仮定した反応速度式が正しかったことになり，直線の傾きから $\lambda(k)$ が求まり，反応速度定数が求まる．

具体例について考える．成分 A に対する反応速度式が式 (2.62) で表されるとき，その積分形は表 2.3 に与えられており，式 (2.66) の形で

**実測値のプロット**
種々の $C_A$ 値における $-r_A$ の実測値の対数をとったものを普通グラフ上に $\log(-r_A)$ 対 $\log C_A$ の関係としてプロットするか，実測値そのものを両対数グラフ上に $-r_A$ 対 $C_A$ の関係としてプロットする．

表現すれば次式のようになる．

$$-\ln \frac{C_A}{C_{A0}} = kt \tag{2.67}$$

$$\frac{C_A{}^{1-n} - C_{A0}{}^{1-n}}{n-1} = kt \quad (n \neq 1) \tag{2.68}$$

実験結果を $-\ln(C_A/C_{A0})$ 対 $t$ の関係としてプロットして原点を通る直線が得られれば，式 (2.67) の関係が成立していることになり，一次反応であることがわかる．直線の傾きから速度定数 $k$ が求まる．また，$n=2 (-r_A = kC_A{}^2)$ の場合には，式 (2.68) は次式のようになる．

$$\frac{1}{C_A} - \frac{1}{C_{A0}} = kt \tag{2.69}$$

したがって，実験結果を $1/C_A$ 対 $t$ の関係としてプロットして直線関係が得られれば，その反応次数は 2 ということになり，直線の傾きから速度定数 $k$ が求まる．

【例題 2.5】 A+B→C で表される液相反応を，回分反応器を用いて一定温度条件下で行い，表 2.5 に示すような濃度 $C_A$ 対反応時間 $t$ の関係を得た．積分法を用いてこの反応結果に適合する反応速度式を求めよ．ただし，成分 A と B の初濃度は $C_{A0} = 300 \text{ mol m}^{-3}$ および $C_{B0} = 600 \text{ mol m}^{-3}$ である．

表 2.5 回分反応器における A 成分濃度の経時変化

| $t$ [h] | 0 | 1 | 3 | 5 | 7.5 | 10 |
|---|---|---|---|---|---|---|
| $C_A$ [mol m$^{-3}$] | 300 | 192 | 93.7 | 50.9 | 25.4 | 13.2 |

[解答] 本反応は A および B に関してそれぞれ一次の二次反応であると仮定すると，反応速度式は

$$-r_A = k C_A C_B \tag{a}$$

となり，この場合の回分反応器内での濃度 $C_A$ および $C_B$ と反応時間 $t$ との関係は，式(a)の積分式として表 2.3 に与えられている．成分 B と A の初濃度の比 $C_{B0}/C_{A0} (= \theta_B)$ が成分 B の量論係数 $b$ （本反応では $b=1$）に等しくない場合の関係式を式 (2.66) の形で示せば，次式のようになる．

$$\ln \frac{C_B}{\theta_B C_A} = k C_{A0} (\theta_B - b) t \tag{b}$$

表 2.5 中の各反応時間における $C_B$ の値は，反応の量論関係から得られた次式

$$C_B = C_{B0} - (C_{A0} - C_A) = 600 - 300 + C_A = 300 + C_A \tag{c}$$

を用いて算出できるから，各時間での $C_A$，$C_B$ の値を用いて式(b)の左辺の値を計算し，時間 $t$ に対してプロットすると，二次反応の仮定が正しければ，原点を通る傾きが $kC_{A0}(\theta_B - b)$ の直線が得られるはずである．各反応時間での $C_A$，$C_B$ の値および $\ln(C_B/\theta_B C_A)$ の値を表 2.6 に示す．図 2.10 は，$\ln(C_B/\theta_B C_A)$ 対 $t$ のプロットを示したものであるが，すべてのデータ点は原点を通る直線で良好に相関されており，本反応が仮定のとおり A, B 成分に関してそれぞれ一次の二次反応であることが確認された．なお，二次反応の速度定数 $k$ の値としては，図中の直線の傾き 0.247 から，

$$k = \frac{0.247}{C_{A0}(\theta_B - b)} = \frac{0.247}{300(2-1)} = 8.23 \times 10^{-4} \, \mathrm{m^3 \, mol^{-1} \, h^{-1}}$$

が得られる．

**表 2.6** $C_B$ および $\ln(C_B/\theta_B C_A)$ の計算値

| $t$ [h] | $C_A$ [mol m$^{-3}$] | $C_B$ [mol m$^{-3}$] | $\ln(C_B/\theta_B C_A)$ [-] |
|---|---|---|---|
| 0 | 300 | 600 | 0 |
| 1 | 192 | 492 | 0.248 |
| 3 | 93.7 | 394 | 0.743 |
| 5 | 50.9 | 351 | 1.238 |
| 7.5 | 25.4 | 325 | 1.856 |
| 10 | 13.2 | 313 | 2.473 |

**図 2.10** 積分法による反応速度式の決定

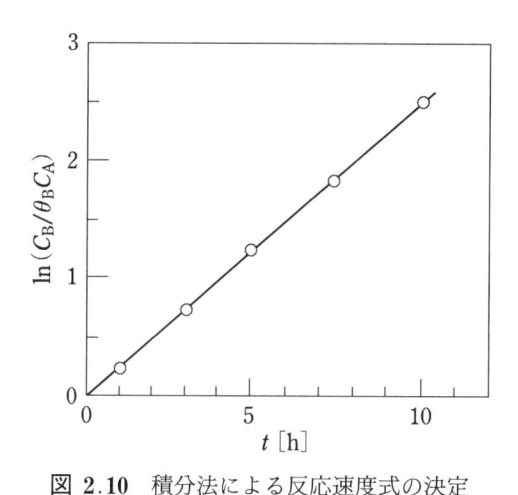

**(3) 半減期法** 限定反応成分の濃度が初濃度の 1/2 にまで減少するのに必要な時間を半減期 $t_{1/2}$ という．たとえば反応速度式が式(2.62)で表される場合，その積分形は上述の式(2.68)で与えられる．この式に，$C_A = C_{A0}/2$ を代入すると，半減期 $t_{1/2}$ は次式で与えられる．

**放射性同位元素**
放射性同位元素は，放射能を放出して安定な元素に変化（崩壊）していく．この崩壊は一次反応的に進行し，その速度は通常半減期（一次反応速度定数の逆数に比例する）で示されている．半減期は，放射性同位元素の種類によって定まった値であり，温度や圧力などの条件によって変化しない．たとえば，$^{16}N$，$^{59}Fe$ および $^{137}Cs$ の半減期はそれぞれ約7秒，44日および30年である．

$$t_{1/2} = \frac{2^{n-1}-1}{(n-1)k} C_{A0}^{1-n} \quad (n \neq 1) \tag{2.70}$$

式 (2.69) の両辺の対数をとれば，

$$\log t_{1/2} = \log \frac{2^{n-1}-1}{(n-1)k} + (1-n) \log C_{A0} \tag{2.71}$$

したがって，初濃度 $C_{A0}$ の種々異なる条件下で測定した半減期 $t_{1/2}$ を両対数点綴して直線関係が得られれば，仮定した速度式が成立することになり，直線の傾きから反応次数 $n$ が算出できる．

一次反応では，式 (2.67) から

$$t_{1/2} = \frac{\ln 2}{k} \tag{2.72}$$

の関係が得られ，半減期が初濃度には無関係であることがわかる．これは一次反応の特有の性質であり，一次反応の判定が可能である．

### b．連続式反応器による反応速度の測定と解析

連続式反応器を用いて反応速度の測定を行う方法は，主として不均一反応に対して使用されるが，均一反応の場合でも，迅速な反応や機構の複雑な反応，あるいは気相反応に対して適している．

**(1) 管型反応器による速度解析**　反応器内での反応流体の組成変化が十分に大きい管型反応器を積分反応器といい，反応器内での組成変化がきわめて小さい（通常5％以下）管型反応器を微分反応器とよぶ．以下では，積分反応器および微分反応器を用いて反応速度の測定や解析を行う場合の手順を簡単に述べる．

（i）積分反応器：積分反応器の空間時間 $\tau$ は回分反応器の反応時間 $t$ に対応している．したがって，積分反応器入口における反応流体の組成を一定に保ち，その物質量流量を種々に変化させて（すなわち $\tau$ を変化させて）反応器出口での転化率 $x_A$ を測定し，得られた転化率 $x_A$ 対空間時間 $\tau$ の関係曲線を，回分反応器を用いる場合と同様にして，積分法または微分法によって解析すればよい．

**shallow bed 法**
微分反応器は通常気固触媒反応または液固触媒反応の速度の測定に用いられる．この場合，用いられる触媒充填層（床）が短いので shallow bed とよばれる．また，このような短い触媒充填層を用いる反応速度測定法を shallow-bed 法とよぶ．実験に際して，短い触媒充填層の上流側と下流側に，触媒粒子と同じ粒子径の不活性粒子（ガラスビーズなど）の充填層を形成させ，触媒層中の流体の流れが長い触媒充填層中の流れと同じになるようにしてやる必要がある．

（ii）微分反応器：微分反応器内での反応成分の濃度変化はきわめて小さいから，この反応器内での反応成分の濃度を反応器入口と出口の値の平均値に一定と考えることができる．微分反応器内での反応速度は，押出し流れ反応装置に対する基礎微分方程式 (2.47) を差分形にした次式から算出できる．

$$(-r_A)_{av} = F_{A0} \frac{\Delta x_A}{\Delta V} = \frac{C_{A0} \Delta x_A}{\tau} \tag{2.73}$$

ここで，$\Delta x_A$ は反応器の出口および入口における転化率の差を表す．本式を用いて求められた反応速度 $(-r_A)_{av}$ の値は，装置入口と出口での

濃度の算術平均値に対応する反応速度と見なせる．したがって，反応成分濃度の広い範囲にわたっての反応速度を測定するためには，装置入口に原料成分に生成物成分を種々の割合で混入した反応原料を供給し

### ■固体触媒反応■

工業的に重要な反応は，固体触媒を用いる不均一反応であることが多い．固体触媒は，直径が 0.3 nm から 50 nm 程度の細孔がよく発達した多孔性物質であり，工業的には 2 mm から 5 mm の球形や円柱状に成型されたものが用いられている．

固体触媒を用いる反応では，反応成分はまず触媒外表面上の流体境膜内を拡散により移動し，ついで細孔内を拡散により移動しながら細孔表面に吸着して反応する．生成物は触媒内部から流体本体に向かって移動していく．ここでは簡単のため，触媒粒子は球形であり，触媒外表面上の流体境膜内の物質移動抵抗が無視できる（触媒外表面における成分 A の濃度 $C_{As}$ が流体本体での値 $C_{Ab}$ に等しいとおける）とし，細孔内表面での反応が成分 A の濃度の $n$ 次に比例する（$-r_{Am} = k_{mn}C_A^n$）場合について考える．細孔内拡散の影響を含む見かけの反応速度あるいは総括反応速度 $(-r_{Am})_a$ は，次式で与えられる．

$$(-r_{Am})_a = k_{mn}C_{Ab}^n \eta \tag{2.75}$$

ここで，$C_{Ab}$ は流体本体における反応成分 A の濃度，$k_{mn}$ は触媒質量基準の $n$ 次反応速度定数，$\eta$ は触媒有効係数（effectiveness factor）であり，球形触媒の場合には次式で与えられる．

$$\eta = \frac{1}{\phi}\left[\frac{1}{\tanh(3\phi)} - \frac{1}{3\phi}\right] \tag{2.76}$$

ここで，$\phi$ は Thiele 数とよばれる無次元数であり，次式で定義される．

$$\phi = \frac{R}{3}\sqrt{\frac{n+1}{2}\frac{\rho_p k_{mn} C_{Ab}^{n-1}}{D_{eA}}} \tag{2.77}$$

ここで，$R$ は触媒粒子の半径，$D_{eA}$ は成分 A の触媒粒子内有効拡散係数，$\rho_p$ は固体の見かけ密度を表す．なお，この Thiele 数は，$\phi^2 \propto$［反応速度］/［拡散速度］という意味をもっており，$\phi$ が小さい場合には反応律速（拡散速度に比べて反応速度が小さい），$\phi$ が大きい場合には拡散律速（拡散速度に比べて反応速度が大きい）であることを意味する．したがって，式 (2.76) は

$$\phi < 0.1, \quad \eta \cong 1 \quad (\text{反応律速}) \tag{2.78}$$

$$\phi > 5, \quad \eta \cong \frac{1}{\phi} \quad (\text{拡散律速}) \tag{2.79}$$

のようになる．これらの式と式 (2.75) から以下の関係が得られる．

$$\phi < 0.1, \quad (-r_{Am})_a = k_{mn}C_{Ab}^n = -r_{Am} \tag{2.80}$$

$$\phi > 5, \quad (-r_{Am})_a = \frac{k_{mn}C_{Ab}^n}{\phi} = \frac{-r_{Am}}{\phi}$$

$$= \frac{3}{R}\sqrt{\frac{2}{n+1}\frac{D_{eA}k_{mn}C_{Ab}^{n-1}}{\rho_p}} \tag{2.81}$$

式 (2.80) から，反応律速の場合には総括反応速度は拡散の影響を含まない真の化学反応速度を表し，また式 (2.81) から，拡散律速の場合には総括反応速度は，$[(n+1)/2]$ 次反応となり，触媒粒子径 $R$ に逆比例することがわかる．

以上から明らかなように，粒子内拡散の影響によって見かけの反応速度は真の姿とは異なったものになる．したがって反応速度式の決定および反応装置の設計に当たっては，物質移動の影響を正しく評価することが重要になる．

てやることが必要である．

微分反応器を用いる反応速度測定法では，反応器内での反応成分の濃度変化が少ないので，精度のよい反応速度データを得るためには高い分析精度が要求される．

(2) **連続槽型反応器による速度解析** 連続槽型反応器を用いる場合の反応速度は，限定反応成分 A の反応器入り口と出口における濃度の差から，式 (2.43) を書き替えた次式

$$-r_A = \frac{C_{A0} x_A}{\tau} \tag{2.74}$$

を用いて算出できる．ただし，得られた反応速度は反応器出口での成分 A の濃度に対応する値である．上述の微分反応器の場合とは異なり，連続槽型反応器では反応器出入口での反応成分の濃度差を小さく押える必要はなく，分析精度もそれほど高くなくてよい．このように連続槽型反応器は反応速度の測定用装置として優れた特性を有しているが，あまり利用されていない．

# 演習問題（2 章）

**2.1** オゾンの分解反応

$$2 O_3 \longrightarrow 3 O_2 \tag{a}$$

は，塩素分子の存在下では次のような反応機構にしたがって進行する．

[開始反応] $\quad Cl_2 + O_3 \xrightarrow{k_1} ClO\cdot + ClO_2\cdot \tag{b}$

[伝播反応] $\quad ClO_2\cdot + O_3 \xrightarrow{k_2} ClO_3\cdot + O_2 \tag{c}$

$\quad\quad\quad\quad\quad ClO_3\cdot + O_3 \xrightarrow{k_3} ClO_2\cdot + 2 O_2 \tag{d}$

[停止反応] $\quad 2 ClO_3\cdot \xrightarrow{k_4} Cl_2 + 3 O_2 \tag{e}$

$\quad\quad\quad\quad\quad 2 ClO\cdot \xrightarrow{k_5} Cl_2 + O_2 \tag{f}$

ただし，$ClO\cdot$，$ClO_2\cdot$ および $ClO_3\cdot$ はすべて活性中間体である．定常状態近似法を適用してオゾン分解反応の速度式を導け．

**2.2** 酵素イソメラーゼによる異性化反応は，1 基質-1 生成物系の可逆反応（Uni Uni 可逆反応）であり，簡略化した反応機構は次式

$$E + S \underset{k_2}{\overset{k_1}{\rightleftarrows}} ES \underset{k_4}{\overset{k_3}{\rightleftarrows}} E + P \tag{a}$$

のように表される．定常状態近似法を適用して反応速度式を導出すると次式のようになることを示せ．

$$r_P = \frac{(V_{max}{}^f/K_m{}^r)[S] - (V_{max}{}^r/K_m{}^r)[P]}{1 + [S]/K_m{}^f + [P]/K_m{}^r} \tag{b}$$

ただし,
$$V_{max}{}^f = k_3[E_T], \quad V_{max}{}^r = k_2[E_T] \tag{c), (d}$$
$$K_m{}^f = \frac{k_2+k_3}{k_1}, \quad K_m{}^r = \frac{k_2+k_3}{k_4} \tag{e), (f}$$

**2.3** 水溶液中での $CO_2$ と NaOH の反応の速度定数 $k\,[\mathrm{m^3\,mol^{-1}\,s^{-1}}]$ を種々の温度条件下で測定し,表2.7の結果を得た.反応速度定数の温度依存性はArrheniusの式で表せるとして,活性化エネルギーを求めよ.

表 2.7

| $T\,[\mathrm{K}]$ | 288.2 | 293.2 | 298.2 | 303.2 |
|---|---|---|---|---|
| $k\,[\mathrm{m^3\,mol^{-1}\,s^{-1}}]$ | 3.89 | 5.89 | 8.28 | 12.2 |

**2.4** 2種の連続式反応器を用いて液相二次反応($-r_A = kC_A^2$, $k = 4.54 \times 10^{-4}\,\mathrm{m^3\,mol^{-1}\,s^{-1}}$)を行う.反応成分Aの濃度が $C_{A0} = 2\,\mathrm{kmol\,m^{-3}}$ の原料液を体積流量 $v_0 = 1\,\mathrm{m^3\,h^{-1}}$ で反応器に供給し,転化率を0.98としたい.

(1) 連続槽型反応器を用いる場合,必要な空間時間と反応器容積を求めよ.

(2) 管型反応器を用いる場合,必要な空間時間と反応器容積を求めよ.また,内径3.52 cmの管を用いるものとすれば,管長はいくらになるか.

**2.5** 次の量論式

$$CH_3COOCH(CH_3)COOCH_3 \longrightarrow CH_3COOH + CH_2CHCOOCH_3$$

で表されるアセトキシプロピオン酸メチルの気相熱分解反応を,圧力5気圧,温度793Kのもとで内径0.08mの反応管からなる管型反応器を用いて行う.本反応はアセトキシプロピオン酸メチルの濃度に関して一次の不可逆反応であり,793Kにおける反応速度定数 $k$ の値は $0.234\,\mathrm{s^{-1}}$ である.原料のアセトキシプロピオン酸メチルを $1\,000\,\mathrm{kg\,h^{-1}}$ の流量で反応器に供給し,その85%をアクリル酸メチルに転化させるのに必要な反応管の全長を求めよ.

**2.6** 容積の異なる大小2台の連続槽型反応器を直列に連結して等温条件で液相一次反応を行う.大型の反応槽を先にした場合と後にした場合で,転化率に差異があるか.

**2.7** 例題2.5を微分法を用いて解け.

**2.8** 亜酸化窒素($N_2O$)の気相熱分解反応は,次の量論式

$$2\,N_2O \longrightarrow 2\,N_2 + O_2$$

で表される.この反応を1030Kの一定温度下で定容回分反応器を用いて行い,$N_2O$ の初期圧力の種々異なる条件下で半減期を測定し,表2.8のような結果を得た.反応速度式を決定せよ.ただし,反応開始時には $N_2O$ だけが存在していた.

表 2.8

| $P_{t0}\,[\mathrm{kPa}]$ | 7.0 | 18.5 | 38.7 | 48.0 |
|---|---|---|---|---|
| $t_{1/2}\,[\mathrm{s}]$ | 860 | 470 | 255 | 212 |

# 3 分離操作

化学プラントでは，中心となる反応装置へ高い純度の原料を供給し，反応副生成物を除去して目的にあった製品純度を得る必要がある．物質分離は，化学あるいは他の工業においては原料中の目的成分の精製や含まれる不純物の除去，製品中の不純物の除去に必要な操作である．また，半導体工業で使用されるきわめて純度の高い超純水の製造やクリーンルームにおいても微量の不純物の除去が大きな役割を果たす．さらに，排ガスや廃液処理に見られるように環境保全の面からも分離操作は重要である．本章では，まず分離の原理を説明し，代表的な分離操作である，ガス吸収，蒸留，抽出，吸着，晶析，乾燥，膜分離を取り上げる．

**分離は古くからあった**
分離技術の歴史をたどればはるか古く，紀元前4世紀に薔薇の花から香水をとる手段に用いられ，古代エジプトでは蒸留装置の原型を示す図も残されている．

## 3.1 分離の原理

分離とは自然に分かれない原料にエネルギーや分離剤を加えて組成が異なる2種類以上の製品に分けることである．物質分離の原理は，加熱・冷却，加圧・減圧などによって平衡関係を変化させる平衡分離と原料中の成分の物質移動速度の差を利用する速度差分離に大別される．以下に分離に利用する物質の特性，平衡分離，速度差分離，分離係数を説明する．

**分離の熱力学的意義**
分離操作を熱力学的に考えてみる．混合物を各成分に分離することは，エントロピーの減少を意味する．したがって，エネルギーや分離剤を加える必要がある．

### a．分離に利用する物質の特性

混合物から目的成分を分離するには，物質の様々な特性の差を利用することが考えられる．たとえば，2成分液体混合物において成分Aの蒸気圧が成分Bより大きいとすれば，温度を上げると成分Aが蒸気になりやすい．この蒸気を凝縮すれば，成分Aの濃度が高い液体が得られる．また，2成分ガスにおいて成分Aが成分Bより液体に溶解しやすいとすれば，成分Aを選択的に液体に吸収できる．物質には，蒸気圧，溶解度，吸着性，分配，膜透過性，浸透圧，大きさ，密度，電荷，分子量など様々な性質があり，これらの特性の差を物質分離に利用できる．分離に利用できる物質の特性を表3.1，3.2にまとめておく．

表 3.1　平衡分離に利用する物質の特性

| 特性 | 相 | 平衡関係 | 分離操作 |
|---|---|---|---|
| 蒸気圧 | 気相-液相 | 気液平衡 | 蒸発，蒸留，乾燥 |
| 蒸気圧 | 気相-固相 | 気固平衡 | 昇華，蒸着 |
| 溶解度 | 気相-液相 | 溶解平衡 | ガス吸収，放散 |
| 溶解度 | 液相-固相 | 固液平衡 | 晶析，固体抽出 |
| 吸着性 | 気相-固相 | 吸着平衡 | 吸着，ガスクロマトグラフィー |
| 吸着性 | 液相-固相 | 吸着平衡 | 吸着，液体クロマトグラフィー |
| 分配 | 液相-液相 | 分配平衡 | 液液抽出，分配クロマトグラフィー |

表 3.2　速度差分離に利用する物質の特性

| 特性 | 相 | 物質移動の推進力 | 分離操作 |
|---|---|---|---|
| 膜透過性 | 気相，固相 | 化学ポテンシャル | 膜分離，浸透気化 |
| 浸透圧 | 液相 | 圧力 | 逆浸透 |
| 大きさ | 液相 | 圧力 | 限外沪過，精密沪過 |
| 大きさ，密度 | 液相 | 遠心力 | 遠心分離 |
| 電荷 | 気相 | 電場 | 電気集塵 |
| 電荷 | 液相 | 電場 | 電気泳動 |
| 分子量 | 気相 | 電場 | 質量分離 |

### b. 平衡分離

　液体を解放された空間に長時間置いておくとすべて蒸発してしまう．ところが密閉容器内では，ある程度蒸発が進んで蒸発した分子が多くなると，蒸発する液体の分子数と凝縮して液体にもどる分子数が等しい平衡状態（気液平衡）になる．いま混合物が平衡状態にある場合を考える．各成分の間の相互作用は通常各相で異なるので，平衡組成も異なる．たとえば，40 mol％のメタノールを含む水溶液に平衡な蒸気組成はメタノール 73 mol％ となる．このように，平衡状態において異相間の組成が異なることを利用して物質を分離することができる．

　このほかに物質の溶解度，吸着性，分配という特性を反映した気固平衡，溶解平衡，吸着平衡，分配平衡も平衡分離に利用できる．このように平衡関係を変化させるためには，混合物の加熱・冷却，加圧・減圧などを行うか，抽出剤や吸着剤などの分離剤を混合物に加える必要がある．

　具体的な分離操作としては，蒸発，蒸留，乾燥，昇華，蒸着，ガス吸収，放散，晶析，抽出，吸着，クロマト分離，膜分離が考えられる．

　本章ではガス吸収，蒸留，抽出，吸着，晶析，乾燥，膜分離を取り上げて分離の原理，装置設計などを説明する．

### c. 速度差分離

　物質の膜透過性，浸透圧，大きさ，密度，電荷，分子量に着目すれば，表 3.2 に示されている化学ポテンシャル，圧力，遠心力，電場を混合物に推進力として与えると，各成分は移動を開始する．この移動速度に差

**ミクロな観点からの分離**
高機能性，高付加価値の製品への要求とともに，従来のマクロな観点から一歩踏み込んだミクロな観点に立脚して，分子レベルでの情報に基づいて分離機能を高める技術開発が行われている．

があれば，平衡状態にいたるまでに組成が変化し，この変化を利用して分離することができる．化学ポテンシャルや圧力を利用する場合には，選択的に特定物質を透過する膜を用いることが多い．具体的な分離操作としては，膜分離，浸透気化，逆浸透，限外濾過，精密濾過，電気集塵，電気泳動，質量分離が考えられる．本章では膜分離について基本的な事項を説明する．また，濾過，電気集塵は5章で取り上げられる．

#### d．分 離 係 数

分離装置内で各成分間の分離の難易を表す指標を分離係数という．以下に平衡関係と物質移動速度の差を利用した分離について分離係数を考えてみる．

**分離法の選択**
実際のプロセスにおいては，分離係数が大きく，消費エネルギーが小さい分離法を選択する必要がある．

**(1) 平衡分離** いま，図3.1(a)の分離装置を用いて，原料 $F$ を製品 $Q$ と $W$ に分離する．理想的な分離が行われれば，製品 $Q$ に着目した分離係数は次式で定義される．すなわち，分離係数は分配係数（異相間の平衡組成の比）$K$ の比として与えられる．

$$\alpha_{AB} = \frac{y_A/x_A}{y_B/x_B} = \frac{K_A}{K_B} \tag{3.1}$$

ここで，$y$，$x$ は気相と液相におけるモル分率である．

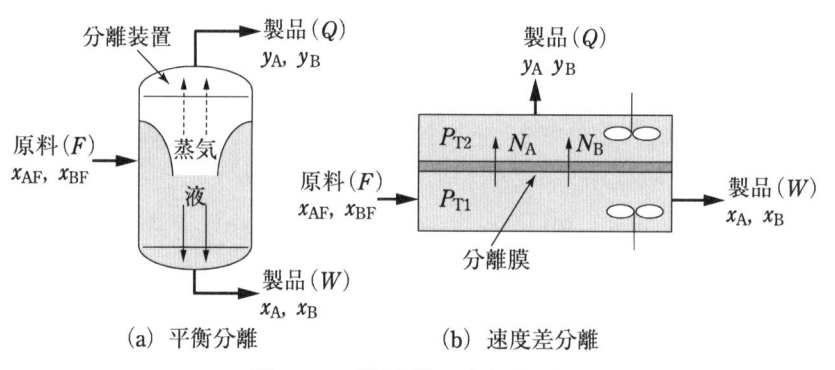

(a) 平衡分離　　(b) 速度差分離

図 3.1　平衡分離と速度差分離

**(2) 速度差分離** 図3.1(b)に示す膜を用いた分離装置を用いて，透過室側を減圧にして，原料 $F$ を製品 $Q$ と $W$ に分離する．装置内は完全混合で，膜透過量は微量である場合，原料供給側の全圧 $P_{T1}$ は透過室側の全圧 $P_{T2}$ に比べてはるかに大きい．したがって，成分AとBの膜透過速度 $N_A[\text{mol m}^{-2}\text{s}^{-1}]$，$N_B[\text{mol m}^{-2}\text{s}^{-1}]$ は式(3.2)および式(3.3)で与えられる．

$$N_A = k_A(p_{A1} - p_{A2}) = k_A(P_{T1}x_A - P_{T2}y_A) \fallingdotseq k_A P_{T1} x_A \tag{3.2}$$

$$N_B = k_B(p_{B1} - p_{B2}) = k_B(P_{T1}x_B - P_{T2}y_B) \fallingdotseq k_B P_{T1} x_B \tag{3.3}$$

ここで，$k_A[\text{mol Pa}^{-1}\text{m}^{-2}\text{s}^{-1}]$ は成分Aが膜を透過するときの物質移動係数，$p[\text{Pa}]$ は分圧，$P_T[\text{Pa}]$ は全圧である．

式(3.2)と式(3.3)から，分離係数は物質移動係数の比で与えられる．

$$\alpha_{AB} = \frac{y_A/y_B}{x_A/x_B} = \frac{N_A/N_B}{x_A/x_B} = \frac{k_A}{k_B} \tag{3.4}$$

$\alpha_{AB}=1$ の場合は分離がまったく行われないことを意味し，$\alpha_{AB} \gg 1$ の場合は分離が良好に行われることになる．ただし，図3.1で製品 $W$ に着目した場合，$\alpha_{AB} \to 0$ となれば分離が良好になる．分離係数の値を予め算出しておけば，分離操作法の選定の目安となる．

【例題3.1】ベンゼンとトルエンの混合液はRaoultの法則に従う．373Kにおけるベンゼンのトルエンに対する分離係数を求めよ．ただし，373Kにおける純ベンゼンとトルエンの飽和蒸気圧はそれぞれ178.0および74.3kPaとする．

[解答] $P_A$ をベンゼンの飽和蒸気圧とすれば，Raoultの法則により次式が成り立つ．

$$p_A = P_T y_A = P_A x_A \tag{a}$$

式(a)を式(3.1)に代入すれば，分離係数 $\alpha_{AB}$ は以下のように求められる．

$$\alpha_{AB} = \frac{P_A/P_T}{P_B/P_T} = \frac{P_A}{P_B} = \frac{178}{74.3} = 2.40$$

【例題3.2】図3.1(b)の膜分離装置を用いて，A，Bの2成分気体の分離を行う．気体の膜透過機構がKnudsen拡散の場合，式(3.2)より成分Aの膜透過速度 $N_A$ [mol m$^{-2}$s$^{-1}$] は次式で与えられる．

$$N_A = k_A P_{T1} x_A = \frac{D_{Ak}}{RTL} P_{T1} x_A = \frac{2}{3} \frac{r^*}{RTL} \sqrt{\frac{8RT}{\pi M_A}} P_{T1} x_A \tag{a}$$

ここで，$D_{Ak}$ はKnudsen拡散係数 [m$^2$s$^{-1}$]，$R$ は気体定数 [J mol$^{-1}$ K$^{-1}$]，$T$ は温度 [K]，$L$ は分離膜の厚さ [m]，$r^*$ は細孔半径 [m]，$M_A$ は分子量 [kg mol$^{-1}$] である．この場合，分離係数は $\alpha_{AB} = (M_B/M_A)^{1/2}$ となることを示せ．

[解答] $N_B$ [mol m$^{-2}$s$^{-1}$] も式(a)と同様に求められ，両成分の膜透過速度の比は次式で与えられる．

$$\frac{N_A}{N_B} = \frac{x_A/\sqrt{M_A}}{x_B/\sqrt{M_B}} \tag{b}$$

式(b)を式(3.4)に代入すれば，分離係数 $\alpha_{AB}$ は次式となる．

$$\alpha_{AB} = \frac{y_A/y_B}{x_A/x_B} = \frac{N_A/N_B}{x_A/x_B} = \sqrt{\frac{M_B}{M_A}} \tag{c}$$

## 3.2 ガス吸収

ガス吸収とは，ガスと液体を接触させてガス中の可溶成分を液体に溶解させる操作である．ガス吸収操作としては，アセトンや$CO_2$を水に吸収させる場合のように，単に物理的に溶解する物理吸収と，$SO_2$を石灰水溶液に吸収させる場合のように，溶液中での反応を利用する化学吸収（反応吸収）がある．吸収に使用した溶液（吸収液）を加熱あるいは減圧することによって溶存成分を気相に放出する操作を放散といい，吸収液を再利用するためには放散操作が不可欠である．放散操作は多大なエネルギーを必要とすることが多く，分離操作としてガス吸収を採用するかどうかは放散操作の経済性から判断されることが多い．

ガス吸収は蒸留とともにもっとも古くから用いられてきた分離操作である．原料ガスの精製，排ガスの処理など種々の工業で使用されている．また，硫黄化合物による大気汚染に対して先進的な排煙脱硫技術が，わが国で開発された歴史がある．近年，地球温暖化ガスである$CO_2$の分離・回収の重要性が増しており，新しいガス吸収技術の開発が望まれている．

### a．ガスの溶解度

**Henry 式**
Henry 式は溶解度が小さく，液中で分子のままで存在するガスでよく成立する．一方，液中で溶質成分の解離や反応が生じる場合には，解離平衡や化学平衡を考えなければならない．

一定の温度でガスを液体に溶解させると，最終的には液体はガスで飽和した状態になる．このときの，気相におけるガスの分圧 $p$ と液体中での溶質濃度 $C$ の関係をガスの溶解度あるいはガスの溶解平衡という．液体中の溶質濃度が希薄な場合には $p$ は次のように $C$ に比例することが多い．この関係を Henry の法則という．

$$p = HC \tag{3.5}$$

気相と液相におけるモル分率 $y$，$x$ を用いれば，式 (3.5) は

$$p = H'x \tag{3.6}$$
$$y = mx \tag{3.7}$$

と書き直せる．ここで，$H\,[\mathrm{Pa\,m^3\,mol^{-1}}]$，$H'\,[\mathrm{Pa}]$，$m\,[-]$ は Henry 定数とよばれる．なお，これらの定数の間には次の関係が成立する．

表 3.3　各種ガスの水に対する Henry 定数 $H'$ [MPa]

| ガス | 温度 | | |
|---|---|---|---|
| | 293 K | 298 K | 303 K |
| $O_2$ | $4.05 \times 10^3$ | $4.42 \times 10^3$ | $4.78 \times 10^3$ |
| NO | $2.68 \times 10^3$ | $2.91 \times 10^3$ | $3.14 \times 10^3$ |
| $CO_2$ | $1.45 \times 10^2$ | $1.66 \times 10^2$ | $1.88 \times 10^2$ |
| $H_2S$ | $4.85 \times 10$ | $5.48 \times 10$ | $6.13 \times 10$ |

$$H = \frac{H'}{C_T} = \frac{mP_T}{C_T} \tag{3.8}$$

ここで，$C_T\,[\mathrm{mol\,m^{-3}}]$ は液のモル密度，$P_T\,[\mathrm{Pa}]$ は全圧である．水中での種々のガスの $H'$ を表3.3に示す．

**b．物理吸収速度**

**(1) 拡散** 気体・液体・固体において成分濃度が均一でない場合，分子の熱運動によって均一濃度になろうとする．この現象は拡散とよばれている．いま，A，B 2成分の拡散を考える．一次元に濃度分布がある場合，固定座標から見た $z$ 方向の成分Aの物質流束 $N_A\,[\mathrm{mol\,m^{-2}\,s^{-1}}]$ は次式で表される．

$$N_A = -C_T D_{AB}\frac{dx_A}{dz} + x_A(N_A + N_B) \tag{3.9}$$

**固定座標系での物質流束**
固定座標系で物質流束を表現する場合，式(3.9)の第2項が必要であることに留意しなければならない．

ここで，$C_T$ は流体のモル濃度 $[\mathrm{mol\,m^{-3}}]$，$D_{AB}$ は拡散係数 $[\mathrm{m^2\,s^{-1}}]$，$x_A$ は成分Aのモル分率である．右辺第1項は全体の物質移動に対する相対的な成分Aの拡散を，第2項は全体の流れに乗って移動する成分Aの物質移動を表す．拡散係数は気相で $10^{-5}\,\mathrm{m^2\,s^{-1}}$，液相で $10^{-9}\,\mathrm{m^2\,s^{-1}}$ のオーダーである．

成分Bが移動しない場合は $N_B = 0$ であって，$N_A$ は

$$N_A = -\frac{C_T D_{AB}}{1-x_A}\frac{dx_A}{dz} \tag{3.10}$$

となる．これを一方拡散とよぶ．

いま，距離 $\delta$ 離れた場所で成分Aの組成が $x_{A1}$，$x_{A2}$（$x_{A1} > x_{A2}$）と一定に保たれており，定常状態で一方拡散が生じる場合を考えると，$N_A =$ 一定として式(3.10)を積分すれば，次式が成立する．

**濃度分布**
成分Aの拡散により形成される濃度分布を求めるにはシェルバランスをとって得られる微分方程式を解く必要がある．一方拡散の場合には濃度分布は曲線となる．

$$N_A = \frac{C_T D_{AB}}{\delta}\ln\frac{1-x_{A2}}{1-x_{A1}} \tag{3.11}$$

成分Aが希薄な場合は，$x_A \ll 1$ であり，式(3.10)を積分すれば，

$$N_A = \frac{C_T D_{AB}}{\delta}(x_{A1} - x_{A2}) \tag{3.12}$$

が成り立つ．

**(2) 物理吸収速度** ガス吸収では，ガス中の可溶成分が気液界面を通して液体へ移動する．その移動機構は複雑であり，気相と液相における拡散方程式を解く必要がある．ここでは，気液界面の両側に大きな物質移動の抵抗をもつ境膜が存在するモデルを考える．このモデルを二重境膜説とよぶ．

**二重境膜説**
二重境膜説は，ガス吸収だけでなく吸着においても有用なモデルであるのでイメージをよく理解しておく必要がある．

（i）二重境膜説：二重境膜説では図3.2に示されているようにガス境膜と液境膜が存在する．ガス本体では流れの乱れによって濃度は均

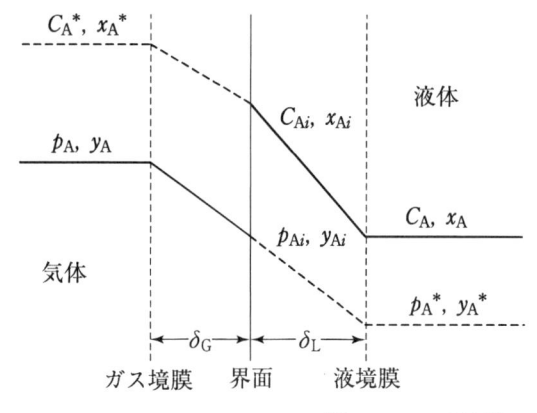

図 3.2 二重境膜モデル

一であり，界面近傍では乱れが抑制されて吸収されるガスが分子拡散によって気液界面へ移動する．気液界面では吸収が速やかに生じ，溶解平衡が成立している．液側でも同様に本体濃度は均一であり，液境膜での分子拡散によって物質移動が生じる．

密度の大きい液に対してガス境膜が存在することはイメージしやすいが，逆に密度の小さいガスに対して液境膜が形成されることは大胆な近似と言わざるを得ない．そこで，液本体へガスが非定常拡散することによって吸収が進行する浸透説や液表面を構成している多くの微小部分が微量ガスを吸収した後に絶えず新しい微小部分と交替する表面更新説が提唱されている．しかし，二重境膜説に基づく吸収速度は浸透説や表面更新説に基づく吸収速度と 10％ 程度の誤差で一致することが多く，二重境膜説が通常よく用いられている．

（ⅱ）物質移動係数：ガス境膜において物質移動の推進力が分圧差 $p_A - p_{Ai}$ またはモル分率差 $y_A - y_{Ai}$ で表されると考える．また，液境膜において物質移動の推進力は濃度差 $C_{Ai} - C_A$ またはモル分率差 $x_{Ai} - x_A$ となる．単位面積あたりのガス吸収速度 $N_A [\mathrm{mol\,m^{-2}\,s^{-1}}]$ は

$$N_A = k_G(p_A - p_{Ai}) = k_y(y_A - y_{Ai}) = k_L(C_{Ai} - C_A) = k_x(x_{Ai} - x_A) \tag{3.13}$$

となる．ここで，$k_G [\mathrm{mol\,m^{-2}\,s^{-1}\,Pa^{-1}}]$，$k_y [\mathrm{mol\,m^{-2}\,s^{-1}}]$，$k_L [\mathrm{m\,s^{-1}}]$，$k_x [\mathrm{mol\,m^{-2}\,s^{-1}}]$ は気相あるいは液相物質移動係数とよばれ，物質移動のしやすさの指標である．なお，成分 A が十分に希薄な場合，式(3.12)を用いれば，それぞれの物質移動係数は

$$k_G = \frac{D_{AG}}{RT\delta_G}, \quad k_y = \frac{D_{AG}P_T}{RT\delta_G},$$

$$k_L = \frac{D_{AL}}{\delta_L}, \quad k_x = \frac{D_{AL}C_T}{\delta_L} \tag{3.14}$$

のように表現できる．ここで，$D_{AG}[\mathrm{m^2\,s^{-1}}]$，$D_{AL}[\mathrm{m^2\,s^{-1}}]$ は気相と液相における成分 A の拡散係数，$\delta_G[\mathrm{m}]$，$\delta_L[\mathrm{m}]$ はガス境膜と液境膜の厚み，$R[\mathrm{m^3\,Pa\,mol^{-1}\,K^{-1}}]$ は気体定数，$T[\mathrm{K}]$ は温度である．式 (3.14) から拡散係数が大きいほど，また流体の乱れが大きく境膜が薄いほど各物質移動係数は大きくなることがわかる．

二重境膜説における物質移動の推進力を図 3.3 に示す．式 (3.13) を用いてガス吸収速度 $N_A$ を求めるには，界面濃度 $p_{Ai}, y_{Ai}, C_{Ai}, x_{Ai}$ を求める必要がある．図 3.3 の座標 $(C_A, p_A)$ または $(x_A, y_A)$ から傾き $-k_L/k_G$ または $-k_x/k_y$ の直線を引いて平衡線と交わる座標 $(C_{Ai}, p_{Ai})$ あるいは $(x_{Ai}, y_{Ai})$ が界面濃度であることが式 (3.13) よりわかる．このようにして界面濃度を求めるには物質移動係数の比が必要であって面倒である．そこで，以下のような簡便な方法が考えられる．

（iii）総括物質移動係数：いま，ガス吸収速度を以下の式で表す．

$$N_A = K_G(p_A - p_A^*) = K_y(y_A - y_A^*) = K_L(C_A^* - C_A) = K_x(x_A^* - x_A) \quad (3.15)$$

ここで，$p_A^*, y_A^*$ は濃度 $C_A, x_A$ に対する平衡濃度であり，$C_A^*, x_A^*$ は濃度 $p_A, y_A$ に対する平衡濃度である．なお，式 (3.15) における推進力を図 3.3 に示す．$K_G[\mathrm{mol\,m^{-2}\,s^{-1}\,Pa^{-1}}]$，$K_y[\mathrm{mol\,m^{-2}\,s^{-1}}]$，$K_L[\mathrm{m\,s^{-1}}]$，$K_x[\mathrm{mol\,m^{-2}\,s^{-1}}]$ は気相あるいは液相総括物質移動係数とよばれている．

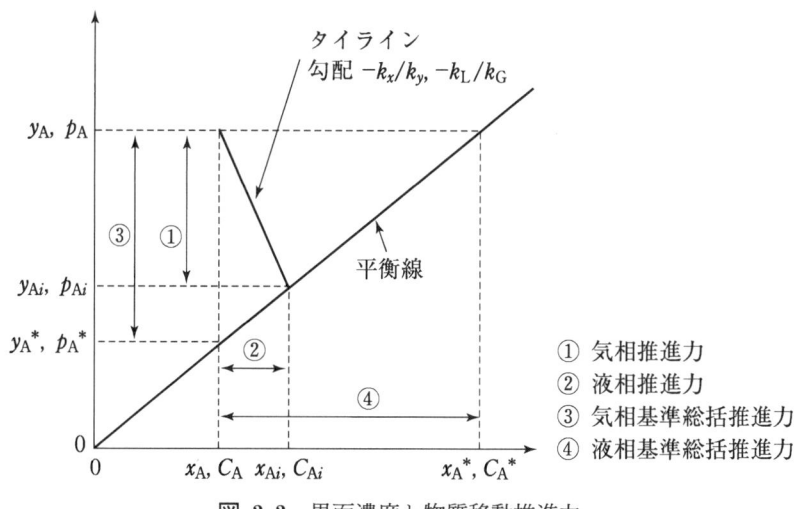

図 3.3 界面濃度と物質移動推進力

総括物質移動係数が実験で与えられている場合，ガス吸収速度を容易に求めることができる．実際には，気相または液相物質移動係数に関する実験式が数多く報告されている．そこで，平衡線が式 (3.5) あるいは式 (3.7) のように直線で表現できる場合の物質移動係数と総括物質

移動係数の関係を考える．式 (3.5)，(3.13) より，ガス吸収速度は次のように表現できる．

$$N_A = \frac{p_A - p_{Ai}}{1/k_G} = \frac{H(C_{Ai} - C_A)}{H/k_L} = \frac{p_A - HC_A}{1/k_G + H/k_L} = \frac{p_A - p_A^*}{1/k_G + H/k_L} \tag{3.16}$$

式 (3.15) および式 (3.16) より，気相総括移動係数 $K_G$ は

$$\frac{1}{K_G} = \frac{1}{k_G} + \frac{H}{k_L} \tag{3.17}$$

で表される．総括物質移動抵抗（総括物質移動係数の逆数）は気相と液相の物質移動抵抗の和で表され，電気抵抗に関する Ohm の法則と類似な関係である．同じように考えれば，以下の関係式が成立する．

$$\frac{1}{K_y} = \frac{1}{k_y} + \frac{m}{k_x} \tag{3.18}$$

$$\frac{1}{K_L} = \frac{1}{Hk_G} + \frac{1}{k_L} \tag{3.19}$$

$$\frac{1}{K_x} = \frac{1}{mk_y} + \frac{1}{k_x} \tag{3.20}$$

**物質移動流束**
Ohm の法則は，
電流 = 電位差/電気抵抗
である．一方，
物質移動流束 = 分圧（濃度）差/物質移動抵抗
の関係がある．

**直列抵抗の全抵抗**

$p_A$ ○—[$1/k_G$]—[$H/k_L$]—○ $p_A^*$
成分 A の移動

Ohm の法則と同様に考えれば，直列抵抗の場合，全抵抗は各抵抗の和であり，式(3.17)～(3.20) が成立する．

**$k_L$ と $k_G$**
$k_L/k_G \gg H$ の場合は，液境膜抵抗は無視できて，ガス境膜支配となる．逆に $k_L/k_G \ll H$ の場合は液境膜支配である．

---

**【例題 3.3】** $NH_3$ が 303 K，常圧で水に溶解する場合の平衡関係は希薄な溶液濃度の条件下では，$p = 1.23 \times 10^5 x$ で表される．いま，ガス吸収装置で空気中の $NH_3$ を水に吸収させるとき，$k_G = 3.05 \times 10^{-6}$ mol m$^{-2}$ s$^{-1}$ Pa$^{-1}$，$k_L = 9.44 \times 10^{-5}$ m s$^{-1}$ とすれば，$K_G$ はいくらか．また気相物質移動抵抗は総括物質移動抵抗の何 % か．

**[解答]** 溶液濃度が希薄であるので，$C_T$ は水の分子量（18 kg kmol$^{-1}$）と密度（1000 kg m$^{-3}$）から求められる．

$$C_T = \frac{1000}{18} = 55.6 \text{ kmol m}^{-3} = 5.56 \times 10^4 \text{ mol m}^{-3}$$

式 (3.8) より，

$$H = \frac{H'}{C_T} = \frac{1.23 \times 10^5}{5.56 \times 10^4} = 2.21 \text{ Pa m}^3 \text{ mol}^{-1}$$

$K_G$ は式 (3.17) から求めることができる．

$$\frac{1}{K_G} = \frac{1}{k_G} + \frac{H}{k_L} = \frac{1}{3.05 \times 10^{-6}} + \frac{2.21}{9.44 \times 10^{-5}} = 3.51 \times 10^5$$

$$K_G = 2.85 \times 10^{-6} \text{ mol m}^{-2} \text{ s}^{-1} \text{ Pa}^{-1}$$

$K_G/k_G = 2.85 \times 10^{-6}/3.05 \times 10^{-6} = 0.93$ であり，気相抵抗は総括抵抗の 93 % である．

#### c．ガス吸収装置

ガス吸収を効率よく行うには，次の点に留意する必要がある．
① 気液界面の面積を大きくする．
② 境膜物質移動係数を大きくする．

②のためには気相と液相における乱れを大きくして境膜の厚みを薄くする必要がある．また，気液界面の面積を大きくするために，種々の型式のガス吸収装置が用いられている．

ガス吸収装置の代表的な例として，充填塔を図3.4に示す．吸収液は流れの偏り（偏流）が生じないように液分散器を通して塔頂に供給され，塔内部の充填物の表面を膜状に流下する．一方，ガスは塔底に供給され，充填物の表面で吸収液と効率よく接触してガス吸収が生じる．代表的な充填物の形状を図3.4に示す．十分な気液の接触面積をもつように表面積が大きく，ガスの圧力損失を小さくするように空隙が大きい形状が充填物として使用される．気液の接触方法としては，ガスと吸収液を逆方向へ流す向流操作と同じ方向へ流す並流操作があるが，充填塔内で物質移動の推進力が大きくなる向流操作を通常用いることが多い．

ガス吸収装置として段塔を使用することもある．これは塔内が棚段で仕切られており，吸収液は溢流管（下降管）を通って段上に供給され，堰によって滞留する．ガスは上昇管から液中に吹き込まれ，泡となって上昇する間に液と効率よく接触してガス中の微量成分を液に吸

**ガス吸収装置**
液分散型（濡れ壁塔，充填塔など）とガス分散型（気泡塔，気泡撹拌槽，段塔など）がある．

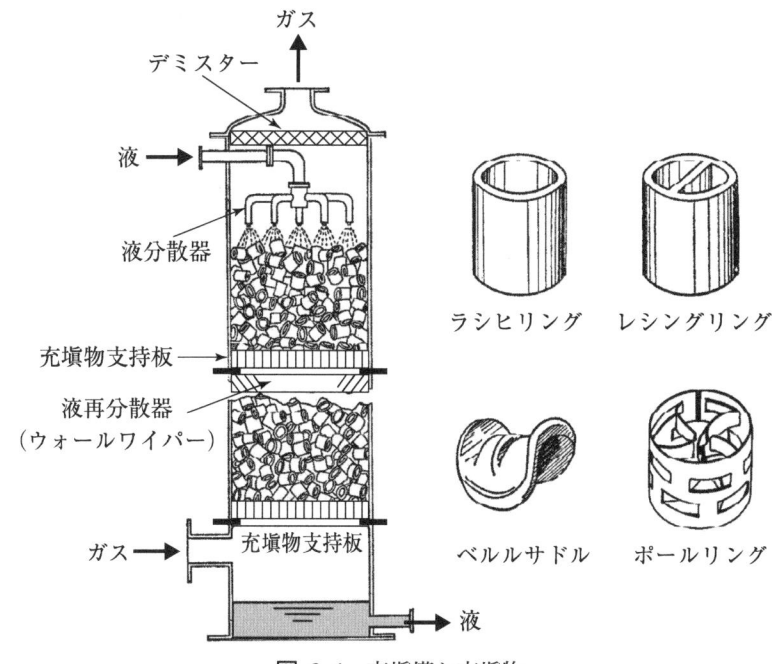

図 3.4 充填塔と充填物

収させる．段塔の詳細な構造は 3.3 節を参照されたい．その他の装置としては，円筒型容器内の吸収液にガスを気泡として供給する気泡塔や吸収液をガス中に噴霧分散させて吸収を行う装置がある．

#### d．充填層の所要高さ

段塔をガス吸収に用いるときは，段操作として設計ができる．段操作の設計法は 3.3 節の蒸留操作で詳しく述べられる．ここでは，充填塔を物理吸収に使用する場合の充填塔の所要高さを求める方法を述べるが，これは気液の組成が流れ方向で連続的に変化する接触操作の典型的な設計例である．

**(1) 充填塔全体の物質収支**　図 3.5 に示すように，ガスと吸収液が逆方向に高さ $Z$ の向流式充填塔に供給されている．この充填塔全体での溶質成分の物質収支を考える．溶質成分のモル分率 $y_1$ のガスが塔底から供給され塔頂から $y_2$ で流出する．逆に吸収液は溶出成分のモル分率 $x_2$ で塔頂に供給され，$x_1$ で塔底から流出する．この場合の溶出成分の物質収支は式 (3.21) で与えられる．

$$G'_M \left( \frac{y_1}{1-y_1} - \frac{y_2}{1-y_2} \right) = L'_M \left( \frac{x_1}{1-x_1} - \frac{x_2}{1-x_2} \right) \quad (3.21)$$

ここで，$G'_M$ は同伴ガス（吸収されないガス）のモル流速 [mol m$^{-2}$ s$^{-1}$]，$L'_M$ は吸収液として使用される溶媒のモル流速 [mol m$^{-2}$ s$^{-1}$] であり，たとえば，$G'_M/(1-y_1)$ は吸収される成分をも含んだ充填塔入口の全モル流速となることに注意する必要がある．

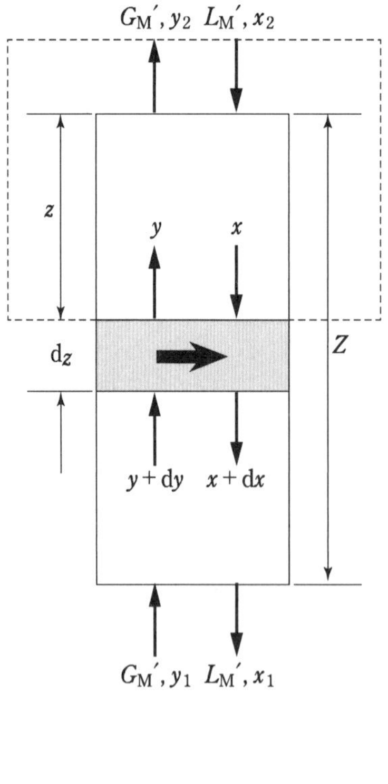

**ローディング速度**
充填塔の圧力損失はガスの質量速度が小さいときはその 2 乗に比例するが，ある質量速度で急激に増大する．この速度をローディング速度という．この速度近傍の流速で操作できるように充填塔の直径が決められる．

**充填塔の高さの設計**
放散操作の場合の充填塔の高さも同様に設計できる．

図 3.5　向流充填塔におけるガスと液の流れ

## 3.2 ガス吸収

溶質濃度が希薄な場合，式 (3.21) は

$$G_M(y_1-y_2) = L_M(x_1-x_2) \tag{3.22}$$

と近似できる．ここで，$G_M$ はガスのモル流速 $[\mathrm{mol\,m^{-2}\,s^{-1}}]$，$L_M$ は液のモル流速 $[\mathrm{mol\,m^{-2}\,s^{-1}}]$ である．なお，以下の取扱いでは溶質成分の濃度は十分希薄であるとする．

**(2) 充填塔の任意の場所における物質収支** 溶質成分の濃度が希薄な場合，充填塔の任意の高さ $z$ における溶質成分のモル分率 $y$ と吸収液中でのモル分率 $x$ の関係は，図 3.5 で点線で囲んだ部分の物質収支より，

$$G_M(y-y_2) = L_M(x-x_2) \tag{3.23}$$

で与えられる．この式は操作線の式とよばれている．操作線と平衡線を模式的に図 3.6 に示す．操作線の式は A 点 $(x_1, y_1)$ と B 点 $(x_2, y_2)$ を通る傾き $L_M/G_M$（液ガス比とよばれる）の直線となるが，濃度が高いときは曲線となることに注意する必要がある．

**並流充填塔の操作線**
並流充填塔の場合の操作線の式は，
$G_M(y-y_2) = L_M(x_2-x)$
となる．

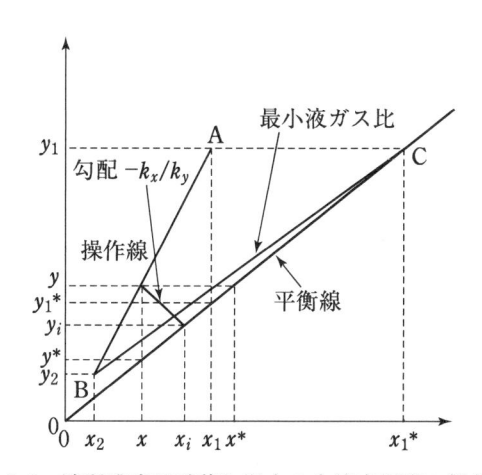

図 3.6 溶質濃度が希薄な場合の向流充填塔の操作線

液ガス比 $L_M/G_M$ を小さくしていけば，図 3.6 の C 点 $(x_1^*, y_1)$ で平衡線と交わり，これ以上液ガス比を小さくできない．この液ガス比を最小液ガス比とよび，

$$\left(\frac{L_M}{G_M}\right)_{\min} = \frac{y_1-y_2}{x_1^*-x_2} \tag{3.24}$$

で与えられる．液ガス比を小さくすれば，吸収液の使用量は少なくてすむが，操作線と平衡線の間隔が小さくなって塔高が高くなり装置コストが増加する．したがって，液ガス比には最適値があるが，通常最小液ガス比の 1.25 から 2.0 倍の値を用いることが多い．

**(3) 充填塔高さの決定** 図 3.5 に示されている微小部分 $dz$ をガスと吸収液が通過するときの組成変化（シェルバランス）を考える．ガス中の溶質成分の減少量は吸収液中での増加量に等しく，この変化は溶

質成分が界面を通してガスから吸収液へ移動することによって生じる．吸収速度が式 (3.13) あるいは式 (3.15) で与えられることを考慮すれば，溶質成分の物質収支は

$$G_M dy = L_M dx = k_y a(y - y_i) dz = k_x a(x_i - x) dz$$
$$= K_y a(y - y^*) dz = K_x a(x^* - x) dz \qquad (3.25)$$

で与えられる．ここで，$k_y a$, $k_x a$ は物質移動係数と単位容積あたりの気液界面の面積 $a$ の積であり，気相あるいは液相の物質移動容量係数とよぶ．また，$K_y a$, $K_x a$ は総括物質移動容量係数とよばれている．これらの値は装置単位体積あたりの物質移動のしやすさを表す特性値である．式 (3.25) を $z = 0 \sim Z$, $y = y_2 \sim y_1$ あるいは $x = x_2 \sim x_1$ の範囲で積分すれば，

$$\begin{aligned} Z &= \frac{G_M}{k_y a} \int_{y_2}^{y_1} \frac{dy}{y - y_i} &= \frac{L_M}{k_x a} \int_{x_2}^{x_1} \frac{dx}{x_i - x} \\ &= H_G N_G &= H_L N_L \\ &= \frac{G_M}{K_y a} \int_{y_2}^{y_1} \frac{dy}{y - y^*} &= \frac{L_M}{K_x a} \int_{x_2}^{x_1} \frac{dx}{x^* - x} \\ &= H_{OG} N_{OG} &= H_{OL} N_{OL} \end{aligned} \qquad (3.26)$$

が成り立つ．式 (3.26) の積分値 $N_G$, $N_L$ は気相あるいは液相基準の移動単位数 (number of transfer units；NTU)，$N_{OG}$, $N_{OL}$ は総括移動単位数 (NTU) とよばれる．物質移動の推進力が小さい場合，これらの移動単位数の値が大きくなってガス吸収に必要な塔高が高くなる．$H_G$, $H_L$ は気相あるいは液相基準の 1 移動単位高さ (height of a transfer unit；HTU)，$H_{OG}$, $H_{OL}$ は総括 1 移動単位高さ (HTU) とよばれ，1 NTU あたり必要な塔高であり，HTU が小さいほど装置の性能がよいことを表す．NTU と HTU が求められれば，塔高 $Z$ が計算できる．

**(4) NTU の計算**　　図 3.6 において操作線上の任意の点 $(x, y)$ を起点として引いた勾配 $-k_x/k_y$ の直線と平衡線との交点の座標が $y_i$ である．$y_2$ と $y_1$ の間の種々の $y$ に対する $(y - y_i)$ の値が得られ，式 (3.26) の数値積分を実行すれば $N_G$ が計算できる．また，$(x_i - x)$ の値も同様にして求められ，$N_L$ を計算できる．このように $N_G$, $N_L$ を計算するには，液相と気相における物質移動係数の比がわかっている必要がある．

これに対して，次に示すように物質移動係数の比がわからない場合でも使える便利な方法がある．任意の点 $(x, y)$ から $x$ 軸に垂直な線を引いて平衡線との交点を求めれば，その $y$ 座標が $y^*$ である．$y_2$ と $y_1$ 間の種々の $y$ に対する $(y - y^*)$ の値が得られ，式 (3.26) の数値積分を実行すれば $N_{OG}$ が計算できる．また，$(x, y)$ から $x$ 軸に水平な線を引いて平衡線との交点を求めれば，その $x$ 座標が $x^*$ であるので，同様

---

**充塡塔の必要高さ**
充塡塔の必要高さは，(HTU)×(NTU) となる．HTU はガスおよび液の物性と流量に依存し，装置内の物質移動特性を表す．一方，NTU は溶解平衡と溶質成分の除去率によって決まる．

にして $N_{OL}$ が求められる．

平衡線と操作線がともに直線と見なせる場合は，移動単位数を解析的に計算することができ，以下の諸式が成立する．

$$N_G = \frac{y_1 - y_2}{(y - y_i)_{lm}}, \quad (y - y_i)_{lm} = \frac{(y_1 - y_{i1}) - (y_2 - y_{i2})}{\ln\{(y_1 - y_{i1})/(y_2 - y_{i2})\}} \quad (3.27)$$

$$N_L = \frac{x_1 - x_2}{(x_i - x)_{lm}}, \quad (x_i - x)_{lm} = \frac{(x_{i2} - x_2) - (x_{i1} - x_1)}{\ln\{(x_{i2} - x_2)/(x_{i1} - x_1)\}} \quad (3.28)$$

$$N_{OG} = \frac{y_1 - y_2}{(y - y^*)_{lm}}, \quad (y - y^*)_{lm} = \frac{(y_1 - y_1^*) - (y_2 - y_2^*)}{\ln\{(y_1 - y_1^*)/(y_2 - y_2^*)\}} \quad (3.29)$$

$$N_{OL} = \frac{x_1 - x_2}{(x^* - x)_{lm}}, \quad (x^* - x)_{lm} = \frac{(x_2^* - x_2) - (x_1^* - x_1)}{\ln\{(x_2^* - x_2)/(x_1^* - x_1)\}} \quad (3.30)$$

**対数平均**

$A$ と $B$ の対数平均は，$\dfrac{A-B}{\ln(A/B)}$ である．化学工学では対数平均を使用することが多いので，記憶しておくとよい．

---

【例題 3.4】 式 (3.29) を導出せよ．

[解答] 式 (3.7) から平衡関係は

$$y^* = mx \tag{a}$$

で与えられ，式 (3.23)，式 (a) より次式が成り立つ．

$$y - y^* = y - mx = y - \frac{mG_M}{L_M}(y - y_2) - mx_2$$

$$= \left(1 - \frac{mG_M}{L_M}\right)y + \frac{mG_M}{L_M}y_2 - y_2^* \tag{b}$$

式 (3.22)，式 (a) より，$mG_M/L_M$ を以下のように書き換える．

$$\frac{mG_M}{L_M} = \frac{m(x_1 - x_2)}{y_1 - y_2} = \frac{y_1^* - y_2^*}{y_1 - y_2} \tag{c}$$

式 (c) を式 (b) に代入すれば，次式が成り立つ．

$$y - y^* = \frac{(y_1 - y_1^*) - (y_2 - y_2^*)}{y_1 - y_2} y + \frac{y_1^* - y_2^*}{y_1 - y_2} y_2 - y_2^*$$

$$= \frac{(y_1 - y_1^*) - (y_2 - y_2^*)}{y_1 - y_2} y + \frac{y_1^* y_2 - y_2^* y_1}{y_1 - y_2} = Ay + B \tag{d}$$

ここで，$A$ と $B$ は $y$ に依存しない定数であるので，式(d)を用いて以下の積分を行うことができる．

$$N_{OG} = \int_{y_2}^{y_1} \frac{dy}{y - y^*} = \int_{y_2}^{y_1} \frac{dy}{Ay + B} = \frac{1}{A} \ln \frac{Ay_1 + B}{Ay_2 + B} = \frac{y_1 - y_2}{(y - y^*)_{lm}} \tag{e}$$

$$(y - y^*)_{lm} = \frac{(y_1 - y_1^*) - (y_2 - y_2^*)}{\ln\{(y_1 - y_1^*)/(y_2 - y_2^*)\}} \tag{f}$$

ここで，$(y - y^*)_{lm}$ は $y_1 - y_1^*$ と $y_2 - y_2^*$ の対数平均である．

---

**(5) HTU の計算** 式 (3.26) で定義される HTU は装置の性能を表し，$H_G = G_M/(k_y a)$，$H_L = L_M/(k_x a)$，$H_{OG} = G_M/(K_y a)$，$H_{OL} = L_M/$

($K_x a$) となる. 式 (3.17), 式 (3.19) の関係から, 総括 HTU と HTU の関係は

$$H_{OG} = H_G + \frac{mG_M}{L_M} H_L \tag{3.31}$$

$$H_{OL} = H_L + \frac{L_M}{mG_M} H_G \tag{3.32}$$

となる. $H_G$, $H_L$ は実験式として報告されていることが多く, 式 (3.31), (3.32) を用いれば, 総括 HTU を求めることができ, ガス吸収塔の高さ $Z$ を計算できる.

---

【例題3.5】 1 mol % の $NH_3$ を含む空気を向流充填塔を用い, 303 K, 常圧で水で洗浄し, $NH_3$ の 95 % を吸収したい. 平衡関係は $y^* = 1.23 x$ で表され, 塔頂に供給する水は $NH_3$ を含まず, 最小液ガス比の 2 倍で操作する. なお, $H_G = 0.5$ m, $H_L = 0.1$ m である. (1)最小液ガス比, (2) $N_{OG}$, (3) $H_{OG}$, (4)所要塔高さを求めよ.

[解答]
(1) $y_1 = 0.01$, $x_2 = 0$, 回収率が 95 % であるので,

$$y_2 = y_1(1 - 0.95) = 0.01 \times 0.05 = 0.0005$$

$x_1^* = y_1/1.23 = (0.01/1.23) = 0.00813$ であり, 式 (3.24) より

$$\left(\frac{L_M}{G_M}\right)_{min} = \frac{y_1 - y_2}{x_1^* - x_2} = \frac{0.01 - 0.0005}{0.00813 - 0} = 1.17$$

(2) $L_M/G_M = (2.0)(1.17) = 2.34$ となる. 式 (3.23) より操作線の式は

$$y = 2.34 x + 0.0005$$

なお, $y = y_1 = 0.01$ のとき, $x = x_1 = (0.01 - 0.0005)/2.34 = 0.00406$ となる. $y_1^* = 1.23 x_1$ であるので, 式 (3.29) を用いれば,

$$(y - y^*)_{lm} = \frac{(0.01 - 1.23 \times 0.00406) - (0.0005 - 0)}{\ln[(0.01 - 1.23 \times 0.00406)/(0.0005 - 0)]}$$
$$= 0.00196$$

となる. したがって, $N_{OG} = (0.01 - 0.0005)/0.00196 = 4.86$ となる.

(3) 式 (3.31) より,

$$H_{OG} = H_G + \frac{mG_M}{L_M} H_L = 0.5 + \frac{1.23 \times 0.1}{2.34} = 0.553 \text{ m}$$

(4) 式 (3.26) より,

$$Z = H_{OG} N_{OG} = 0.553 \times 4.86 = 2.69 \text{ m}$$

### ■反応吸収

石油精製で発生する硫化水素を水に吸収させる場合，演習問題 3.2 からわかるように，溶解度が小さいために多量の吸収液を必要とする．そこで，適切な吸収液（たとえば，ジエタノールアミン水溶液）を選び，化学反応を利用して吸収させることが実際のプロセスでは通常行われている．これを反応吸収という．

いま，吸収液中で一次不可逆反応が生じ，成分 A が吸収され液境膜内で完全に消費される場合を考える．反応速度は $r_A = kC_A$ で与えられ，$k[\text{s}^{-1}]$ は反応速度定数である．反応吸収速度は液境膜内での拡散方程式を適切な境界条件下で解けば，次式で与えられる．

$$N'_A = k'_L C_{Ai} = k_L \beta C_{Ai} \quad (\text{i})$$

$$\beta = \frac{\gamma}{\tanh \gamma} \quad (\text{ii})$$

$$\gamma \equiv \delta_L \sqrt{\frac{k}{D_{AL}}} = \frac{\sqrt{k D_{AL}}}{k_L} \quad (\text{iii})$$

ここで，$\beta$ は反応係数とよばれ，化学反応によるガス吸収の促進効果を表す．また，$\gamma$ は拡散-反応モジュラスとよばれ，反応速度と拡散速度の大小関係の指標である．$\gamma$ を 2 乗したものは反応速度定数と拡散係数の比に比例し，$\gamma \ll 1$ のとき，$\beta \fallingdotseq 1$ となって物理吸収速度に近づく．

近年ガス吸収法による炭酸ガスの回収操作に関心が集まっているが，吸収を促進するために化学反応を利用することが重要であり，種々の吸収液の開発が試みられている．

## 3.3 蒸留

蒸留は，沸点の異なる物質の混合液から，低沸点物質を優先的に回収することを目的とした分離方法である．沸点が高い物質と低い物質の混合液と平衡にある蒸気は，混合液よりも低沸点成分に富むことを利用する．混合液（原液）を加熱して沸騰させ，発生する蒸気を凝縮すれば，原液よりも低沸点成分に富む液が得られる．また，得られた凝縮液を再び沸騰させて発生する蒸気を凝縮すれば，さらに低沸点成分に富む液が得られる．これを再蒸留というが，再蒸留を繰り返せばますます低沸点成分に富む液が得られる．凝縮液が目的の液組成になるように再蒸留を繰り返せばよい．工業で実際に行われている蒸留操作は，さらに巧みな工夫が成されているが，基本的には，このような気液平衡の原理と方法を利用している．

蒸留は，石油精製から化学工業，アルコール飲料生産まで広く行われている．分離技術には，晶析，抽出，吸着，膜分離，クロマトグラフィーなど様々な方法があるが，分離の対象となっている物質の量を基準にとれば 75 % が蒸留で分離されているという調査結果（化学工学便覧改訂 6 版 (1999)）がある．

ウイスキーや焼酎は麦や米の発酵液を蒸留して造られる．このよう

**沸 点**

沸点は，通常外圧 1 気圧のもとで液体が沸騰するときの温度のことをいい，その液体に固有な値である．混合液体の場合には，外圧が同じでもその組成によって変化する．高沸点化合物や低沸点化合物という呼び名は，相対的にどちらの沸点が高いか，あるいは低いかということから付けられるもので，物質固有の呼び名ではない．

な酒類の蒸留は，純粋なアルコールを回収することが目的ではなく，アルコールを濃縮しながら，発酵液に含まれる様々な旨味成分を適度に残すことが要求される．一方，化学工業では，原料液に含まれる物質のうち，目的の物質以外は不純物であり，不純物を除去して目的物質を高純度に回収することが要求される．いずれにしても，希望する組成をもった液を高効率に回収するという目的は共通しており，そのために高度な蒸留操作が必要とされている．

### a．回分式蒸留と連続式蒸留

蒸留には，回分式と連続式がある．回分式は，非定常操作で，高付加価値物質の生産や廃液からの有価物質の回収など，原料組成や量が変化しがちな物質の比較的少量の分離に用いられる．また，蒸留する物質の切り替えが可能であることから，一つの装置で種々の物質の分離に対応できる．一方，連続式は，石油化学製品など特定の物質を大量に分離したい場合に用いられる．定常操作であるため安定した物質特性を確保できる．しかし，連続式では，分離したい物質毎に1本の蒸留塔（蒸留装置の主体部分；図3.7）が必要であるため，分離したい物質の種類が増える毎に蒸留塔の数を増やさなければならない．上記調査によれば，日本で稼働している蒸留塔のほぼ90％が，連続式である．

### b．蒸留装置の基本構成と精製蒸留の基本操作

蒸留とは何かを理解するために，まず蒸留操作の概要について説明する．工業的な蒸留操作では，多成分系が取り扱われる場合が多いが，

**連続式と回分式**
連続式は，蒸留塔に，いつも同じ原液を同じ状態で同じ量，中断することなく供給し，同じ製品を生産し続ける操作であるのに対して，回分式は，大学の研究室で行われているように，ときによっては変わる原液を，必要量供給し，1回の蒸留操作で製品を取り終える操作である．

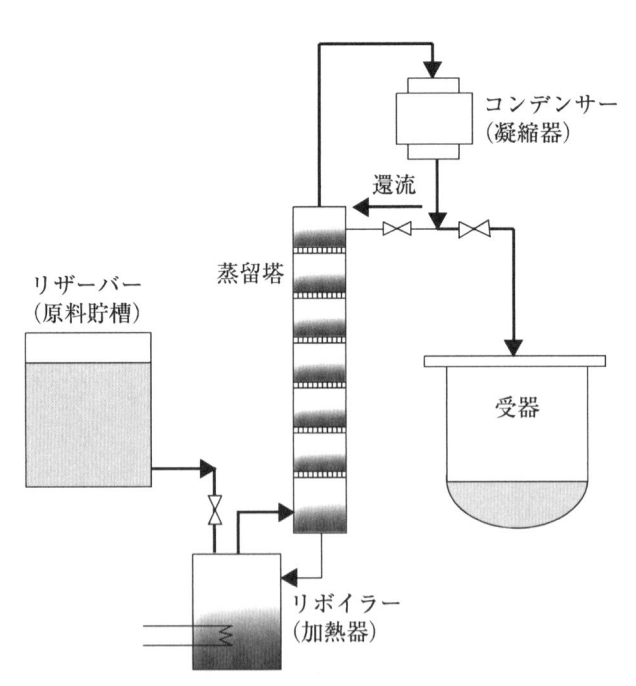

図 3.7　回分式蒸留（精留）装置の基本構成

本書では，蒸留の原理と方法について，その基本を学ぶために，高沸点成分と低沸点成分からなる2成分系の蒸留を考える．

図3.7に回分式蒸留装置の概略を示す．蒸留装置の基本構成は，リボイラー（加熱器），蒸留塔，コンデンサー（凝縮器），および受器（低沸点成分の貯槽）である．加熱器と蒸留塔が一体になっている場合は，加熱器はスチルとよばれる．図3.7は目的の物質を高度に精製することを目的とした蒸留（精留）の例を示している．また，蒸留塔には，塔内を多段に分けた多段蒸留塔と，大きな気液接触表面積を確保できる構造物を塔内に充填して連続的に気液を接触させる充填蒸留塔があるが（図3.14参照），図3.7には前者の例を示している．以下，本書では多段蒸留塔を例にとって蒸留とは何かを説明する．

さて，所定量の原料をリボイラーに仕込み，加熱すると沸騰して，発生した蒸気が蒸留塔に導かれる．蒸留塔は多段に分かれており，下段の蒸気が凝縮して上段の液となるため上段ほど低沸点成分が多くなる．低沸点成分が多いということは，上段ほど低温で沸騰するということである（沸点-組成線図（図3.8）参照）．そこで，高温の下段の蒸気を上段の液に吹き込むと下段の蒸気は凝縮し，それとともに上段の液を沸騰させることができる．実際に気液の接触を行わせる部分をインターナルという．最上段（塔頂）から発生した蒸気は，コンデンサーで凝縮液化し，留出液（製品）として受器に貯えられる．さて，蒸留塔の上段ほど低沸点成分に富む液となっているが，このままでは，上段ほど液量が少なくなり十分な留出液（製品）を確保できないばかりか，あまりにも液量が少なくなると発生した蒸気は各段を素通りして安定な操作ができなくなるおそれがある．そこで，留出液の一部を蒸留塔の最上

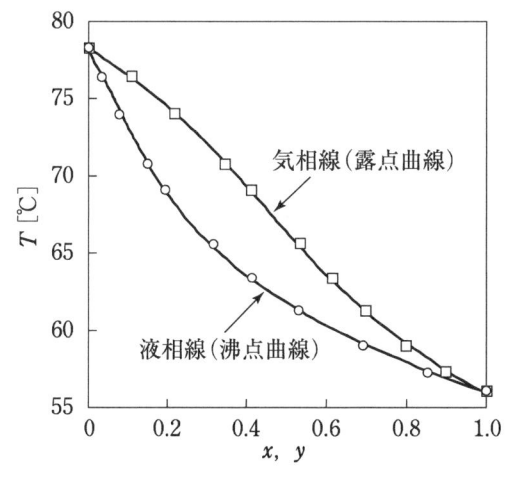

図 3.8　沸点-組成線図（$T$-$x$-$y$ 線図）
（アセトン-エタノール系，0.101 MPa；低沸点成分：アセトン）

段に戻すという操作が行われている．これを還流という．同様に最上段の液の一部をその下の段に戻し，さらに下の段へと戻すということを各段で行えば，各段の液量および蒸気量は安定し，還流を行わない場合よりも安定かつ多量の留出液を確保できる．

インターナルの構造，加熱原液の導入位置，凝縮液の蒸留塔への還流の有無によって留出液の組成と生産量が変化する．

#### c．蒸留の原理：気液平衡

前節で，蒸留とはどのようなものか，基本的なことはわかった．さて，蒸留塔の設計には，その基礎となる気液平衡を理解することが重要である．気液平衡とは，液と蒸気が平衡状態にある，すなわち蒸発速度と凝縮速度が等しい状態をいう．蒸留装置はすべて，気液平衡データに基づいて設計されており，そのデータから考えられる分離をいかに効率よく省エネルギー的に実行できるかが課題となっている．

**(1) $T$-$x$-$y$ 線図と $x$-$y$ 線図** 所定圧力下で混合液が沸騰して，蒸気を発生している状況を考える．混合液の沸点は液組成に依存しており，それから発生する蒸気の組成も液組成に依存している．図3.8は，アセトン-エタノール系を例にとって，液組成と沸点および蒸気組成の関係を示したものである．これを，沸点-組成線図（$T$-$x$-$y$ 線図）という．$T$-$x$-$y$ 線図には，液相線（沸点曲線：○）と気相線（露点曲線：□）が描かれる．組成は低沸点成分（図3.8の例ではアセトン）を基準にモル分率で表し，液組成を $x$，蒸気組成を $y$ で表す．図3.8の液相線より，液組成が高いほど沸点が低いことがわかる．また，同一温度における液相線と気相線より，高沸点成分と低沸点成分の混合液と平衡にある蒸気の組成は混合液よりも高い，すなわち蒸気は低沸点成分に富むことがわかる．たとえば，アセトンのモル分率 $x$ が 0.41 の混合液は，63.4℃で沸騰し，そのときの蒸気組成 $y$ は，0.61 である．この蒸気を凝縮すれば，原液よりも低沸点成分に富んだ液が得られる．さらにこの凝縮液を沸騰させると原液よりも低い温度 60.2℃で沸騰し，組成 $y$ = 0.746 の蒸気が得られる．これを再び凝縮させる．このような操作を繰り返すことにより低沸点成分の純度を上げていくことができる．この繰り返し操作が行われるのが，蒸留塔である．

混合液の中には，上述のように必ずしも液組成が高いほど沸点が低いとか，蒸気はそれと平衡にある液よりも低沸点成分に富む，とはいえないものがある．エタノールとシクロヘキサンの混合液はその例である．図3.9に $T$-$x$-$y$ 線図を示す．液組成 $x$ が 0.435 までは，凝縮液のエタノール分率は増大するが，$x$ が 0.435 になると，エタノールとシクロヘキサンがこれと同じ割合で蒸気となるため，このままではこれ以

---

**気液平衡**
蒸留は，混合液の組成とそれが沸騰してできる蒸気の組成が異なることを利用して物質を分離する方法であるため，気相と液相の成分データ，すなわち気液平衡データがもっとも基本的で重要なデータとなる．

**沸点-組成線図**
$T$-$x$-$y$ 線図は液組成 $x$ の混合液は何度で沸騰するかを表し，また，それと平衡にある蒸気の組成 $y$ はいくらであるかを表す線図で，この図の見方を理解すると蒸留の原理を理解しやすい．

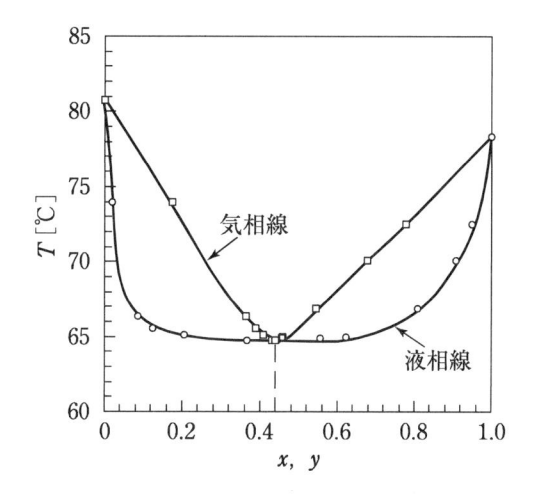

図 3.9 T-x-y 線図(エタノール-シクロヘキサン系, 0.101 MPa；低沸点成分：エタノール)

**純粋エタノールの製造**

エタノールと水の混合液も共沸温度 78.15°C で共沸組成 0.96 の最低共沸混合物を形成する．このままでは，純粋なエタノールは得られないことになるが，次のような共沸蒸留という方法で，純粋エタノールが製造されている．共沸組成にあるエタノールと水の混合液を蒸留塔に供給し，塔頂からシクロヘキサンをエントレーナーとして添加すると，エタノール-水-シクロヘキサン間で新たに共沸混合物が形成される．この混合物の沸点が低いため，それが塔頂から優先的に留出し，塔底からは純粋エタノールが取り出される．この操作は，シクロヘキサンを加えることによって水とエタノール間の親和性が弱くなることを利用しており，化学工学も分子レベルで現象を理解することが重要であることがわかる．

上エタノールの分率を上げることができなくなる．このような組成にある混合物を共沸混合物といい，気液組成が同じになる点を共沸点，その温度を共沸温度という．共沸点が高沸点成分と低沸点成分のいずれの沸点よりも低温にあるものを最低（沸点）共沸混合物，高温にあるものを最高（沸点）共沸混合物という．

共沸混合物の分離には，いずれか一方の成分とさらに低い温度で共沸混合物をつくる第 3 物質（エントレーナーという）を蒸留塔の塔頂（最上段）に供給し，エントレーナーと共沸する成分を優先的に除去するなどの方法がとられている．

$T$-$x$-$y$ 線図は，気液平衡の基本図であり，蒸留の原理を理解しやすい．しかし，後述のように，蒸留塔の設計には，$x$-$y$ 線図を用いるのが便利である．図 3.10 は，アセトン-エタノール系およびエタノール-シ

(a) アセトン-エタノール系　　(b) エタノール-シクロヘキサン系

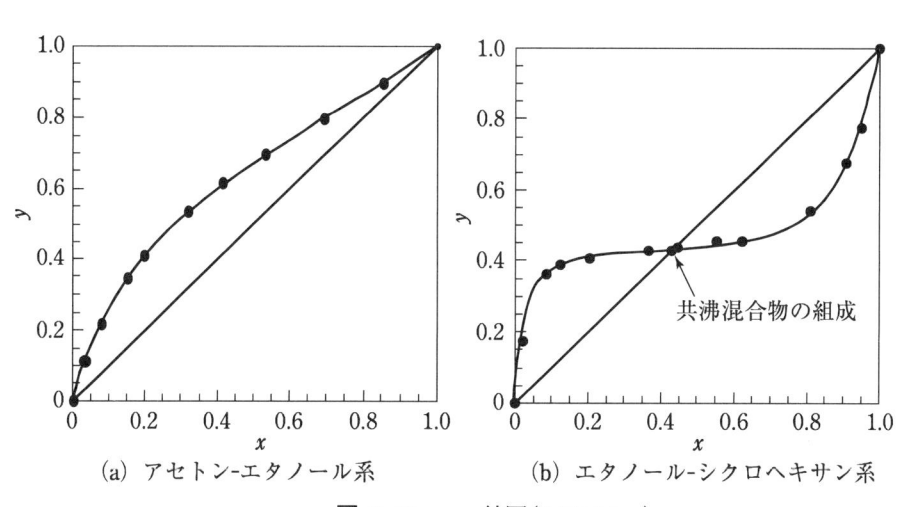

図 3.10 $x$-$y$ 線図(0.101 Mpa)

クロヘキサン系の $x$-$y$ 線図を示す.図中の対角線は,気液組成が同じであることを表している.エタノール-シクロヘキサン系の共沸混合物の組成は対角線との交点で表される.

**(2) 平衡比と相対揮発度**　気液平衡が成り立っているときの蒸気組成と液組成の比を次式で定義する.

$$K = \frac{y}{x} \tag{3.33}$$

$K$ は平衡比とよばれている.低沸点成分の平衡比 $K_1$ と高沸点成分の平衡比 $K_2$ の比を相対揮発度 $\alpha_{12}$ という.

$$\alpha_{12} = \frac{K_1}{K_2} \tag{3.34}$$

これらの関係から,2成分系の液組成 $x$ と蒸気組成 $y$ の関係,すなわち $x$-$y$ 曲線は次式のように表される.

$$y = \frac{\alpha_{12}x}{(\alpha_{12}-1)x+1} \tag{3.35}$$

相対揮発度が大きいほど低沸点成分の分離が容易となる.

**(3) 理想溶液における $x$-$y$ 曲線と蒸気圧の関係**　溶液を構成する成分分子間に作用する力(凝集力)が,同一分子間を含めていずれの成分分子間でも同じである溶液を理想溶液という.言い換えれば,成分物質を混合しても体積変化も熱の出入りも起こらないような溶液を理想溶液という.希薄溶液は,理想溶液と考えてよい.また,ベンゼンとトルエンのように化学構造が似ており分子間相互作用が弱い物質からなる溶液は,液組成の全領域において事実上理想溶液を形成する.

図3.10に示した $x$-$y$ 曲線は,2成分混合液を一定圧力下で沸騰させた場合の液組成 $x$ と蒸気組成 $y$ との関係を表したものである.いま,理想溶液を仮定して $x$-$y$ 線図と各成分の純物質の飽和蒸気圧 $P$ との関係を求めてみよう.沸騰は,各成分の蒸気圧の和が全圧 $\Pi$ に等しくなったときに起こる.低沸点成分と高沸点成分の蒸気分圧をそれぞれ $p_1$,$p_2$ とすると,次式が成立する.

$$\Pi = p_1 + p_2 \tag{3.36}$$

理想溶液では,$p_1$,$p_2$ と液組成 $x$ との間に"希薄溶液(理想溶液)の溶媒の蒸気圧は溶液のモル濃度に比例する"という Raoult の法則が成り立つ.ここでは次式で表される.

$$p_1 = P_1 x, \quad p_2 = P_2(1-x) \tag{3.37}$$

式 (3.36),(3.37) より,

$$\Pi = (P_1 - P_2)x + P_2 \tag{3.38}$$

が得られる.式(3.38)は,全圧 $\Pi$ と液組成 $x$ には直線関係があり,$P_2$ か

---

**相対揮発度**

相対揮発度(比揮発度)$\alpha_{12}$ の大きさは分離のしやすさの指標になる.ベンゼン-トルエン系の相対揮発度は2.5であるので容易に分離できるが,$p$-キシレン-$m$-キシレン系では1.02であるので,蒸留による分離は難しい.相対揮発度が1.5より小さい場合は棚段が多い精留塔が必要であり,1.1より小さい場合は蒸留以外の方法で分離することを考えるか,蒸留に工夫が必要である.

ら $P_1$ まで変化することを表している．式 (3.37)，(3.38) より，低沸点成分の蒸気組成 $y$ と液組成 $x$ の関係を導くと，式 (3.39) が得られる．

$$y = \frac{P_1}{\Pi} = \frac{P_1 x}{(P_1 - P_2)x + P_2} \tag{3.39}$$

式 (3.35) と (3.39) を比較すると，理想溶液では，相対揮発度 $\alpha_{12}$ は，純物質の平衡蒸気圧の比 ($P_1/P_2$) に等しく，液組成に依存しないことがわかる．

---

**【例題 3.6】** ベンゼンとトルエンの混合液は，液組成の全範囲で事実上理想溶液と見なせることがわかっている．全圧が 101.3 kPa であるとき，ベンゼンは 80.1℃で沸騰する．80.1℃におけるトルエン純物質の平衡蒸気圧は 38.9 kPa である．$x$-$y$ 線図を作成せよ．

**［解答］** 理想溶液の相対揮発度は，純物質の平衡蒸気圧の比に等しいので，

$$\alpha_{12} = 101.3/38.9 = 2.60$$

これを，式 (3.35) に代入して，表 3.4 のような $x$ と $y$ の関係を得る．これをプロットすると図 3.11 に示すような $x$-$y$ 線図が得られる．実験値と計算値が，ほぼ一致していることがわかる．

表 3.4 ベンゼン-トルエン系の気液平衡関係（0.101 Mpa）

| $x$ | 0.10 | 0.20 | 0.30 | 0.40 | 0.50 | 0.60 | 0.70 | 0.80 | 0.90 |
|---|---|---|---|---|---|---|---|---|---|
| $y$ | 0.22 | 0.39 | 0.53 | 0.63 | 0.72 | 0.80 | 0.89 | 0.91 | 0.96 |

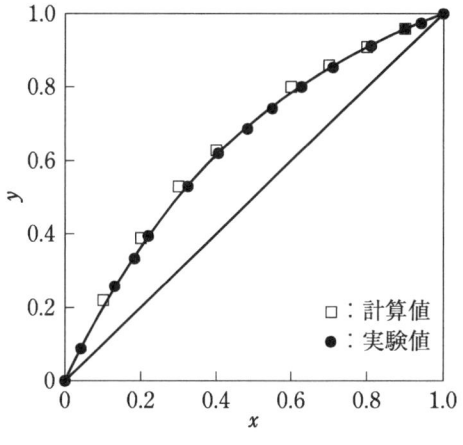

図 3.11 ベンゼン-トルエン系の $x$-$y$ 線図（0.101 Mpa）

---

### d．種々の蒸留法

蒸留法には，単蒸留，フラッシュ蒸留（連続単蒸留），および精留がある．その他，蒸留対象物質の特性と蒸留の目的に合った方法が開発されており，水蒸気蒸留，共沸蒸留，抽出蒸留，反応蒸留などがある．これ

ら特殊な蒸留法が蒸留全体に占める割合は蒸留塔の数基準で約15%である（化学工学便覧 改訂6版，1999）．

**(1) 単蒸留**　単蒸留は，最も簡単な蒸留法で，原液を沸騰させて発生した蒸気をそのまま凝縮させる方法である．図3.7の概略図を用いて説明すると，リボイラーから発生する蒸気を直接コンデンサーに導く操作であるといえる．精製度が低いため，工業的利用は少ないが，酒類の製造には適しており，20〜60%のエタノールを含む製品が製造されている．また，装置と操作が簡単であることと，成分間で平衡比 $(=y/x)$ が大きく異なれば単蒸留でも十分な分離が可能なため実験室では頻繁に行われている．

**(2) フラッシュ蒸留**　フラッシュ蒸留とは，連続的に単蒸留を行う方法である．エタノール水溶液の濃縮など粗精製液を多量に製造する目的で行われる．図3.12に概略を示す．組成 $x_{in}$ の液を温度 $T$ に加熱して流量 $F$ [mol h$^{-1}$] で供給する．温度 $T$ は，組成 $x_{in}$ の液の沸点と露点の間に設定し，減圧弁を通じて精製したい気液混合物を分離缶内に導入する．$T$-$x$-$y$ 線図から考えられるように，分離缶内で，低沸点成分に富む組成 $y_D(=x_D>x_{in})$ の蒸気 $D$ [mol h$^{-1}$] と高沸点成分に富む組成 $x_W(<x_{in})$ の液 $W$ [mol h$^{-1}$] に分離される．

フラッシュ蒸留で得られる留出液の組成 $x_D$ は次の物質収支式を解いて求められる．

$$F = D + W \tag{3.40}$$
$$F x_{in} = D y_D + W x_W \tag{3.41}$$

式 (3.40)，(3.41) から $F$ を消去すると，

$$-\frac{W}{D} = \frac{y_D - x_{in}}{x_W - x_{in}} \tag{3.42}$$

が得られる．いま，分離缶内が温度 $T$ における気液平衡状態にあると

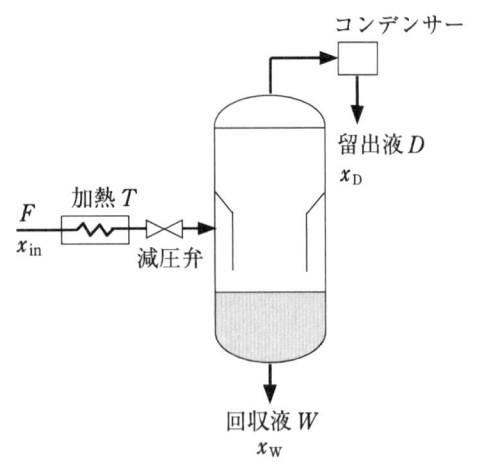

> **蒸留釜**
> ウイスキーは，単蒸留の傑作といえよう．蒸留釜（ポットスチル）の曲線美もウイスキーを芸術品に仕上げるために重要な役割を果たしている（インターネットで，ウイスキーと蒸留釜をかけて検索すると見ることができる）．

図 3.12　フラッシュ蒸留

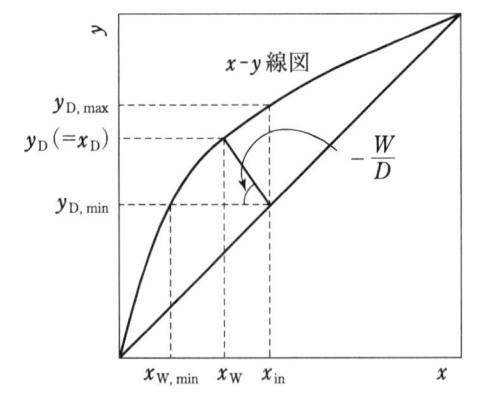

図 3.13　フラッシュ蒸留で得られる留出液組成を求める図解法

する．式 (3.42) より，留出液組成 $x_D$（=蒸気組成 $y_D$）は，図 3.13 に示すように，勾配 $-W/D$ の直線と $x$-$y$ 曲線の交点から求められる．$D/F$ は蒸発率とよばれる．蒸発率が低ければ，留出液組成は大きくなり，蒸発率が高ければ，留出液組成は小さくなる．蒸発率は操作温度 $T$ に依存し，温度が高いほど大きい．操作温度を組成 $x_{in}$ の液の沸点と露点の間で変化させることにより，蒸発率は $0 < D/F < 1.0$ の範囲で変化し，留出液組成は，$x_{D,max}$（=$y_{D,max}$）から $x_{D,min}$（=$y_{D,min}$=$x_{in}$）まで変化する．蒸発率は $T$-$x$-$y$ 線図から求められる．

### ■ 棚段塔と充填塔 ■

蒸留塔のインターナルは，棚段式と充填式に大別される．本文は棚段式を例にとって説明されている．図 3.14 は，棚段（トレイ）と充填物の例を示したものである．棚段には，泡鐘トレイ（模型：(a)）のほかに，多孔板トレイ，バルブトレイなどがあり，多孔板トレイが最も多く用いられている．(b)は，多孔板トレイの 1 種で，固定したトレイの上に，蒸気で浮上するトレイを重ねたリフトトレイ™ とよばれているものである．塔効率がよくなるように穴の大きさと位置が設計されている．

(a) 泡鐘トレイ
(b) リフトトレイ 
(c) ラシヒリング 
(d) グッドロールパッキング 

図 3.14　充填塔のインターナル

充填塔は，塔内に充填物を充填し，その充填層を上昇する蒸気と充填物の表面を流れ落ちる液との気液接触で気液平衡を達成するように設計された蒸留塔である．充填物には，不規則充填物と規則充填物がある．(c)は，ラシヒリングとよばれ，不規則充填物の代表例である．ラシヒリングのサイズに応じて，これを塔内に 5 千～500 万個/m³ の割合で充填する．一方，規則充填物は，塔径に合わせて塔内に整然と設置されるもので，(d)は，グッドロールパッキング™ とよばれているものである．直径 40～250 cm のものが使われている．これらの他にも，良好な気液平衡を達成するため，様々な充填物が開発されている．棚段式が多いが，近年の傾向として，規則充填物を充填した充填塔が増えつつある．

リフトトレイは，関西化学機械製作（株）の，グッドロールパッキングは東京特殊金網（株）の登録商標である．写真(a)(b)(c)：関西化学機械製作（株）提供，写真(d)：東京特殊金網（株）提供．

**(3) 精留** 精留は，精製蒸留のことであり，図 3.7 に示した多段蒸留塔を用いて行われる．図 3.7 は回分精留の概略図であるが，原料液を連続的に供給することによって，連続精留が行える．ただし，回分蒸留（精留）では，原料液は図 3.7 に示したように最下段（リボイラー）に供給されるのに対し，連続精留では，蒸留塔の中段に供給される．精留の特徴は，蒸留塔内部が段（トレイ）に分けられていること（前述のように充填式もある），および還流があることである．これらに注目して，精留の原理を再確認しよう．

多段蒸留塔の仕組みを，インターナルが泡鐘トレイ（図 3.14 参照）である場合を例にとって図 3.15 に示す．最上段から 1, 2, 3 と数えて $i$ 段目の液は，$(i+1)$ 段目の蒸気が凝縮したものと，$(i-1)$ 段目からの還流液の混合液であるので，$(i+1)$ 段目の液よりも低沸点成分に富んでいる．したがって，$(i+1)$ 段目の液よりも沸点は低い．ここに高温の $(i+1)$ 段目の蒸気が導入されると，$i$ 段目の液は沸騰し，さらに低沸点成分に富む蒸気が $(i-1)$ 段目に導入される．これを上段に繰り返すことにより上段ほど低沸点成分に富む蒸気が発生することとなる．

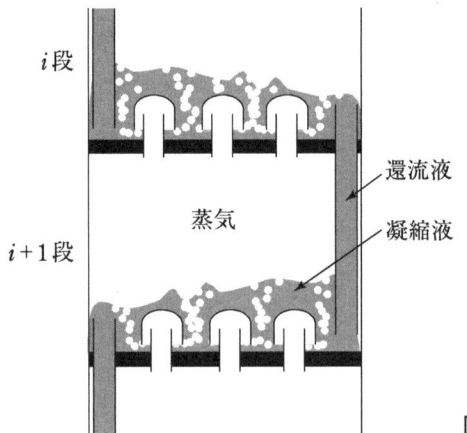

**図 3.15** 蒸留塔の仕組み

**ダウンカマー**
図 3.15 に示されている還流液が流れ落ちる管はダウンカマー（下降管）とよばれている．

還流は，各段の液量と蒸気量を安定させ製品特性を安定させるという重要な役割を担っている．回分精留では，留出液の組成は時間とともに変化するので，蒸留開始後すぐには留出液を取り出さずに全還流を行い，蒸留塔内の気液の状態が安定してから，留出液の抜き出しを開始し，留出液（製品）の組成と量が目的値に達したところで運転を停止するという操作が行われている．この場合，最下段に残る高沸点成分に富んだ液（缶出液という）の組成も操作時間とともに変化する．理論上は，高沸点成分の分率が 100 %（液組成 $x=0$）になるまで濃縮することができる．しかし，連続精留で，蒸留塔の最下段（リボイラー）に原料液を供給した場合，缶出液組成が缶出液量 $W=0$ に対応する $x_{W,\min}$（図

3.13 参照)になるまで濃縮するのが限界で,それ以上濃縮できない.したがって,低沸点成分の回収量が少なくなり,無駄が増える.そこで,連続精留では,原料液を蒸留塔の中ほどに供給し,缶出液の組成を高沸点成分に富んだものにするよう工夫されている.

#### e. 連続精留の理論段数

蒸留塔の中で理想的な気液の接触が行われており,気液平衡が成立しているときに,所定の蒸留結果を得るに必要な段数を理論段数という.蒸留塔の設計には,まず,理論段数を求めることが必要である.現実の蒸留塔では,そのような理想的な気液の接触が成立しているわけではないので,理論段数よりも多くの段が必要となる.理論段数 $N_{th}$ と実際の段数 $N_{act}$ の比 ($N_{th}/N_{act}$) を,塔効率という.塔効率を見積もる方法として O'conell の相関が知られているが,信頼性に問題がある.塔効率よりも詳細な議論として,Murphree の段効率 $E$ がある.段効率は,実際に各段で行われている分離と理想的な場合の分離を関係づけるパラメーターである.

$$E = \frac{y_i - y_{i+1}}{y_{i,\text{out}} - y_{i+1}} \tag{3.43}$$

ここで,$y_i$ および $y_{i+1}$ は,それぞれ第 $i$ 段より発生する蒸気の組成(低沸点成分の分率)および第 ($i+1$) 段から第 $i$ 段に流入する蒸気の組成である.$y_{i,\text{out}}$ は,第 $i$ 段から流出する液と平衡にある蒸気の組成である.段効率の実測値としては,おおむね 0.4〜0.8 の値が得られているが,段ごとに,また成分によって異なる.

**(1) 連続精留の物質収支** 図 3.16 は,連続多段蒸留塔の概略を示したものである.原料供給段より上部を濃縮部,下部を回収部という.全成分と低沸点成分の物質収支は,

$$F = D + W \tag{3.44}$$
$$Fx_{\text{In}} = Dx_{\text{D}} + Wx_{\text{W}} \tag{3.45}$$

これらの式は,式 (3.40),(3.41) と本質的に同じである.式 (3.44),(3.45) より,

$$\frac{D}{F} = \frac{x_{\text{In}} - x_{\text{W}}}{x_{\text{D}} - x_{\text{W}}} \tag{3.46}$$

$$\frac{W}{F} = \frac{x_{\text{D}} - x_{\text{In}}}{x_{\text{D}} - x_{\text{W}}} \tag{3.47}$$

となる.$F$ と $x_{\text{In}}$ は,原料に依存した値である.$x_{\text{D}} (>x_{\text{In}})$ と $x_{\text{W}} (<x_{\text{In}})$ は設定値であるので,$D$ と $W$ の値は,一義的に決まる.

さらに,濃縮部第 $i$ 段の物質収支は,第 ($i+1$) 段から供給される蒸気の量を $V_{i+1}$,第 $i$ 段から第 ($i+1$) 段に流入する液量を $L_i$,それぞれの

---

**蒸留塔の段数**

目的の純度を達成するためには,また,蒸留塔の段数を理論段数に近づけるためには,蒸留塔の各棚段を上昇する気体と下降する液体を限られた短い時間で十分に接触させることが必要である.そのために,気液の接触表面積を大きくするなどの工夫がなされている.図 3.14 に示したトレイや充填物は,すべてこれを目的に開発されたものである.

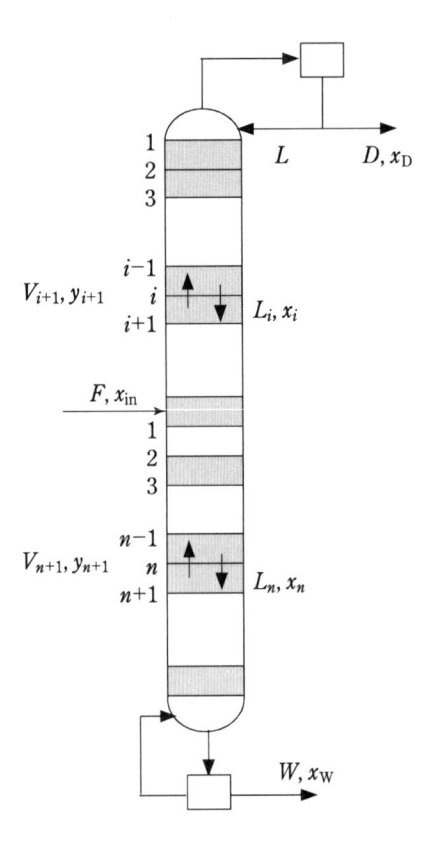

組成を $y_{i+1}$, $x_i$ とすると,

$$V_{i+1} = L_i + D \tag{3.48}$$
$$V_{i+1}y_{i+1} = L_i x_i + D x_D \tag{3.49}$$

で表される．式 (3.48), (3.49) より,

$$y_{i+1} = \frac{1}{1+(D/L_i)} x_i + \frac{1}{1+(L_i/D)} x_D \tag{3.50}$$

同様に，回収部第 $n$ 段の物質収支は，第 $(n+1)$ 段から供給される蒸気の量を $V_{R,n+1}$，第 $n$ 段から第 $(n+1)$ 段に流出する液量を $L_{R,n}$，それぞれの組成を $y_{n+1}$, $x_n$ とすると,

$$V_{R,n+1} = L_{R,n} - W \tag{3.51}$$
$$V_{R,n+1}y_{n+1} = L_{R,n}x_n - W x_W \tag{3.52}$$

式 (3.51), (3.52) より,

$$y_{n+1} = \frac{1}{1-(W/L_{R,n})} x_n - \frac{1}{(L_{R,n}/W)-1} x_W \tag{3.53}$$

式 (3.50) および (3.53) で表される"回収部第 $(i+1)$ 段から供給される蒸気の組成 $y_{i+1}$ と第 $i$ 段から第 $(i+1)$ 段に流入する液の組成 $x_i$ との関係"および"濃縮部第 $(n+1)$ 段から供給される蒸気の組成 $y_{n+1}$ と第 $n$ 段から第 $(n+1)$ 段に流入する液の組成 $x_n$ との関係"を，それぞれ濃縮部および回収部の操作線という．ここで，濃縮部の各成分の蒸発潜

熱が等しい，すなわち蒸気流量および液流量は各段で同じであると単純化して，それぞれ $V$ および $L$ とすると，式 (3.50) は，

$$y_{i+1} = \frac{1}{1+(D/L)} x_i + \frac{1}{1+(L/D)} x_D \tag{3.54}$$

となる．さらに還流比 $R=L/D$ を導入すると，濃縮部の操作線として，

$$y_{i+1} = \frac{R}{1+R} x_i + \frac{1}{1+R} x_D \tag{3.55}$$

が得られる．回収部においても同様の仮定をして，回収部における蒸気流量および液流量を，それぞれ $V_R$ および $L_R$ とすると，式 (3.53) を次のように書き換えることができる．

$$y_{n+1} = \frac{1}{1-(W/L_R)} x_n - \frac{1}{(L_R/W)-1} x_W \tag{3.56}$$

いま，濃縮部における還流比に対応させて，回収部に再沸比 $R_R = V_R/W = (L_R - W)/W$ を導入すると，回収部の操作線（式 (3.50)）は，

$$y_{n+1} = \frac{1+R_R}{R_R} x_n - \frac{1}{R_R} x_W \tag{3.57}$$

で表される．しかし，$V$ と $V_R$，$L$ と $L_R$ は，互いに独立しているわけではない．いま，流量 $F$ で供給される原料のうち，液として供給されるモル分率を $q$ とすると，

$$V_R = V - (1-q)F = L - W + qF \tag{3.58}$$
$$L_R = L + qF \tag{3.59}$$

の関係がある．したがって，再沸比 $R_R$ と還流比 $R$ との関係は，

$$R_R = \frac{(D/F)(R+1) + q - 1}{1-(D/F)} \tag{3.60}$$

で表される．

　式 (3.55) および (3.57) は，それぞれ濃縮部と回収部の所定の段における液組成とその段に流入する蒸気組成の関係を示したものである．図 3.17 は，$x$-$y$ 線図上に両操作線を描いたものである．濃縮部の操作線は，対角線 ($y=x$) と $x=x_D$ の交点を通る勾配 $R/(1+R)$ の直線，回収部の操作線は，対角線と $x=x_W$ の交点を通る勾配 $(1+R_R)/R_R$ の直線となる．対角線と $x=x_{in}$ の交点 (A 点) と両操作線の交点 (B 点) とを通る直線は $q$ 線とよばれ，原料のうち液として供給されるモル分率 $q$ に依存して変化する濃縮部および回収部操作線の交点の軌跡である．$q$ 線は，式 (3.46)，(3.55)，(3.57) を $y$ と $x$ に関する連立方程式ととらえ，$x_D$ および $x_W$ を消去することによって，次式で与えられる．

原液をすべて液の状態で供給する場合の $q$ 線は，液組成軸（$x$ 軸）に垂直な直線（$x=x_{in}$）となる．

$$y = \frac{q}{q-1} x - \frac{1}{q-1} x_{in} \tag{3.61}$$

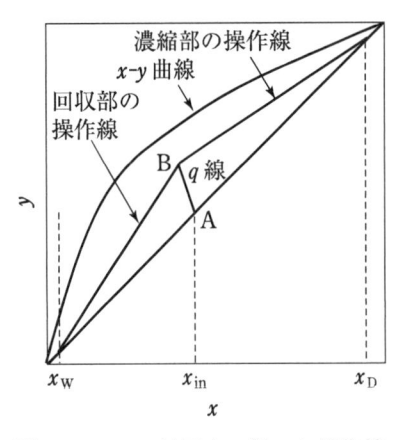

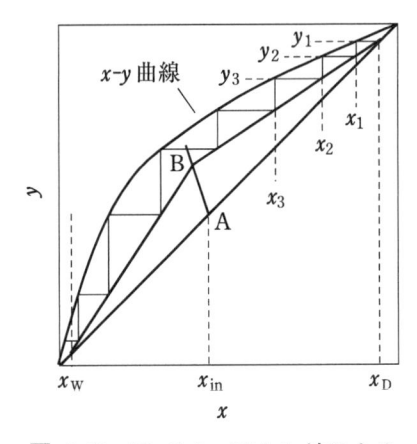

図 3.17　$x$-$y$ 線図上に描いた操作線と $q$ 線

図 3.18　MaCabe-Thiele 法による理論段数の決定法

**(2) McCabe-Thiele 図解法による理論段数の決定**　前節で求めた操作線は，上段から下段に流入する液の組成と下段から上段に吹きあがる蒸気の組成との関係を示したものであった．その関係を図 3.18 のように $x$-$y$ 線図上に展開する．まず，製品としたい留出液の組成は，$x_D$ である．$x_D$ は塔頂段（第 1 段）の蒸気組成 $y_1$ に等しい．$y_1$ と平衡にある液の組成は $x_1$ である．また，塔頂段には第 2 段から組成 $y_2$ の蒸気が吹き上がってくる．その蒸気と平衡にある第 2 段の液の組成は $x_2$ である．このように，順次操作線と $x$-$y$ 線上を結んでいくと，液組成が $x_W$ になる段まで到達する．図 3.18 の例では，蒸留塔を 7.5 段（リボイラーを含めて 8.5 段）とし，塔頂から数えて 5 段目に原料を供給すればよいことがわかる．この図解法を McCabe-Thiele 法という．

**MaCabe-Thiele の図解法**　複雑な数式の展開を視覚的にわかりやすく表現しており，工学の醍醐味を感じることができるだろうか．

**(3) 還流比と理論段数**　還流比の大小は，留出液組成に影響を及ぼす．図 3.18 より，濃縮部と回収部の交点（B 点）が $x$-$y$ 曲線に近づくほど，すなわち濃縮部の操作線の勾配が小さくなるほど，理論段数が大きくなることがわかる．濃縮部の操作線（式(3.55)）の勾配は，$R/(1+R)$ であるので，$R$ すなわち還流比が小さいほど理論段数が大きくなる．B 点が $x$-$y$ 曲線に到達すると理論段数は無限大になり，実質上蒸留の目的が達せられないことになる．このときの還流比を最小還流比という．したがって，還流は最小還流比以上で行わなければならない．あまりにも還流比を大きくすると，理論段数は小さくなるが，留出液量が少なくなるので，リボイラー熱源を増強して蒸発量を増やすなどの対策が必要になる．そこで，還流比には最適値があり，装置の建設費と運転費を考慮して，最小還流比の 1.2〜2 倍の範囲に設定するのがよいとされている．

**【例題3.7】** $x_{in}=0.6$ のベンゼン-トルエン混合液を $F=120\,\mathrm{kmol\,h^{-1}}$ で供給し，塔頂より $x_D=0.95$ の留出液を，塔底より $x_W=0.1$ の缶出液を得たい．還流比 $R=2.0$ で操作する場合の，留出液量，缶出液量，および理論段数を求めよ．ベンゼン-トルエン系の $x$-$y$ 曲線は，例題3.6の計算結果（図3.11）を用いることとする．

**［解答］** 留出液量 $D$ および缶出液量 $W$ を求める．物質収支式 (3.44) および (3.45) より，

$$120 = D + W, \quad 120 \times 0.6 = 0.9\,D + 0.1\,W$$

これを解いて，$D = 75\,\mathrm{kmol\,h^{-1}}$, $W = 45\,\mathrm{kmol\,h^{-1}}$. 次に，McCabe-Thiele 法により理論段数を求める．濃縮部の操作線は，式 (3.55) に $R=2.0$ および $x_D=0.9$ を代入して，

$$y = 0.67\,x + 0.30$$

回収部の操作線は，式 (3.57) より決定できる．ただし，ベンゼン-トルエン混合物は液として供給されるので $q=1$ である．また，再沸比 $R_R$ は，式 (3.60) より，

$$R_R = \frac{(75/120) \times 3 + 1 - 1}{1 - (75/120)} = 5$$

したがって，回収部の操作線は，

$$y = \frac{6}{5}x - \frac{1}{5} \times 0.1 = 1.2\,x - 0.02$$

これらをもとに，図3.19 に示すように McCabe-Thiele 法による作図を行うと，理論段数として8.5段を得る．この場合，原料を液として供給するので $q$ 線は $x$ 軸に垂直になる．

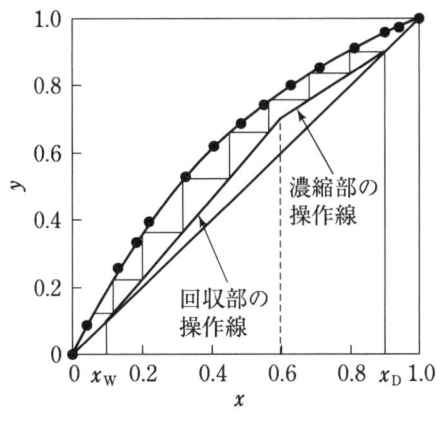

図 3.19 MaCabe-Thiele 法によるベンゼン-トルエン系の理論段数の決定

## 3.4 抽　　出

**抽出の歴史**
実際に抽出という言葉が使われ始めたのは，1870年以降といわれている．また，液液平衡の原理に基づく抽出分離操作が確立されたのは，1891年にNernstによって提案された二相間分配の理論によるところが大きいとされている．

　抽出とは，目的成分を溶剤を用いて溶かし出し，溶液2相間における溶解度の差（分配の差）を利用して分離する手法である．目的成分が固体の場合を固液抽出，液体の場合を液液抽出という．固液抽出の場合は，目的成分のみを良く溶かし出す溶剤を使用することが重要であり，実験室の様々な場面で用いられている．一方液液抽出は，重要な工業用分離操作の一つとして様々な分野で用いられている．本節では特に液液抽出操作について説明する．

　液液抽出操作では，抽出したい目的成分を溶質（あるいは抽質），それを溶かしている溶媒を希釈剤とよぶ．また希釈剤に溶質が溶けた溶液を原料という．この原料中から目的成分である溶質を溶かし出す液体を溶剤（あるいは抽剤）とよぶ．たとえば，酢酸とベンゼンの混合溶液から酢酸を抽出操作で分離する場合を考えよう．この場合，酢酸をよく溶解する水を溶剤として用いると都合がよい．つまり，酢酸を溶質，ベンゼンを希釈剤，この混合溶液を原料と考えることができる．原料に溶剤としての水を加えると，ベンゼン中のほとんどの酢酸は水相中へ移動し，比重の軽い上層のベンゼン相と重い下層の水相に分かれる．このとき，酢酸が抽出された上層のベンゼン相を抽残液，水を含む下層の溶剤相を抽出液とよぶ．これが抽出の基本操作である（図3.20）．このように抽出操作では，溶質の2相間の溶解度差（分配差）を利用しており，通常，混和しない水と油（有機相）の2相系が用いられる．つまり液液系の抽出操作においては，溶質・希釈剤・溶剤の3成分の液液平

**分液ロート**
実験室で抽出操作を行う際には図3.20に示すような分液ロートを用いる．互いに混じり合わない2液を振り混ぜ，放置すれば内部の液は2相に分かれ，コックをあければ下相のみをとり出すことができる．

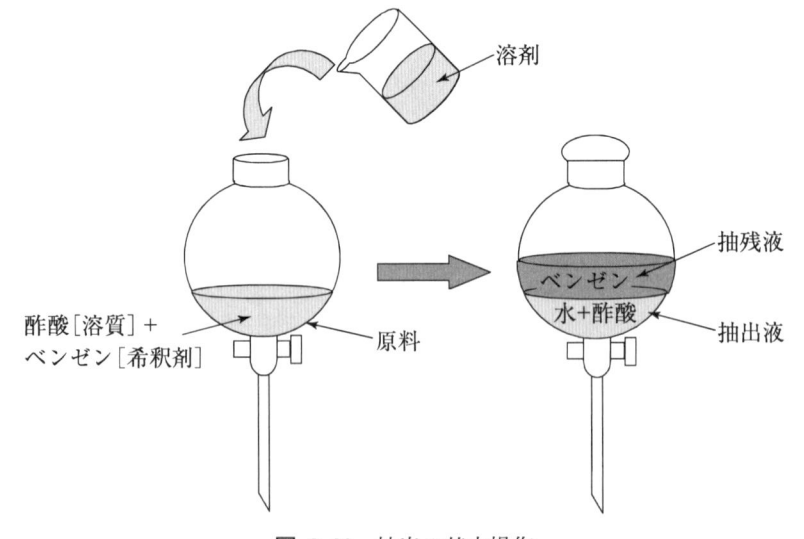

**図 3.20　抽出の基本操作**

## a. 液液平衡関係の表現

3成分の液液平衡関係を表す場合は，一般に図3.21に示すような直角三角形の座標が用いられる．この場合，慣習的にAに抽質，Bに希釈剤，Cに溶剤をとる場合が多い．このとき，点Mは縦軸で表されるA成分すなわち抽質の組成 $x_{AM}$ を示し，また横軸から読みとれるC成分すなわち溶剤の組成 $x_{CM}$ を表す．3成分の間には常に $x_{AM}+x_{BM}+x_{CM}=1$ の関係が成立するので，希釈剤であるB成分の組成は，$x_{BM}=1-x_{AM}-x_{CM}$ で求められる．このように3成分の液液平衡では二つの成分の組成を独立変数として選べば，残りの成分の組成は自動的に決定される．

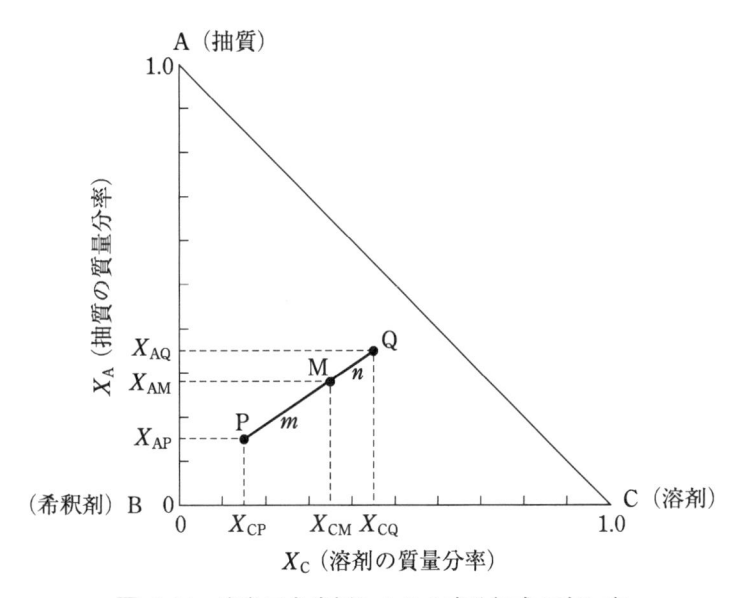

**図 3.21** 直角三角座標による3成分組成の表し方

### てこの原理
Q点で示される液とP点で示される液を混合した組成は必ずその直線上にあり，直線QPにおいて[線分の長さ]×[末端の質量]が左右つり合うようなM点を与える．よって，力学におけるてこの理論と同じく，液液平衡における"てこの原理"とよばれている．

この直角三角座標を用いると，組成の異なる二つの3成分溶液を混合した場合の混合後の組成を容易に求めることができる．たとえば，図3.21中のP点で示す組成 $(X_{AP}, X_{BP}, X_{CP})$ の溶液 $n$ [kg] とQ点で示される $(X_{AQ}, X_{BQ}, X_{CQ})$ の溶液 $m$ [kg] を混合してできる3成分系の組成は，M点をPM:QM＝$m$:$n$ に内分する点にとることによって，点Mの組成 $(X_{AM}, X_{BM}, X_{CM})$ で与えられる．

【**例題3.8**】アセトン50％\*，メタノール30％，水20％の溶液P 8 kg とアセトン30％，メタノール50％，水20％の溶液Q 2 kg を混合した場合の混合後の3成分の組成を求めよ．

［**解答**］混合後の3成分の組成を $(X_{AM}, X_{BM}, X_{CM})$ とすると，それぞれの成分の物質収支より以下のように示される．

\*ここでの％は，質量パーセントのことで，慣習的には wt％ と書かれることが多い．

全収支　　　　　　　　　　　　　　$8+2=10\,\text{kg}$
アセトンについての収支　　　　　　$8\times0.5+2\times0.3=10\,X_{AM}$
メタノールについての収支　　　　　$8\times0.3+2\times0.5=10\,X_{BM}$

これより混合後の水の質量分率 $X_{CM}$ は

$X_{AM}=0.46$, 　$X_{BM}=0.34$

$X_{CM}=1-0.46-0.34=0.20$

　液液抽出操作は，2 相間の分配比の差に基づく分離操作であるので，2 相が形成されることが必要である．このため図 3.22 に示すような 3 成分系における溶解度曲線が重要となる．この溶解度曲線は，実験的には F 点で示される組成の原料に純溶媒 C を加えて行くことにより濁りの発生する点を求めることによって描くことができる．具体的に F 点は溶剤 C を加えることにより直線 FC 上を移動し，S 点で濁りが生じることになる．F 点の組成を種々変化させて同様な実験を行うと，溶解度曲線 R′, R, S, E, E′ を求めることができる．またこの場合，溶解度曲線は温度に敏感であるので，温度一定の条件下でのデータ取得が必要となる．

　また R′ は B 成分に対する C 成分の溶解度を，E′ は C 成分に対する B 成分の溶解度を示している．この溶解度曲線より上側では，3 成分は均一溶液となるので抽出操作は行えない．溶解度曲線内部の 2 相領域で抽出操作を行うことができる．

　溶解度曲線内部の領域では必ず 2 相を生じる，たとえば図中の M 点

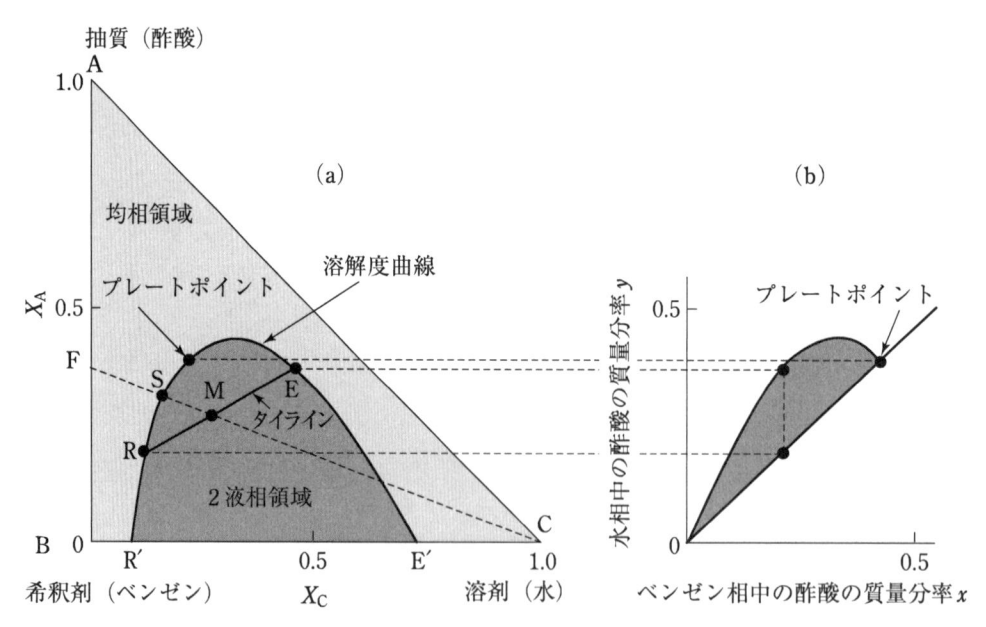

図 3.22　(a)溶解度曲線とタイライン (b)分配曲線

の組成を有する3成分の溶液を調製すると，R点，E点の組成を有する2相に分かれる．液液平衡関係にあるこのRとEを結ぶ線をタイラインとよぶ．同様に，溶解度曲線内部の様々な液組成についてタイラインを引くことができるが，このタイラインの頂点が2液相が存在する極限の点であり，この点をプレートポイントとよぶ．

実験的には，二つの液相に分かれた上層と下層の成分を分析し，組成を決定することによってR点，E点で示されるタイラインを求めることができる．実際の抽出操作では図3.22(b)で示される分配曲線を用いる場合が多い．たとえば酢酸-水-ベンゼン系の場合，上層（ベンゼン）および下層（水）中の酢酸濃度をそれぞれ分析することによって図のような分配曲線を描くことができる．さらに，分配曲線とタイラインは図で示されるように対応している．

**分配曲線**
平衡関係にある抽出液中の溶質濃度（$x$軸）と抽残液中の溶質濃度（$y$軸）を$x$-$y$線図で表したのが分配曲線である（図3.22の(b)）

### b．抽 出 操 作

**（1）単 抽 出** 単抽出はもっとも簡単な抽出操作で，流量$F[\mathrm{kg\,h^{-1}}]$の原料と流量$S[\mathrm{kg\,h^{-1}}]$の溶剤を十分に混合し，平衡に達せしめたのち2相に分離し，抽残液と抽出液を分け取る方法である．工業的には図3.23で示すようなミキサーセトラー型の抽出装置がよく用いられる．ミキサー部に導入された溶剤と原料は，両相間の物質移動を促進するために撹拌機でよく混合される．

**ミキサーセトラー型抽出装置**
安定な相分離を達成するためには，ミキサー部の容積に比べ3倍程度の容積のセトラー部が必要といわれている．

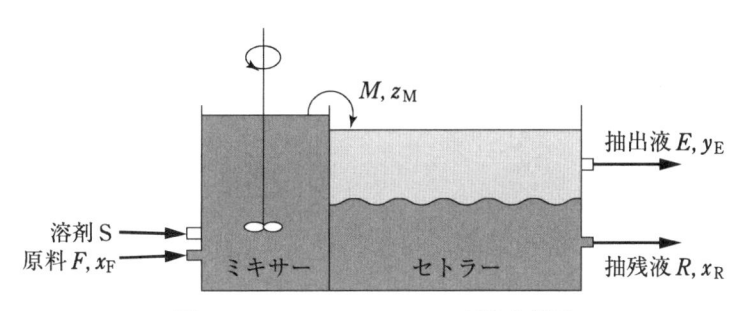

**図 3.23** ミキサーセトラー型抽出装置

ここで原料中の溶質の組成を$x_\mathrm{F}$（質量分率），混合溶液中の溶質の組成を$z_\mathrm{M}$（質量分率）とすると，ミキサー部における物質収支は次のように表せる．

［全物質の収支］ $F+S=M$ (3.62)

［溶質成分の収支］ $Fx_\mathrm{F}=Mz_\mathrm{M}$ (3.63)

$$\therefore\ z_\mathrm{M}=\frac{Fx_\mathrm{F}}{F+S} \quad (3.64)$$

次にセトラー部で混合液を静置させて両相を分離し，溶質を含む抽出液と希釈剤を含む抽残液を取り出す．今抽出液の流量を$E[\mathrm{kg\,h^{-1}}]$，

その溶質濃度を $y_E$（質量分率），抽残液の流量を $R\,[\mathrm{kg\,h^{-1}}]$，その溶質組成を $x_R$（質量分率）とすると，セトラー部における物質収支は次のように表せる．

[全物質の収支]　　$M = E + R$ (3.65)

[溶質成分の収支]　　$M z_M = E y_E + R x_R$ (3.66)

ここに $y_E$ と $x_R$ は液液平衡関係にあり，図3.22のようにM点を通るタイラインにより読みとることができる．これより，得られる抽出液と抽残液の量は次のように表すことができる．

$$E = \frac{M(z_M - x_R)}{y_E - x_R} \tag{3.67}$$

$$R = M - E \tag{3.68}$$

抽出操作では，原料中に含まれる溶質のうち，抽出液中に抽出された割合を抽出率 $\varepsilon$ と定義する．

$$\varepsilon = \frac{E y_E}{F x_F} \tag{3.69}$$

**(2) 並流多段抽出**　　単抽出を行っただけでは溶質の回収が不十分なときは，抽残液中の溶質をできるだけ回収する目的で複数回抽出操作を繰り返す．単抽出を連続的に多段で行う操作が並流多段抽出操作である．

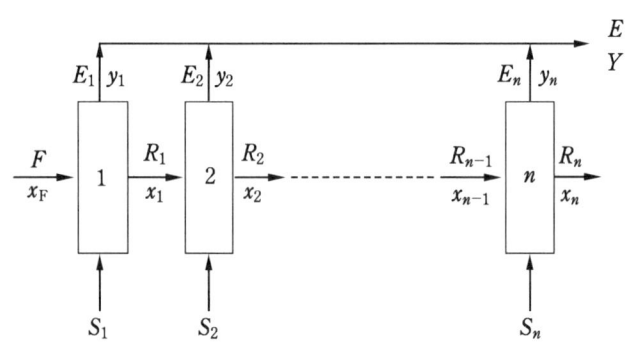

図 3.24　並流多段抽出

図3.24に示すように，原料が供給されている段を第1段として，順次番号をつけ，$n$ 段目について物質収支をとる．

[全物質の収支]　　$R_{n-1} + S_n = M_n = R_n + E_n$ (3.70)

[溶質成分の収支]　　$R_{n-1} x_{n-1} = M_n z_n = R_n x_n + E_n y_n$ (3.71)

$$z_n = \frac{R_{n-1} x_{n-1}}{M_n} = \frac{R_{n-1} x_{n-1}}{R_{n-1} + S_n} \tag{3.72}$$

$$E_n = \frac{M_n(z_n - x_n)}{y_n - x_n} \tag{3.73}$$

抽出率 $\varepsilon$ は次式で表される．

$$\varepsilon = \frac{\sum_{i=1}^{n} E_i y_i}{F x_F} \tag{3.74}$$

**(3) 向流多段抽出** 原料と溶剤とを連続的に向流に送入して各段で抽出を行い，最終的に抽出液と抽残液とに分離する抽出操作である．並流操作に比べ向流操作の方が効率がよいため，工業的にもっともよく使用される抽出操作である．

ここで図 3.25 に示すように，供給する原料の流量を $F[\mathrm{kg\,h^{-1}}]$，これと向流に送入する溶剤の流量を $S[\mathrm{kg\,h^{-1}}]$ とし，各段での抽出により，取り出される抽出液を $E[\mathrm{kg\,h^{-1}}]$，抽残液を $R[\mathrm{kg\,h^{-1}}]$ とする．また原料中の溶質の組成を $x_F$，溶剤中の溶質の組成を $y_S$（純溶媒を用いる場合は $y_S=0$），抽出液および抽残液中の組成を $y_E$ および $x_R$ とする．

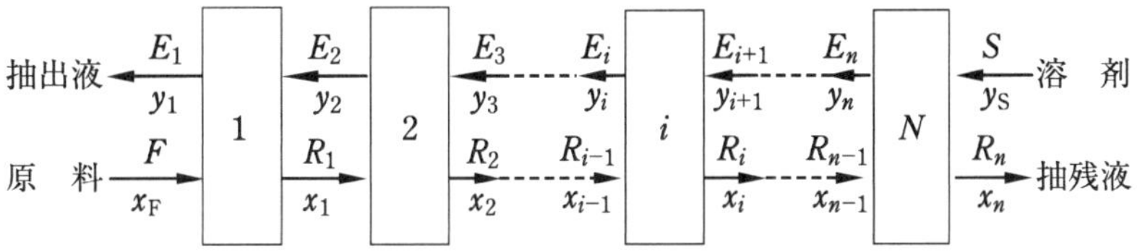

**反応抽出**
工業用の多段抽出操作においては，溶剤に特定の金属イオンと反応（錯体形成）するキレート剤が含まれている場合が多い．この場合，原料液から銅や亜鉛といった特定の金属イオンのみを抽出分離することができる．

図 3.25 向流多段抽出

装置全体の物質収支について考えると，入量は原料 $F$ と溶剤 $S$，出量は最終抽出液 $E_1$ と最終抽残液 $R_n$ である．

[全物質の収支] $\quad F+S = E_1+R_n = M \tag{3.75}$

[溶質成分の収支] $\quad F x_F + S y_S = E_1 y_1 + R_n x_n = M z_M \tag{3.76}$

したがって，

$$z_M = \frac{F x_F + S y_S}{F+S} = \frac{E_1 y_1 + R_n x_n}{E_1 + R_n} \tag{3.77}$$

次に $i$ 段について考えると，全物質量についての入量 $(R_{i-1}+E_{i+1})$ と出量 $(R_i+E_i)$ は等しい．これより $R_{i-1}-E_i=R_i-E_{i+1}$ となり，隣り合った段と段の間での二つの液相量の差は等しく一定である．つまり，全物質の収支および溶質成分の収支より次式が得られる．

$$F-E_1 = R_1-E_2 = R_i-E_{i+1} = R_n-S = 一定 = D \tag{3.78}$$

$$F x_F - E_1 y_1 = R_1 x_1 - E_2 y_2 = R_i x_i - E_{i+1} y_{i+1}$$
$$= R_n x_n - S y_S = 一定 = D z_D \tag{3.79}$$

これより，三角座標において点 F と点 $E_1$ を結んだ直線と点 $R_n$ と点 S を結んだ直線は同じ交点 D を通る．図 3.26 に示すように，共通点である D 点は操作点といわれ，F 点と $E_1$ 点および S 点と $R_n$ 点とを結んだ二つの直線の交点として与えられる．

分離に必要な理論段数は $E_1$ 点から出発し，まず $E_1$ と溶液平衡にあ

る $R_1$ すなわちタイライン $E_1R_1$ を求める．次に D 点と $R_1$ 点を直線で結び溶解度曲線上に点 $E_2$ を与える．この操作を繰り返し，最終抽残液 $R_n$ を越えるまで行う．求める理論段数はタイラインの数で与えられる．

【例題 3.9】 図 3.26 に示されるように，酢酸とベンゼンよりなる原料 $F$ [kg h$^{-1}$] を溶剤としての水 $S$ [kg h$^{-1}$] によって多段抽出操作を行い，抽残液中の酢酸濃度を 5 wt% 以下にしたい．必要な段数の求め方を説明せよ．

[解答] 図 3.26 を参照して，次のように行う．

(1) 原料 F に溶剤 S を加えた混合物 M の組成を求める．
(2) 酢酸濃度 5 wt%（$x_n = 0.05$）と溶解度曲線の交点より $R_n$ を求める．
(3) $R_n$ と M を結ぶ直線と溶解度曲線との交点として $E_1$ を決める．
(4) $E_1F$ と $SR_n$ との交点としての操作点 D を決める．
(5) 点 $E_1$ を通るタイラインの他端として点 $R_1$，すなわち液液平衡を共役線を用いて決める．
(6) D と $R_1$ を結び，溶解度曲線との交点として $E_2$ を定める．
(7) $E_2$ と平衡にある点 $R_2$ を共役線を用いて決める．
(8) 以下，同様にして点 $R_j$ が最初に求めた点 $R_n$ を下回るまで作図を続け，そのときの $j$ の値が求める段数である．本題では，$j = 3$ となる．

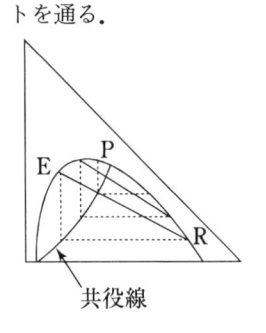

**共役線**

タイラインの両端から三角形の任意の 2 辺に平行線を引き，その交点をなめらかに結んだ曲線を共役線という．下図に示すように $x$ 軸，$y$ 軸への平行線を使うと共役線が三角形内部に引けるので，便利である．なお，共役線は必ずプレイトポイントを通る．

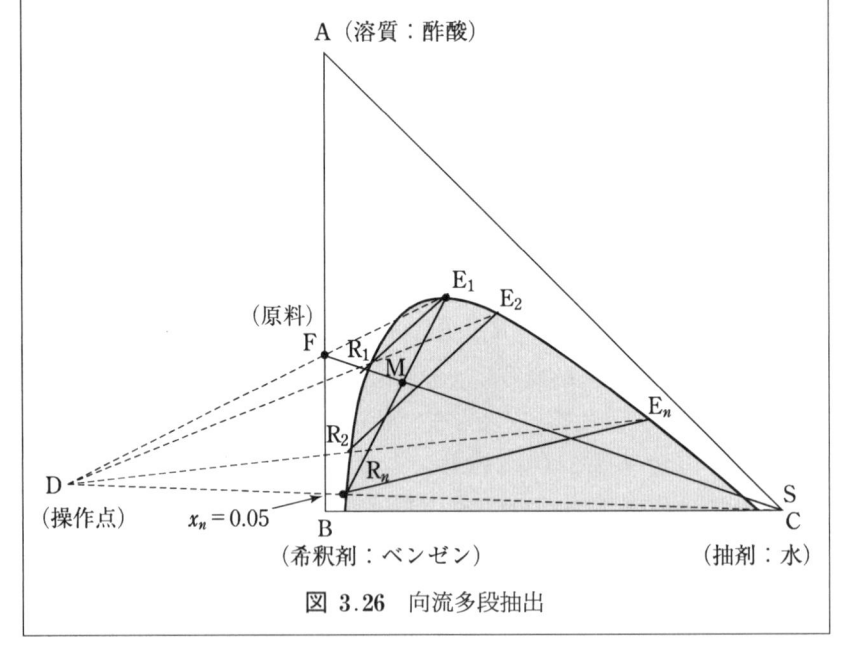

図 3.26 向流多段抽出

### ■超臨界抽出■

超臨界流体とは，図 3.27 に示すように，臨界温度 $T_c$ と臨界圧力 $P_c$ を越えた領域にある非凝縮性の高密度流体と定義される．もっとも代表的な二酸化炭素の臨界温度は 31.4℃ であり，臨界圧力は 7.3 MPa である．二酸化炭素の臨界温度と圧力は低いため，もっとも使いやすい超臨界流体の一つとして，様々な抽出技術に利用されている．

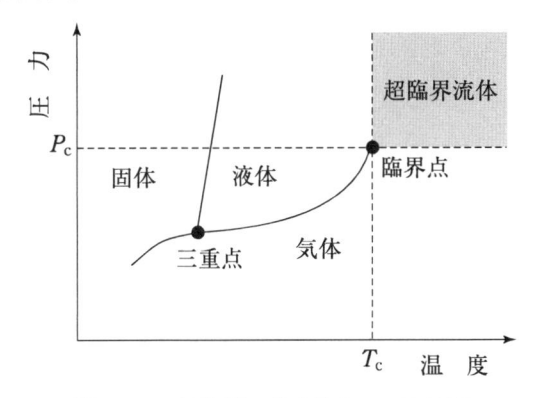

**図 3.27** 純物質の代表的な $P$-$T$ 線図

超臨界二酸化炭素を抽出溶剤として用いた場合，固体・液体中の目的成分が，超臨界状態の二酸化炭素中に濃縮される．臨界温度をわずかに超えた超臨界二酸化炭素中への溶質の溶解度は，圧力により大きく変化する．このため，臨界圧力を超えた高圧域で溶質を抽出し，その後，臨界圧力以下の低圧域まで減圧することにより，溶質を超臨界二酸化炭素から析出させることができる．二酸化炭素は，安価で毒性が低く，不燃性であるため取扱いが容易という特色を有している．このためとくに，食品工業などでは安全な溶媒として超臨界二酸化炭素が多く用いられている．具体例として，国内ではかつお，ゆず，しょうがなどのフレーバー抽出，バターなどの低コレステロール化，植物天然色素の抽出，煙草葉からのニコチン抽出などの実用例がある．

## 3.5 吸　着

活性炭やゼオライトなどの吸着剤は，その内部に無数の微細な穴（細孔）をもっており，これらを混合ガスや溶液中に投入すると，特定の成分が細孔内に侵入し細孔壁表面にとらえられる．この現象を吸着，吸着成分を吸着質とよぶ．吸着を利用して気体や液体の精製，有効成分の回収などが行われる．吸着には，細孔壁表面での弱い相互作用によって脱着可能な物理吸着（可逆的吸着）と表面で化学結合が生じて脱着が起こりにくい化学吸着（不可逆吸着）がある．分離操作で利用されるのは物理吸着である．

**細孔内の壁の表面積**
体積 $1\,\mathrm{cm}^3 (=10^{-6}\mathrm{m}^3)$ の細孔内の壁の表面積は，細孔の直径が $1\,\mathrm{mm}$ のとき $4\times 10^{-3}\mathrm{m}^2$，$1\,\mu\mathrm{m}$ のとき $4\,\mathrm{m}^2$，$1\,\mathrm{nm}$ のとき $4\times 10^3\mathrm{m}^2$ となり，一般には細孔径の減少とともに吸着性能が急激に上昇する．

### a．単一粒子への吸着

図 3.28 に示すように，混合ガス中に吸着剤の単一粒子が存在している場合を考える．溶液の場合も同様である．ガスに流れがあるとき粒子表面には流体境膜が形成されている．ガス中の吸着質は境膜を横切り，

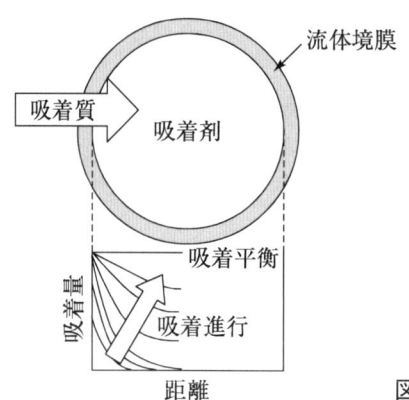

図 3.28 単一粒子内の吸着量分布

吸着剤内部の細孔中を移動しながら細孔壁面に吸着する．吸着は粒子表面近くから内部へ順次進行し，最終的には内部のすべての場所で吸着量が等しくなる．この状態を吸着平衡とよぶ．このとき吸着剤への吸着速度（＝単位時間に境膜を横切る吸着質量≒単位時間に吸着剤内部で吸着される量）は徐々に低下し，平衡状態でゼロとなる．

### b. 吸着平衡

一定温度における平衡吸着量と混合ガスや溶液中の吸着質分圧や濃度との関係を吸着等温線，その関係式を吸着等温式とよぶ．以下に代表的等温式を紹介する．

**（1）Langmuir 式**　固体表面への吸着質分子の吸着速度は，分子で占有されていない表面上の吸着席（サイト）への分子の衝突数に比例し，脱着速度は占有分子数に比例する．平衡状態では両速度が等しいと考えて次式を得る．

$$q_A = \frac{q_{Am} K_A C_A}{1 + K_A C_A} \tag{3.80}$$

ここで $q_A$ [mol kg$^{-1}$ または kg kg$^{-1}$] は吸着量，$C_A$ [mol m$^{-3}$] は吸着質濃度，$q_{Am}$ [mol kg$^{-1}$ または kg kg$^{-1}$] は最大吸着量，$K_A$ [m$^3$ mol$^{-1}$] は吸着平衡定数である．この式は気相および液相で利用できる．

**（2）Henry 式**　吸着量が小さな範囲では式(3.80)は次式となる．

$$q_A = K C_A \tag{3.81}$$

ここで，$K \equiv q_{Am} K_A$ である．

**（3）BET 式**　吸着した分子上にも他の分子が吸着可能であると考えた多分子層吸着式であり，各層への吸着に Langmuir 式を適用して得られる．

$$q_A = \frac{q_{Am} K_{BET}(C_A/C_{A0})}{\{1-(C_A/C_{A0})\}\{1-(C_A/C_{A0})+K_{BET}(C_A/C_{A0})\}} \tag{3.82}$$

ここで $K_{BET}$ は定数，$C_{A0}$ [mol m$^{-3}$] は吸着温度での吸着質の飽和気体

---

**吸着等温式**
式(3.80)は 1916 年に I. Langmuir が化学吸着過程に対して理論的に導いたものであり，式(3.81)は 1803 年に W. Henry が気体の溶解度と分圧の関係式として実験的に発見したものを応用している．式(3.82)は，1938 年に Brunauer, Emmett, Teller の 3 名が協力して導出した関係で，3 名の頭文字を取って BET 式とよばれる．

**平衡吸着量と温度**
式(3.82)中の $C_{A0}$ は温度の上昇とともに増加するので $q_A$ は低下する．この式に限らず一般的に平衡吸着量は温度の上昇とともに低下する．

モル濃度であり，液相の場合は飽和溶解度に置き換えればよい．

**(4) Freundlich 式**　次式で表される実験式であり，液相吸着の場合に有効である．

$$q_A = K_C C_A^{1/\alpha} \tag{3.83}$$

ここで，$K_C$ と $\alpha$ は定数である．

#### c. 吸着剤への吸着速度

吸着分子の吸着剤への吸着速度は，次の3段階の速度過程に分けて考えられる．

① 流体境膜内の拡散
② 吸着剤細孔内の拡散
③ 細孔壁表面への吸着

物理吸着では③の過程は速く，①または②の過程が律速となる場合が多い．

（ⅰ）流体境膜内の拡散①が律速の場合：吸着速度すなわち吸着剤中の平均吸着量の時間変化 $d\bar{q}_A/dt$ は次式で表される．ここで $\bar{q}_A$ [kg kg$^{-1}$] は吸着質の平均吸着量，$t$ [s] は時間である．

$$\frac{d\bar{q}_A}{dt} = \frac{k_f a_p}{\rho_s}(C_{Af} - C_{Ai}) \tag{3.84}$$

ここで $k_f$ [m s$^{-1}$] は境膜物質移動係数，$a_p$ [m$^2$ m$^{-3}$] は粒子単位体積あたりの外表面積，$\rho_s$ [kg m$^{-3}$] は粒子密度，$C_{Af}$ [kg m$^{-3}$] および $C_{Ai}$ [kg m$^{-3}$] はそれぞれ流体中および粒子表面での吸着質濃度である．

（ⅱ）吸着剤細孔内の拡散②が律速の場合：吸着剤中の任意の位置で吸着量の時間変化 $\partial q_A/\partial t$ は，次式で表される．

$$\frac{\partial q_A}{\partial t} = \frac{D_p}{\rho_s}\left(\frac{\partial^2 C_A}{\partial r^2} + \frac{2}{r}\frac{\partial C_A}{\partial r}\right) \tag{3.85}$$

ここで，$C_A$ [kg kg$^{-1}$] は吸着剤細孔内の吸着質濃度，$r$ [m] は吸着剤中心からの距離，$D_p$ [m$^2$ s$^{-1}$] は粒子内有効拡散係数であり次式で与えられる．

$$D_p = \frac{\varepsilon_p D}{\tau} \tag{3.86}$$

ここで，$\varepsilon_p$ は吸着剤体積に占める細孔体積の割合，$D$ [m$^2$ s$^{-1}$] は細孔内空間に存在する分子と細孔壁に吸着した分子の両方の移動を反映した拡散係数である．$\tau$ は細孔の屈曲度を表す係数（屈曲係数）であり，3〜6 の値である．

直線平衡関係が成立している場合，式(3.85)中の $C_A$ を Henry 式（式(3.81)）を用いて $q_A$ に変換し，これを $t=0$, $0 \leq r \leq r_0$：$q_A=0$；$t>0$, $r=r_0$：$q_A=q_{A1}$（一定）；$t>0$, $r=0$：$\partial q_A/\partial r=0$ の初期，境界条件

**律速**
律速とは，複数の移動機構が関与する速度過程において，着目する現象が唯一の移動機構により支配されることである．複雑な現象を簡単な数式で表す有効な近似法だが，数式の適用範囲には十分な注意を払わなければならない．

**脱着**
吸着の逆を脱着または脱離という．工業的な吸着装置では，脱着操作で吸着剤を再利用することが多い．この際，吸着質が気体ならば加熱による脱着が広く用いられている．

の下で解析的に解いて得られた吸着量分布から，平均吸着量の経時変化を表す次式を得る．

$$\bar{q}_A = q_{Ai}\left\{1 - \frac{6}{\pi^2}\sum_{n=1}^{\infty}\frac{1}{n^2}\exp\left(-n^2\frac{D_p\pi^2}{\rho_s K r_0^2}t\right)\right\} \tag{3.87}$$

この式より平均吸着量の時間変化である吸着速度の近似式として次式が得られる．

$$\frac{d\bar{q}_A}{dt} = \frac{15D_p}{\rho_s K r_0^2}(q_{Ai} - \bar{q}_A) \tag{3.88}$$

また Henry 式より求めた $\bar{q}_A$ に平衡な仮想的流体濃度 $C_A^*$ [kg m$^{-3}$] を使えば次式となる．

$$\frac{d\bar{q}_A}{dt} = \frac{15D_p}{\rho_s r_0^2}(C_{Ai} - C_A^*) \tag{3.89}$$

実際の吸着では，吸着の進行とともに律速過程が境膜から細孔内へと移行することが多く，このとき吸着剤の表面濃度 $C_{Ai}$ も変化する．そこで，表面を横切る流束（＝吸着速度）が式(3.84)と式(3.89)で等しいとおくことで表面濃度を含まない次式を得る．

$$\frac{d\bar{q}_A}{dt} = \frac{k_{of}a_p}{\rho_s}(C_{Af} - C_A^*) \tag{3.90}$$

平均吸着量を与える仮想的流体濃度を用いた上式で吸着速度を推定する方法を線形推進力近似とよぶ．ここで $k_{of}a_p$ [s$^{-1}$] は総括物質移動容量係数であり，境膜物質移動係数 $k_f$ [s$^{-1}$] と吸着剤内の固相物質移動係数 $k_s$ [kg m$^{-3}$ s$^{-1}$] を用いて次式で表される．

$$\frac{1}{k_{of}a_p} = \frac{1}{k_f a_p} + \frac{1}{K k_s a_p} \tag{3.91}$$

ただし，

$$k_s a_p = \frac{15D_p}{K r_0^2} \tag{3.92}$$

である．Henry 式の成立を前提として導出された式(3.92)であるが，他の吸着平衡関係が成立する場合に対しても広く用いられる．また吸着初期を除けば総括物質移動容量係数の値は一定値と見なせることが多い．

**d. 吸着装置とその操作**

**(1) 回分吸着法** 溶液中に存在する吸着質の除去や回収に利用される．撹拌槽中に吸着剤を投入し溶液と混合接触させ，吸着平衡に達した後，沪過で吸着剤を取り出す回分吸着操作である．吸着質濃度が所定の濃度以下になるまで，この操作を繰り返す場合も多い（多回吸着操作）．

投入前の吸着剤中に吸着質が含まれていないとき，平衡状態での吸

---

**線形推進力近似**
平板状材料に対する線形推進力近似の適用性は，本文中の球状材料より高い．円柱状材料に対してはその中間程度である．

**回分吸着法**
回分吸着法では，吸着剤の添加量 0.1〜2 wt %，接触時間 10〜15 min が通常の操作条件である．しかし添加量が数 ppm の浄水操作などでは 4〜16 h の接触時間を要する．

着質の物質収支をとれば次式を得る.
$$mq_A = V(C_{A0} - C_A) \tag{3.93}$$
ここで，$C_{A0}$, $C_A$ [kg m$^{-3}$] は溶液中の吸着質の初濃度および平衡濃度，$V$ [m$^3$] は溶液の体積，$m$ [kg] は吸着剤の質量である．上式は回分吸着の操作線とよばれ，吸着等温線が描かれる $q_A$ 対 $C_A$ のプロット上で傾き $(-V/m)$ の直線となる．したがって $C_{A0}$ からこの傾き $(-V/m)$ で直線を引けば，等温線との交点より平衡時の濃度 $C_A$ と吸着量 $q_A$ [kg kg$^{-1}$] が求められる．このときの様子を図3.29に示す．

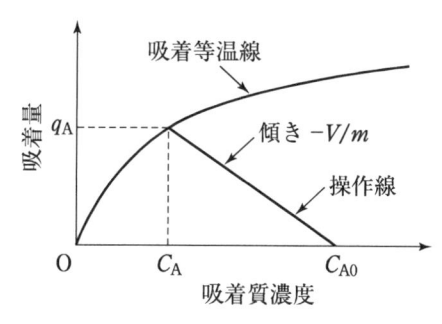

**図 3.29** 回分吸着の操作線

---

【例題 3.10】吸着平衡が Henry 式で表される系において，回分吸着操作を2回繰り返す場合，溶液中の吸着質濃度が，吸着剤を半量ずつ使用したときにもっとも低下すること示せ．なお，使用する吸着剤の全量は一定であるとする．

[解答] 吸着質の初濃度を $C_{A0}$，1，2回目の回分吸着操作終了後の濃度をそれぞれ $C_{A1}$，$C_{A2}$ とする．2回目の回分吸着操作に使用する吸着剤量を $m_2$ とすれば，1回目に使用した量は，全量を $m$ として $m - m_2$ である．両操作の物質収支式に，式(3.81)を代入して次式を得る．

$$(m - m_2)KC_{A1} = V(C_{A0} - C_{A1}) \tag{a}$$
$$m_2 KC_{A2} = V(C_{A1} - C_{A2}) \tag{b}$$

式(a)，(b)より $C_{A1}$ を消去して次式を得る．

$$\{(m - m_2)K + V\}(m_2 K + V)C_{A2} = V^2 C_{A0} \tag{c}$$

$C_{A2}$ を $m_2$ の関数として式(c)を $m_2$ で微分した式において，$dC_{A2}/dm_2 = 0$ となるのは $m_2 = m/2$ のときである．$m_2 < m/2$ では $dC_{A2}/dm_2 < 0$，$m_2 > m/2$ では $dC_{A2}/dm_2 > 0$ が成立しているから，結局 $m_2 = m/2$ のときに $C_{A2}$ は最小値となる．

---

**(2) 固定層吸着法**　粒状の吸着剤を充填した固定層吸着塔に，気体や液体を連続的に供給しながら吸着質を除去・回収する一般的な連続

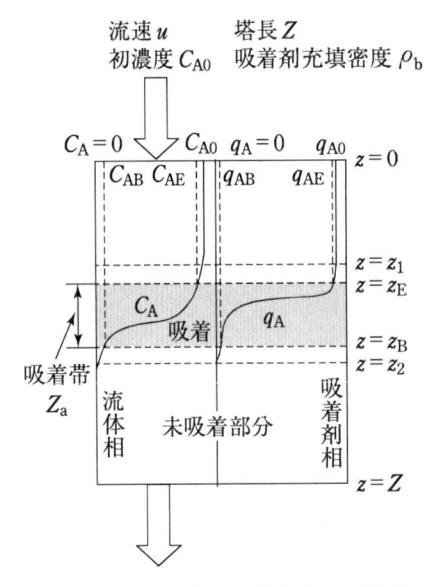

**図 3.30** 固定層吸着装置内の状態

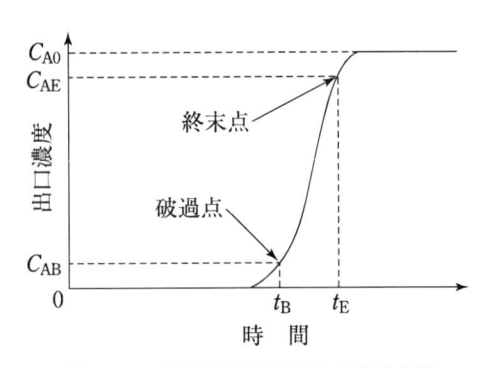

**図 3.31** 固定層吸着装置の破過曲線

分離操作である．ここでは吸着質を1成分として考えてみよう．

図3.30に示すように，吸着開始からある時間が経過した後，固定層内吸着剤間に存在する空隙内流体の吸着質濃度には分布が生じている．入口〜$z_1$の吸着剤は吸着平衡状態，$z_2$〜出口の吸着剤は未吸着であり，$z_1$〜$z_2$の吸着剤内で吸着が進行している．$z_1$〜$z_2$の大部分を占める場所 $z_E$〜$z_B$ を吸着帯とよび，これは流体の供給速度よりもはるかに小さな速度で流体と同じ方向に移動する．このとき，Langmuir式やFreundlich式のように上に凸の吸着平衡関係が成立している系では，吸着帯の形状は不変（定形濃度分布）であり，一定速度で移動すると近似できる場合が多い．$z_2$ が固定層出口に達するまでは出口流体中の吸着質濃度 = 0 であるが，達すると同時に濃度が増加し，$z_1$ が出口に達するとともに，出口濃度が入口濃度と等しくなる．このときの吸着質の濃度変化を破過曲線とよび，図3.31に示す．出口流体の濃度が先の $z_B$ に対応する値 $C_{AB}$ [kg m$^{-3}$]（入口濃度の5〜10％）と等しくなる点を破過点とよび，ここで吸着操作を終了する．また操作開始からこの点に達するまでの時間を破過時間 $t_B$ [s] という．さらに $C_{AE}$ ($= C_{A0} - C_{AB}$ で先の $z_E$ に対応する値）で与えられる濃度と等しくなる点と時間をそれぞれ終末点と終末時間 $t_E$ とよぶ．

塔長が既知の場合の破過時間 $t_B$ を求めてみよう．

定形濃度分布の吸着帯が一定速度 $U$ [m s$^{-1}$] で移動しているとき，$\Delta t$ [s] に吸着帯が $\Delta z$ [m] 移動したなら，固定層に流入した吸着質量 $uC_{A0}\Delta t$ は，$\Delta z$ 間の吸着剤を未吸着状態から平衡状態へ変化させる量と空隙内流体の吸着質濃度をそれに伴って変化させる量の合計と等し

**充塡層高**
ガスの場合0.5〜2 m，液では数〜数十mに達する．

**吸着熱**
吸着量は一般に小さいので，吸着過程は等温過程と近似されることが多い．しかし吸着過程では吸着熱が発生している．物理吸着の吸着熱は，吸着質の凝縮エンタルピーと同程度でそれより大きな値を示す．

いから次式が成立する．
$$uC_{A0}\Delta t=(\rho_b q_{A0}+\varepsilon C_{A0})\Delta z \tag{3.94}$$
ここで，$u\,[\mathrm{m\,s^{-1}}]$ は固定層体積をすべて流体が占めると考えたときの固定層内流体の見かけの流速（空塔速度），$\rho_b\,[\mathrm{kg\,m^{-3}}]$ と $\varepsilon$ はそれぞれ固定層の充填粒子密度と空隙率であり，$\rho_b=(1-\varepsilon)\rho_s$ の関係がある．この式より吸着帯の移動速度として次式が得られる．
$$U=\frac{\Delta z}{\Delta t}=\frac{uC_{A0}}{\rho_b q_{A0}+\varepsilon C_{A0}} \tag{3.95}$$
また，吸着帯が移動しても，流体中の吸着質濃度 $C_A$ と平均吸着量 $\bar{q}_A$ の関係は不変なので，$(\partial \bar{q}_A/\partial C_A)_t=$ 一定である．このとき $C_A=0$ で $\bar{q}_A=0$，$C_A=C_{A0}$ で $\bar{q}_A=q_{A0}$ が成立するから，結局次式を得る．
$$\bar{q}_A=\frac{q_{A0}}{C_{A0}}C_A \tag{3.96}$$
この式は吸着帯内の平均吸着量と流体濃度の関係を示しており，固定層吸着の操作線とよばれる．この線と吸着等温線を用いて，吸着帯内の任意の位置における $C_A$ に対する平均吸着量と，その吸着量に対応する仮想的流体濃度 $C_A^*$ が図 3.32 に示した作図で得られる．

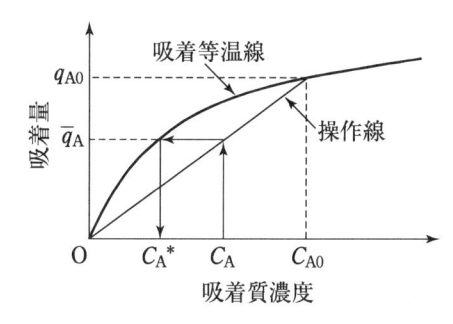

**図 3.32** 固定層吸着の操作線

吸着速度が線形推進力近似で与えられる場合，式(3.90)に式(3.96)を代入して次式が得られる．
$$\frac{\rho_b q_{A0}}{C_{A0}}\frac{dC_A}{dt}=k_{of}a_v(C_A-C_A^*) \tag{3.97}$$
ここで，$a_v\,[\mathrm{m^2\,m^{-3}}]$ は固定層単位体積あたりの粒子外表面積であり，$a_v=(1-\varepsilon)a_p$ の関係がある．$k_{of}a_v\,[\mathrm{s^{-1}}]$ の値を定数と仮定して上式を積分すると次式が得られる．
$$t_E-t_B=\frac{\rho_b q_{A0}}{k_{of}a_v C_{A0}}\int_{C_{AB}}^{C_{AE}}\frac{dC_A}{C_A-C_A^*} \tag{3.98}$$
ここで，$C_{A0}$ と $C_{AE}$ はそれぞれ破過点と終末点の濃度である．

式(3.95)，(3.98)より吸着帯の長さ $Z_a\,[\mathrm{m}]$ として次式を得る．

$$Z_a = U(t_E - t_B)\frac{u}{k_{of}a_v}\int_{C_{AB}}^{C_{AE}}\frac{dC_A}{C_A - C_A^*} = H_{of}N_{of} \qquad (3.99)$$

ここで，$\rho_b q_{A0} \gg \varepsilon C_{A0}$ とした．

$Z_a$ はガス吸収の場合と同様に $H_{of}[m]$（1 移動単位高さ）（$= u/(k_{of}a_v)$）と $N_{of}$（移動単位数）（=定積分項）の積で表される．$N_{of}$ の値は図 3.32 より $C_A - C_A^*$ を求め数値計算によって得られる．ただし，吸着平衡が Langmuir 式(3.80)または Freundlich 式(3.83)で与えられている場合には次式で与えられる．

$$N_{of} = \frac{1 + K_A C_{A0}}{K_A C_{A0}}\ln\frac{C_{AE}}{C_{AB}} + \frac{1}{K_A C_{A0}}\ln\frac{C_{A0} - C_{AB}}{C_{A0} - C_{AE}}$$
$$\text{[Langmuir 式]} \qquad (3.100)$$

$$N_{of} = \ln\frac{C_{AE}}{C_{AB}} + \frac{1}{\alpha - 1}\ln\frac{C_{A0}^{\alpha-1} - C_{AB}^{\alpha-1}}{C_{A0}^{\alpha-1} - C_{AE}^{\alpha-1}}$$
$$\text{[Freundlich 式]} \qquad (3.101)$$

塔長 $Z$ が既知の場合，破過時刻における塔内の吸着量は，$z = 0 \sim Z - Z_a$ の範囲で平衡吸着量，$Z - Z_a \sim Z$ の範囲で平衡吸着量の 1/2 と近似できるので，$\rho_b q_{A0} \gg \varepsilon C_{A0}$ として次式が得られる．

$$t_B = \frac{\rho_b q_{A0}}{u C_{A0}}\left(Z - \frac{Z_a}{2}\right) \qquad (3.102)$$

吸着帯が塔長に比べて短くとも，吸着平衡関係が直線（Henry 式）で近似できる場合（式(3.101)において $\alpha = 1$ としても $N_{of} \to \infty$ となり計算できない）や吸着帯が塔長に比べて長い場合は，定形濃度分布の近似が成立しないので，固定層微小高さ $dz$ における流体から吸着剤へ移動する吸着質の物質収支式と式(3.90)を用いて別途計算しなければならない．

**$N_{of}$ と $H_{of}$**
ガス吸収，蒸留，抽出，吸着の充填層内で生じる微分接触での $N_{of}$ は，蒸留，ガス吸収，抽出の段塔内で生じる階段接触での段数に対応しており，同じく $H_{of}$ は段高に対応していると考えればわかりやすい．

---

【例題 3.11】式(3.100)を導出せよ．

[解答] 式(3.80)より次の関係が成立している．

$$\bar{q}_A = \frac{q_{Am}K_A C_A^*}{1 + K_A C_A^*} \qquad (a)$$

$$q_{A0} = \frac{q_{Am}K_A C_{A0}}{1 + K_A C_{A0}} \qquad (b)$$

これらを式(3.96)に代入して

$$C_A^* = \frac{C_A}{1 + K_A C_{A0} - K_A C_A} \qquad (c)$$

の関係を得る．式(c)を式(3.99)に代入して積分を行えば式(3.100)を得る．

## 3.5 吸着

**【例題 3.12】** 粒状の吸着剤を 0.50 m の長さに充填した固定層に，吸着質濃度 0.10 kg m$^{-3}$ の溶液を空塔速度 $2\times10^{-4}$ m s$^{-1}$ で送入し吸着分離操作を行っている．このときの破過時間（固定層出口の吸着質濃度が入口の 10 % になるまでに要する時間）を求めよ．ただし吸着平衡関係は $q_A = 0.4\, C_A^{0.1}$ ($q_A$ [(kg-吸着質)(kg-吸着剤)$^{-1}$], $C_A$ [(kg-吸着質)(m$^3$-溶液)$^{-1}$]) で与えられており，充填密度 $\rho_b = 400$ kg m$^{-3}$, $k_{of}a_v = 3\times10^{-3}$ s$^{-1}$ である．

**[解答]** 平衡関係が Freundlich 式で与えられているので，$C_{AB} = 0.1\, C_{A0}$, $C_{AE} = 0.9\, C_{A0}$ と置いて式(3.101)に代入する．

$$N_{of} = \ln\frac{0.9}{0.1} + \frac{1}{9}\ln\frac{1-0.1^9}{1-0.9^9} = 2.25$$

この値を式(3.99)に代入して $Z_a = [(2\times10^{-4})\times2.25]/(3\times10^{-3}) = 0.15$ m を得る．固定層の長さは吸着帯の長さに比べて大きく，本計算法を利用してもよい．これを式(3.102)に代入する．このとき $q_{A0} = 0.4\, C_{A0}^{0.1} = 0.318$ kg kg$^{-1}$ の関係を用いる．

$$t_B = \frac{400\times0.318}{(2\times10^{-4})\times0.10}\left(0.5 - \frac{0.15}{2}\right) = 2.7\times10^6 \text{ s}$$

> **吸着分離法**
> 
> 回分吸着法，固定層吸着法以外にも，吸着剤を流体中に浮遊させる流動層吸着法，流体と吸着剤を向流に動かす移動層吸着法，高圧吸着塔で吸着，低圧吸着塔で脱着操作を繰り返す PSA 法などが実用化されている．

### ■クロマトグラフィー■

本文の吸着分離では，吸着質を 1 成分として取り扱ってきたが，吸着剤は複数の成分に対して吸着能力をもっている．クロマトグラフィー分離は複数の吸着質を含む少量の溶液や多成分混合気体を分離するもっとも一般的な方法である．図 3.33 に示すように，吸着剤（分離剤）を充填した固定層に吸着質を含まない流体を連続的に供給しながら，層入口に少量の試料流体を送入する．吸着質は吸着剤への吸・脱着を繰り返しながら，流体の流速より小さな速度で分散しながら充填層内を移動する．このとき吸着剤と親和性（分配）の大きな吸着質ほど吸着剤内で存在しやすいため移動速度は小さくなる．したがって固定層出口からは親和性の小さな成分から順に流出して分離が完了する．このとき供給流体を移動相，吸着剤を固定相とよぶ．

固定相として吸着能力をもつ固体をカラムに充填したカラムクロマトグラフィーがもっとも一般的であり，このとき移動相として気体を用いたものをガスクロマトグラフィー，液体を用いたものを液体クロマトグラフィーとよぶ．固定相に沪紙を用いるペーパークロマトグラフィー，吸着能力をもつ薄層を塗布したガラス板を用いる薄層クロマトグラフィーも同じ原理による分離法である．

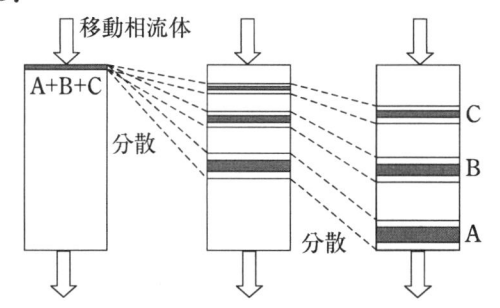

**図 3.33** クロマトグラフィーによる分離の様子

## 3.6 晶　　　析

晶析は，化学的あるいは生物学的手法などで生産された工業生産物質を結晶として回収する分離技術である．硫安などの一般化学品のみならず，医薬品や食品など様々な物質の生産に，晶析は欠くことのできない重要な技術となっている．

晶析には，"目的の物質を，共存する他の物質から分離して回収する"という分離技術としての役割以外に，"所望の特性の結晶を生産する"という結晶製造技術としての役割がある．結晶特性には様々なものがある．例えば，結晶の大きさ（粒径）は重要な特性の一つである．さらに，晶析が重要な技術である以上，所望の結晶を"再現性よく確実に製造する"ことも要求される．これらのことより，晶析とは"重要な分離技術である"とともに，"目的の特性をもった結晶を再現性よく確実に製造する技術"であるといえる．

結晶をどこから析出させるかによって，溶液晶析，融液晶析，および気相からの沈着晶析に大別できる．融液晶析は，溶媒を用いず，融点が異なる有機物の混合物から目的物質を分離精製する目的で行われ，精製晶析ともよばれる．工業的に行われている晶析操作の70〜80％は，半回分を含めた回分法による溶液からの晶析である．本節では，主として溶液からの回分晶析について述べる．

**a．結晶の構造と諸特性**

**（1）結晶の構造**　　晶析を理解するには，結晶の構造について知る必要がある．結晶は，分子やイオンが三次元に規則的に配列したものである．しかし，分子やイオンを小さな球に見立てて，結晶は球を規則正しく積み重ねたようなものであるとは言えない．分子やイオンは結晶の中で，規則的に配列しているが，規則性は球を積み重ねたよりもはるかに複雑である．結晶構造が多様であるということは，結晶特性が多様であることを意味している．たとえば，結晶構造が異なれば，結晶の形（外観）が異なることが多い．

結晶の中で繰り返される最小の構造を単位格子という．単位格子は対称性によって，7種の結晶系（立方・正方・斜方・六方・三方・単斜・三斜；さらに分類して14種のブラベ（Bravais）格子）に分類できる．単位格子は様々な位置関係にある複数の分子で構成されている．単位格子の中で，それを構成する分子が取り得る空間配置（空間群）は，規則的に配列するという制約から230種であることが数学的に証明されている．光学活性体であるとその数は少なくなって65種である．

**晶析の制御**
整然とした結晶構造がどのようにして自然に（自発的に）できあがるのか不思議である．晶析を理解するためには，得られた結晶を見るだけではなく，それができるに至った過程に思いを馳せる必要がある．とくに，溶液における分子の挙動を理解することによって，晶析を思い通りに制御できる新しい工学が生まれると期待できる．

(2) **結晶特性**　工業晶析に求められるおもな結晶特性は，晶癖・粒径・粒径分布・純度・多形・結晶化度である．これらの特性が異なれば，結晶の溶解速度・比容・操作性（沪過性・流動性・計量性など）が異なり，さらに物質の溶解度・安定性も異なる．医薬品ではとくにバイオアベイラビリティ（生物学的利用度：薬の効き目）が異なることから，結晶特性の制御は非常に重要である．結晶特性の概要は次のとおりである．

（ⅰ）晶癖（morphology）：晶癖は，結晶の外観のことであり，結晶の内部構造は同じであるが形が違うことを，晶癖が異なるという．晶癖は，晶析温度・不純物の存在・溶媒の種類と混合組成などで変化する．

（ⅱ）粒径・粒径分布：微結晶の存在は，沪過材（フィルター）の目詰まりを引き起こし，沪過性を悪くする．微結晶を含まず，粒径分布が単

> **バイオアベイラビリティ**
> バイオアベイラビリティが高いとは，微量服用した医薬が，胃腸で素早く溶解し，薬効を発揮するに十分な血中濃度を効果的に達成できることをいう．

---

■ **結晶と結晶構造** ■

　結晶構造を視覚的に表す一例として，$p$-アセトアニシジドの結晶と単結晶X線構造解析で決定された結晶構造を示す．結晶を構成している$p$-アセトアニシジド分子は，すべて同じコンフォメーション（分子の形〈立体配座〉）をしており，8個の分子がPbcaという空間群で配置されて一つの格子を形成し，その格子が三次元に延々とつながることにより一つの結晶となっている．分子の構造はBall & Stickモデルによる．

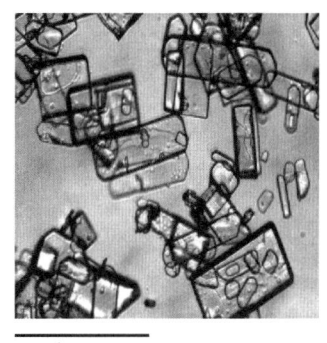

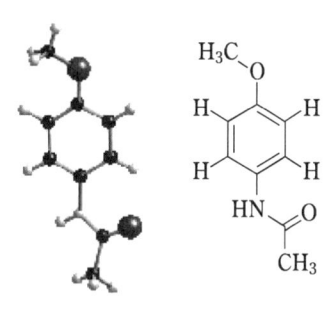

図 3.34　結晶と結晶構造

分散である結晶が望まれる．

（iii）純度：結晶への不純物混入のメカニズムには，① 不純物を含む溶液（母液）が結晶中に取り込まれる，② 不純物が結晶表面に付着する，③ 不純物が結晶構造（格子）に組み込まれる，という三つがある．単位格子を構成する溶媒（結晶溶媒）も，それが望ましくないものである場合は不純物と見なすことができる．

（iv）多形（polymorph）：化合物は同じでも，構造が異なる2種以上の結晶が存在する場合，多形があるという．多くの化合物に二つ以上の多形が得られている．結晶構造が異なれば，溶解度が異なる．しかし，結晶の形は同じである場合もあり，多形結晶は，外観のみでは判断できない．粉末X線回折などで同定する必要がある．多形は，溶媒の種類と混合組成・温度・過飽和度・撹拌速度・不純物などに影響を受ける．

（v）結晶化度：実際に得られる結晶は，必ずしも完全な結晶ではなく，結晶の配列が崩れた非晶質（アモルファス）部分を含んでいる．結晶化度は，結晶部分をどれほど多く含んでいるかを表す尺度である．しかし，結晶化度の絶対値を求めることは困難であり，粉末X線回折データ（回折ピークの半値幅など）から相対的に結晶化度が議論される．非晶質部分には，水，空気などが進入しやすく，化合物の加水分解，酸化分解などを受けやすいため，通常，結晶化度が高いものが望まれる．

### b. 物質の溶解度と晶析の原理

溶媒の種類と組成，およびその状態（温度，pHなど）が決まれば，それに溶解できる物質の濃度も決まる．この濃度を溶解度という．溶解度は温度の関数として求められることが多く，それらの関係をプロットして得られる曲線を溶解度曲線とよぶ．濃度が溶解度曲線上にある状態を飽和状態といい，その溶液を飽和溶液という．溶解度は，物質によって異なる．晶析は，この溶解度の違いを利用して，物質を結晶として分離する技術である．結晶を析出させるには，何らかの方法で，溶液を過飽和に導くことが必要であるが，冷却によって過飽和状態にする晶析法を，冷却晶析という．

図3.35に冷却晶析の原理を示す．濃度 $C_{A0}$ および $C_{B0}$ の物質AとBが温度 $T_1$ の溶液に同時に溶解しており，いま物質Aを結晶として単離したいとする．この溶液を冷却すると，温度 $T_2$ で物質Aは飽和となり，さらに冷却すると過飽和となって，結晶が析出し始める．しかし，物質Bについては，まだ未飽和領域にあるので，析出しない．物質Bの結晶が析出するのは，温度 $T_3$ 以下にまで冷却したときであり，それ以下の温度では，物質AとBが同時に析出し，物質AとBを分離する

---

**医薬品の多形**

医薬品中の薬効成分（原薬）は，安定性，生産の再現性などから結晶であることが望ましい．しかも，研究を重ねて，医薬として優れていると判断した結晶，すなわち純度，粒径，多形が決まった特定の結晶のみが医薬として認可される．苦労して開発した医薬でも，他企業で新しい多形を発見，製造して，そのバイオアベイラビリティが従来品より優れていれば，その企業が主役に躍り出ることもある．生産に関わっている技術者，研究者は開発に抜けがないように重大な責任を負っている．

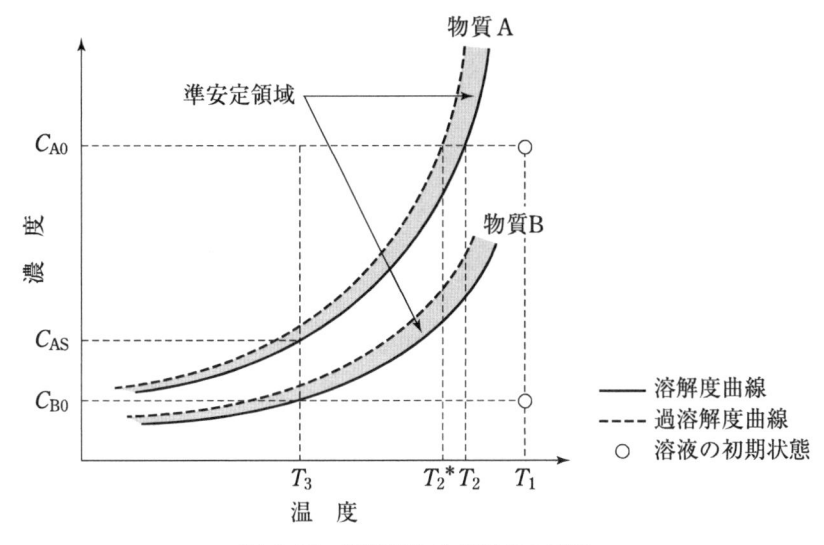

**図 3.35** 溶解度と冷却晶析の原理

という目的は達成されない．

さて，図 3.35 には，溶解度曲線とともに過溶解度曲線が破線で示されている．いま，濃度 $C_{A0}$ の物質 A の溶液を考える．温度 $T_1$ から所定の速度で冷却していくと，上記のように温度 $T_2$ で飽和となり，さらに冷却すると過飽和となるが，実際には過飽和となってもすぐには結晶は析出しない．さらに冷却を続けると結晶が析出し始める．そのときの温度を $T_2^*$ とする．種々の初濃度の溶液について同様の実験を行い，それぞれの $T_2^*$ を結んだ曲線が過溶解度曲線である．溶解度曲線と過溶解度曲線の間の過飽和領域を準安定領域という．

準安定領域は，"冷却による晶析操作を行ったところ，その領域では結晶核（3.6 節 c.）の発生は事実上なかった"という晶析操作上定義された領域であり，物理的普遍性はない．冷却速度が大きいと溶液の状態（溶質の会合状態や溶媒との相互作用）変化が冷却速度に追随できず，準安定領域の幅は冷却速度が大きいほど広くなる（$T_2^*$ が低温側に移動する）．物質 B についても同様に準安定領域を定義できる．

冷却晶析のほかに，加熱して溶媒を蒸発させる蒸発晶析，溶質の溶解度が下がる第 3 の溶媒（貧溶媒）と混合する貧溶媒晶析，圧力を加える圧力晶析がある．

**c．結晶生成のメカニズム**

結晶生成は，結晶の核となる微小会合体の生成（核発生：nucleation）と核に溶質分子あるいは微小な会合体が付着して結晶が大きくなる結晶成長（crystal growth）の二つの過程を通して進行する．

結晶核には，一次核と二次核がある．一次核は，均一溶液から自発的に発生するものである．溶液中では，溶質分子同士の衝突による付着と

**溶解度**
純粋な化合物の溶解度は，溶媒，温度，圧力が決まれば，誰が，いつ，どこで測定しても同じである．なぜ？

それらの離散によって大小様々な会合体が形成されている．会合体を形成している分子間には，水素結合力・静電気力・ファンデルワールス力などの分子間相互作用が働いているが，会合体が結晶核となるためには，固体（結晶）として安定に存在できる大きさが必要である．その大きさにある会合体を臨界核とよんでいる．

一次核発生のメカニズムについての理解はまだ不十分である．たとえば，結晶核の三次元構造は結晶と同じ，あるいはきわめて近いものであると考えられるが，溶液中に存在する大小様々な会合体の構造が必ずしも結晶のそれと同じであるとは限らない．とくに複雑な分子構造

### ■ 多形の溶媒媒介転移 ■

物質は同じでも溶解度が異なる場合がある．多形が存在する場合である．多形の溶解度（曲線）はそれぞれ異なるため，いったん析出した結晶（準安定結晶）が，溶液中で構造の異なる他の結晶（安定結晶）に変化することがあり，多形の溶媒媒介転移とよばれている．これは，安定結晶の溶解度が準安定結晶の溶解度よりも小さいために起こる現象であり，次のように進行する．

まず，準安定結晶が析出する．準安定結晶の析出が終了して溶液濃度が準安定結晶についての溶解度まで減少しても，安定結晶にとっては過飽和状態であるため，安定結晶の核が発生し，それが成長する．安定結晶の成長に伴って溶液濃度が下がると準安定結晶にとっては未飽和状態となり，準安定結晶が溶解し始める．溶液濃度が準安定結晶の溶解度に維持されるため安定結晶の核発生と成長が進む．同時に準安定結晶の溶解も進む．これが続くと準安定結晶が完全に溶解し，ついにはすべての結晶が安定結晶となる．

多形析出の順番は，Ostwald の段階則，すなわち，"ある状態から次の状態に移行するときは，自由エネルギー的に初期状態に最も近い状態を通して順次移行する"という法則に従って，まず準安定結晶が析出して，次に安定結晶に転移する場合が多い．しかし，準安定結晶と安定結晶の析出が同時に進行する場合もあり，また，準安定結晶は析出せず，いきなり安定結晶が析出する場合もある．医薬品では，溶解度が大きな準安定結晶が製品結晶として選ばれることが多く，多形の溶媒媒介転移は晶析操作における重要な制御項目となっている．

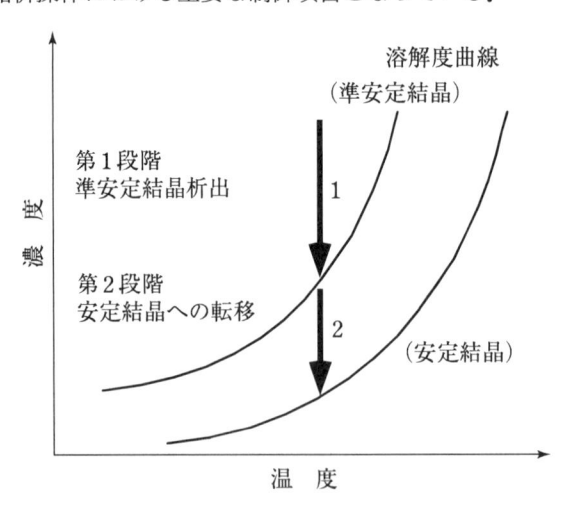

図 3.36　多形の溶媒媒介転移と Ostwald の段階則

を有する有機化合物の場合，分子間相互作用が働く箇所が1分子中に複数存在することが多いため，それらの組合せによっては，結晶核とは言えない会合体が形成される可能性があり，一次核発生のメカニズムを完全には理解できていない原因になっている．

二次核は，すでに存在する結晶の表面を利用して溶液中に生成されるもので，流体剪断力によって結晶表面から剥離した会合体あるいは微小結晶をいう．しかし，実操作では，結晶同士あるいは結晶と撹拌翼などとの衝突によって形成された大小様々な結晶破片と区別することは難しく，これらを含めて二次核とよんでいる．工業晶析装置内の核発生は，二次核発生が主であり，製品結晶の粒径分布や結晶生成速度を制御するためにはこれを制御することが重要である．工業晶析では，晶析操作初期に，あらかじめ取得しておいた結晶を種晶（たねしょう；seed crystals）として添加して二次核発生を促し，結晶生成の効率化を図ることが多い．種晶の添加量は，析出する結晶量の1％前後である場合が多い．

図3.35の準安定領域は，前述のように通常行われる操作時間内では核発生が起こりにくい領域であるといえる．ただし，既に結晶が存在すれば，その結晶は成長する．そこで，種晶を添加して準安定領域内から出ないように冷却できれば，すなわち，過飽和度が大きくならないように冷却操作できれば，新たな核発生を抑制して種晶のみが成長した大きな結晶を製造することができる．また，種晶の粒子径が均一である場合は均一粒子径の製品結晶を製造できる．しかし，工場で行う実操作では準安定領域内を維持するように温度制御することは容易ではない．ただし，種晶の量を多くすれば，過飽和は速やかに種晶の成長に消費されるため，とくに温度制御しなくても（自然冷却でも），実質的に準安定領域内における晶析操作を行ったことになり，単峰性の大きな結晶を製造することができる．

**d．晶析の量論**

析出する結晶の量は，図3.35の溶解度曲線から計算することができる．物質Aのみについて考える．物質Aの溶液を，過飽和領域にある任意の温度 $T_3$ まで冷却したときに析出する結晶量 $W$ [kg] は，

$$W = (C_{A0} - C_{As}) V \tag{3.103}$$

である．ここで，$V$ [m³] は溶液の体積である．得られる結晶の大きさは，結晶核の数と核発生速度に依存する．したがって，得られる結晶の大きさを見積もることは難しい．ただし，上述のように，種晶を添加して，その成長のみが起こる条件下で晶析操作を行った場合に得られる結晶の大きさ $L$ [m] は，次のように求めることができる．いま，大きさ

---

**準安定領域での操作**
溶液濃度と温度との関係が準安定領域を出ないように操作するためには，結晶量が少ない晶析操作初期には，徐々に冷却し，結晶量が多くなる後期には，速く冷却するようにすればよいとされており，理論的検討も行われている．しかし，準安定領域は数℃の幅しかないため，実装置を用いて実際にこの領域で操作することは容易ではない．

（代表長さ）$L_s$ [m] の種晶を質量 $W_s$ [kg] 添加すると，添加した種晶の個数 $N$ は，

$$N = \frac{W_s}{\psi \rho L_s^3} \tag{3.104}$$

である．ここで，$\psi$ は，結晶の形状係数（1個の結晶の実際の体積と代表長さで表した体積 $L_s^3$ を関係づけるパラメータ），$\rho$ [kg m$^{-3}$] は結晶の密度である．種晶のみが成長する場合を考えるので，晶析後に得られる結晶の個数は種晶の個数と同じである．すなわち，析出する質量 $W$ の結晶は $N$ 個の種晶を成長させることになる．このとき得られる結晶の大きさ $L$ と種晶の大きさ $L_s$ との関係は，

$$\frac{L}{L_s} = \left(\frac{W_s + W}{W_s}\right)^{1/3} \tag{3.105}$$

である．溶液から析出する結晶に対して添加する種晶の割合（種晶添加率）を $X_s (= W_s/W)$ すると，式 (3.105) は，

$$\frac{L}{L_s} = \left(\frac{X_s + 1}{X_s}\right)^{1/3} \tag{3.106}$$

となる．

---

【例題 3.13】濃度 15 wt% の硫酸カリウム（$K_2SO_4$）水溶液がある．(1) この水溶液1トンを 20 ℃まで冷却すると何 kg の結晶が得られるか．また，(2) 50 ℃で蒸発晶析によって同量の結晶を得るには何 kg の水を蒸発させればよいか．ただし，20 ℃および 50 ℃における硫酸カリウムの溶解度 [wt%] は，それぞれ 10.0 および 14.2 ある．

[解答] (1) 濃度 15 wt% を溶液 1 kg あたりに換算すると，0.15 kg/kg-溶液である．同様にして，与えられた数値を式 (3.103) に代入して析出量 $W$ を求めることができる．

$$W = (0.15 - 0.1) \times 1\,000 = 50 \text{ kg}$$

(2) 硫酸カリウムが 50 kg 析出した後には，濃度 14.2 wt% の溶液が $V$ [kg] 残るとすると，

$$0.142 \times V = 0.15 \times 1\,000 - 50, \quad V = 704 \text{ kg}$$

したがって，蒸発させる水の量 $V_v$ は，

$$V_v = (1 - 0.15) \times 1\,000 - (1 - 0.142) \times 704 = 246 \text{ kg}$$

---

### e．晶析の動力学

回分晶析装置内では，通常，一次核および二次核の生成と結晶の成長，および撹拌による結晶の破砕が同時に進行するため，結晶の個数と

大きさ（表面積）が時間とともに変化する．また，冷却晶析では，晶析温度も時間とともに変化する．このような結晶群の晶析速度を定量化することは難しい．しかし，一つの結晶について，その結晶成長速度（結晶の大きさの変化速度）を定量化することはできる．この場合の成長速度は，溶液の過飽和の程度を変数とした経験式で表される．よく用いられる経験的結晶成長速度式は，

$$\frac{dL}{dt} = k_g S_d^n \tag{3.107}$$

である．ここで，$L$ は結晶の大きさ，$n$ は定数，$k_g$ は成長速度定数である．また，$S_d$ は溶液の過飽和の程度を表すパラメーターで，過飽和度（supersaturation）とよばれ，次式で表される．

$$S_d = \frac{C - C_s}{C_s} \tag{3.108}$$

ここで，$C$ は溶液の濃度，$C_s$ は溶解度である．結晶の大きさ $L$ は，平均値とすることも，特定結晶面の成長方向長さとすることも可能である．成長速度定数 $k_g$ および定数 $n$ には，通常溶液相から結晶表面への溶質の拡散と結晶表面に到達した溶質の結晶への取り込みの二つの速度項が含まれている．$n$ の値は $1 < n < 2$ である場合が多いが，理論的に導出されるというよりもむしろ実験値として理解すべきである．

過飽和の程度は，溶液の濃度が溶解度の何倍であるかという過飽和比（飽和度：supersaturation ratio）$S$，すなわち，

$$S = \frac{C}{C_s} \tag{3.109}$$

で表される場合もある．この場合の成長速度は，

$$\frac{dL}{dt} = k_g (S-1)^n \tag{3.110}$$

で表される．式(3.107)あるいは(3.110)の両辺に結晶の密度 $\rho$ を掛ければ，単位時間あたり単位面積あたりの結晶質量変化を表す式となる．

### f．晶析装置

晶析装置には，回分式と連続式がある．回分式は，少量多品種の結晶生産に適しており，医薬品，食品，無機化合物などの製造に多用されている．回分式は，一つの槽からなる単純回分晶析装置と，その外部に備えた微結晶溶解装置に結晶スラリーを循環させ加熱溶解によって微結晶を除去して大きな結晶を得ることを図った外部循環型晶析装置，結晶スラリーを晶析缶内部に配置した高温部（溶液上部空間の内壁）に循環させ，微結晶を溶解させる WWDJ (wall wetter and double-decked jacket) 回分晶析装置がある．

---

**溶解速度を速くする**
結晶の溶解は，結晶の成長の逆である．結晶単位表面積あたりの溶解速度は，結晶表面から溶質が解離する速度と溶液本体へ拡散する速度に依存している．結晶の粒径が小さくなれば溶解速度はどうなるか？ 答えは，結晶表面からの解離速度は変わらないが，単位質量あたりの表面積が増大するので速く溶ける，である．さらに，ナノメーターの領域にまで結晶が小さくなれば，溶解度も大きくなる．そこで水難溶性医薬のナノ粒子化が図られている．

**晶析操作法の開発**
結晶の生産量，結晶の特性，生産コストなどを考慮して最適の装置が選択あるいは開発される．一方，工場にいったん導入した装置をすぐに入れ替えることは事実上不可能なので，晶析対象化合物が変わると，それに応じた晶析操作法を開発することも重要である．

連続式は，塩（塩化ナトリウム）や大量に生産される無機化合物の製造に用いられることが多いが，グルタミン酸ナトリウムやリジンなど，やはり大量に生産されているアミノ酸についても連続晶析が行われている．連続式は，装置内の結晶がほぼ均一に分布している完全混合型と，大きな結晶を優先的に取り出せるように設計された分級型に大別される．

代表的装置の概要を図 3.37 に示す．完全混合槽型 (mixed suspension mixed product removal；MSMPR) は，混合状態をよくするために装置内部にドラフトチューブが設置されている．完全混合が達成されており，核発生と結晶成長のみが起こっている理想的な場合には，槽から出ていく結晶の数と槽内で生成される結晶の数は等しい．さらに，定常条件下で操作される槽内の結晶の大きさは，滞留時間のみに依存するので，原理的には製品結晶の粒径分布を，溶液供給速度を変化させることによって制御できる．しかし完全混合を達成するために強力な撹拌を必要とすることから，大きな結晶が破砕されやすく，実際には破砕によって生成した微結晶が結晶核としての重要な役割を果たしている．

分級型の代表例は，流動層型でオスロ型晶析装置とよばれているもので古くから用いられている．流動層下部から製品結晶を抜き出し，上部の微結晶は，ポンプによって加熱器に送られ溶解した後，蒸発缶（晶析槽）に送られる．大きな結晶を製造するのに適している．DTB (draft-tube and baffle) 型は，完全混合と分級を合わせた機能を持ち，微結晶は，リング状のバッフルと缶壁の間から引き抜かれ，供給液とともに加熱器を通った後，分級脚に戻される．微結晶を押し上げ，ドラフトチューブ内を上昇して，上部で蒸発する際に大きな過飽和度を得て結晶を生成する．製品結晶は分級脚下部から取り出される．

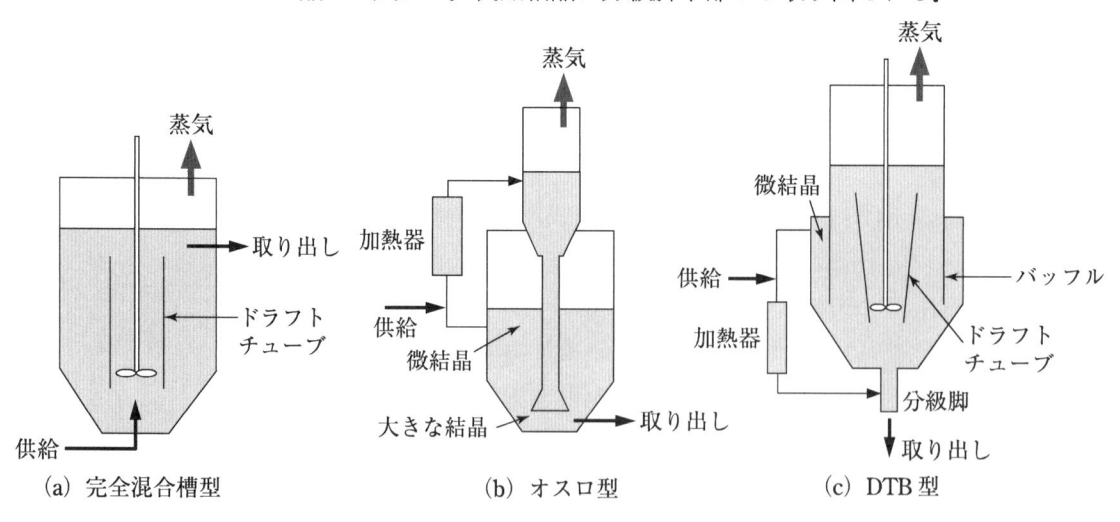

図 3.37 代表的な連続式晶析装置

## 3.7 乾　　燥

　乾燥は，湿り材料を加熱することで材料内の湿り成分を蒸発除去する操作であり，熱と物質が同時に移動する操作の一つである．以下では，加熱媒体として熱風を用いて水分を蒸発除去する対流乾燥に関して述べる．対流乾燥器は大別して，器内に湿り材料を入れ，乾燥終了まで一定の温度と湿度の熱風を送入する回分式と，連続的に材料と熱風を送入する連続式に分類できる．熱風は，湿り材料に熱エネルギーを与えることで温度が下がると同時に，材料から発生した水蒸気を受け取ることで湿度が上がる．

　対流乾燥器の設計には，湿り材料内の水分移動に関する知識とともに湿り空気の性質に関する知識も必要である．乾燥は水を水蒸気に相変化させるので，エネルギーを多く消費する操作である．そこで，湿り材料からの水分除去を必要とする際には，あらかじめ相変化を伴わない沪過や圧搾などの脱水操作を検討するべきである．熱風で水分を除去する対流乾燥以外にも，加熱面と材料を接触させる伝導乾燥や，赤外線・マイクロ波・高周波など固体や湿り成分が吸収可能な波長の電磁波を与える放射乾燥もよく利用される．また，水分以外の湿り成分や複数の湿り成分を対象とした乾燥も珍しくない．

### a．湿り空気の性質

**(1) 湿　度**　湿度には種々の表示法があるが，もっともよく使用されるのは関係湿度 $\phi$ である．湿り空気の温度を $T\,[\mathrm{K}]$，その水蒸気分圧を $p\,[\mathrm{Pa}]$，温度 $T$ における水の飽和蒸気圧を $p_\mathrm{s}\,[\mathrm{Pa}]$ とすると

$$\phi = \frac{p}{p_\mathrm{s}} \tag{3.111}$$

ここで，$p_\mathrm{s}$ はたとえば次の Antoine 式で求めればよい．

$$p_\mathrm{s} = \exp\left(23.1964 - \frac{3816.44}{T-46.13}\right) \quad (284\,\mathrm{K} < T < 441\,\mathrm{K}) \tag{3.112}$$

　熱風乾燥プロセスでは，乾燥器内で変化する物質量は水分だけなので，熱風を水蒸気と純空気（乾き空気）との混合気体と考え，乾き空気単位質量あたりに含まれる水蒸気の質量によって湿度を定義すると便利である．いま空気の全圧を $p_\mathrm{T}$，乾き空気，水蒸気のモル質量を $M_\mathrm{a}$，$M_\mathrm{w}\,[\mathrm{kg\,mol^{-1}}]$ とすると，湿度 $H\,[(\mathrm{kg\text{-}水蒸気})(\mathrm{kg\text{-}乾き空気})^{-1}]$ は次式で計算できる．

$$H = \frac{M_\mathrm{w} p}{M_\mathrm{a}(p_\mathrm{T}-p)} = \frac{0.621\,p}{p_\mathrm{T}-p} \tag{3.113}$$

**マイクロ波乾燥**
電子レンジを利用した乾燥である．

**伝導乾燥・放射乾燥**
伝導乾燥や放射乾燥は，対流乾燥や真空乾燥と組み合わせて行う．湿り成分が可燃性蒸気のときは窒素を用いて対流乾燥を行う．

**乾き空気**
乾き空気は窒素と酸素を主成分とする混合ガスだが，乾燥操作ではモル質量 $=0.0290\,\mathrm{kg\,mol^{-1}}$ の純ガスとして取り扱うことが多い．

**(2) 湿り比熱**　乾き空気1kgとその中に含まれる水蒸気を温度1K上昇させるのに要する熱量を湿り比熱 $C_H$ [kJ (kg-乾き空気 K)$^{-1}$] とよぶ．

$$C_H = 1.01 + 1.85H \tag{3.114}$$

**湿り空気**
工業操作で空気といえば，水蒸気で湿った湿り空気を意味する．

**(3) 湿り空気エンタルピー**　乾き空気1kgとその中に含まれる水蒸気の温度 $T$ [K] におけるエンタルピーの和を湿り空気エンタルピー $i$ [kJ (kg-乾き空気)$^{-1}$] とよぶ．乾き空気は0℃，1atmを，水蒸気は0℃，1atmにおける水を基準とするので次式で与えられる．

$$i = C_H(T - 273) + 2.49 \times 10^3 H \tag{3.115}$$

**(4) 湿球温度**　水滴を，温度および湿度がそれぞれ $T$ および $H$ の空気流中に置くとき，水滴は周囲より受熱するとともに水の蒸発により熱が奪われる．その結果，水滴温度はその両者がつり合う平衡温度に急速に近づく．このとき周囲からの受熱が対流伝熱のみであるとき，この平衡温度を湿球温度 $T_w$ [K] とよぶ．平衡時において入熱量はすべて水の蒸発に使用されるので次式が成立する．

$$h(T - T_w) = k(H_w - H)r_w \tag{3.116}$$

**Lewis の関係**
Lewis の関係は W.K. Lewis が偶然にしかも誤解に基づいて提案した式だったが，その後の工学発展に大きく寄与した．

ここで，水滴表面のガス側伝熱係数を $h$ [kJ (m$^2$ s K)$^{-1}$]，物質移動係数を $k$ [(kg-水)(kg-乾き空気)(kg-水蒸気)$^{-1}$ (m$^2$ s)$^{-1}$]，$T_w$ での水の蒸発潜熱と飽和状態での温度をそれぞれ $r_w$ [kJ (kg-水)$^{-1}$]，$H_w$ [(kg-水蒸気)(kg-乾き空気)$^{-1}$] としている．このとき空気-水系ではLewisの関係 ($h/k \approx C_H$) が成立するので式(3.116)は次式となる．

$$\frac{H_w - H}{T - T_w} = \frac{C_H}{r_w} \tag{3.117}$$

**(5) 断熱飽和温度**　温度 $T$，湿度 $H$ の湿り空気を大気圧に保ちながら，その温度をわずかに低下させると同時に，この空気が放出する顕熱を用いてそのときの空気状態に対応する湿球温度にある水を蒸発させて空気を増湿するとする．このときの空気の状態を断熱冷却変化とよび，次式で表すことができる．

**顕熱と潜熱**
蒸発や融解などの温度変化として現れない熱量を潜熱とよび，温度変化として現れる熱量を顕熱とよぶ．

$$-C_H dT = r_w dH \tag{3.118}$$

この変化を繰り返すことで空気は飽和状態に到達し，このときの空気温度，湿度をそれぞれをそれぞれ断熱飽和温度 $T_s$，断熱飽和湿度 $H_s$ とよぶ．このとき近似的に次式が成立する．

$$C_H(T - T_s) = r_s(H_s - H) \tag{3.119}$$

ここで，$r_s$ [kJ (kg-水)$^{-1}$] は温度 $T_s$ での水の蒸発潜熱である．この式は，断熱された連続式乾燥器内で，湿り空気が顕熱を失い湿度が増加して行く状態変化の経路を示している．またこの式は式(3.117)と同じであり，結局水-空気系では湿球温度 $T_w$ と断熱飽和温度 $T_s$ は等しい．し

## 3.7 乾燥

かし一般の気液系では Lewis の関係が成立していないため $T_w \neq T_s$ である．

**(6) 質量基準湿度図表** 図 3.38 は乾き空気 1 kg を基準にとった全圧 $1.01 \times 10^5$ Pa（大気圧）の下での湿度図表である．この図より温度と湿度の関係を読みとることができ，式(3.119)で与えられる断熱冷却線（＝等湿球温度線）も描かれている．

たとえば，湿り空気（$T = 339$ K，$H = 0.051$）は図 3.38 の a 点で示される．関係湿度曲線から a 点の関係湿度は $\phi =$ 約 0.3 と求められる．a 点を通る断熱冷却線と飽和湿度曲線の交点 b の温度 $T_w = 317$ K が a 点の空気の湿球温度である．次に a 点の空気を加熱すると湿度（水分量）は

> **湿度図表**
> 他の湿度図表として，モル基準湿度図表やエンタルピー湿度図表（モリエ線図）などがあり，目的に応じて使い分ける．

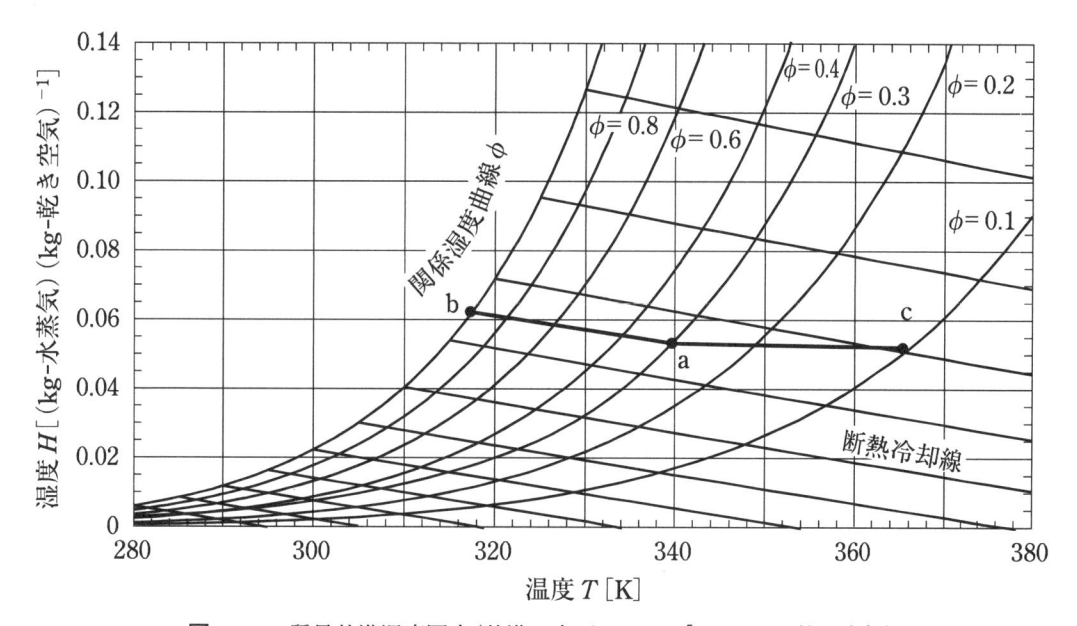

図 3.38 質量基準湿度図表（基準：全圧 $1.01 \times 10^5$ Pa，1 kg 乾き空気）

---

**【例題 3.14】** 乾球温度 320 K，湿球温度 310 K である湿り空気の湿度 $H$ を求めよ．

[解答] 図 3.38 を用いる場合，310 K における飽和湿度線上から始まる断熱冷却線の 320 K における値を求めて $H = 0.036$（kg-水蒸気）・(kg-乾き空気)$^{-1}$ を得る．計算による場合は，式(3.117)に式(3.114)を代入して得られる

$$H = \frac{r_w H_w - 1.01(T - T_w)}{1.85(T - T_w) + r_w}$$

の関係式に，310 K における $r_w = 2415$ kJ kg$^{-1}$ と $H_w = 0.04052$ を代入して $H = 0.0361$ を得る．精度は劣るが，湿度図表の簡便性が実感できる．

> **湿球温度の測定**
> 湿球温度は，一般の温度計の感温部を湿った脱脂綿やガーゼなどでおおって，風速 5 m s$^{-1}$ 以上の雰囲気下で測定するが，最近では湿度センサーの利用が多い．

一定のままなので，状態はa点を通る温度軸と平行線上を右へ移動する．365 Kまで加熱したとき関係湿度は$\phi$＝約0.1まで低下する（c点）．

**b．乾燥特性**

乾燥過程を理解する上でもっとも大切なことは，材料内水分を材料内固体表面との親和力の大小で分類して取り扱うことである．しかし，親和力を生み出す物理化学的な要素は多く，一つの材料内に複数の要素が混在しているのが普通であり，しかもこれらは材料により異なる．そこで乾燥器の設計に際しては，材料外部の条件（熱風の温度，湿度，風速など）を一定にして回分乾燥実験を行い，そのデータをもとに装置設計を行うのが通例である．

**(1) 含水率** 乾燥操作の前後で不変であるのは，湿り材料の中の固体分である．そこで湿り材料の水分質量を$W_w$，水分を含まないときの無水材料質量を$W$として，この湿り材料の乾量基準含水率$w$[(kg-水)(kg-無水材料)$^{-1}$]を次式で定義する．湿り材料質量を基準とした湿量基準含水率もしばしば用いられるが，収支計算上不都合であることが多い．

$$w = \frac{W_w}{W} \tag{3.120}$$

すべての材料は多少とも吸湿性があるので，一定の温度と湿度の空気中では材料が特定の含水率に到達して周囲の空気中の水蒸気と平衡状態になる．この含水率を平衡含水率$w_e$とよぶ．したがって，ある温度と湿度の熱風を用いて乾燥できるのは，その熱風条件に対する平衡含水率までである．$w_e$は$T$と$H$に影響されるが，関係湿度$\phi$のみに影響されるとも近似できる．

**(2) 定常熱風条件下での乾燥特性** 定常熱風条件では図3.39に示すような乾燥曲線と乾燥特性曲線が得られる．IIは定率乾燥期間で，材

**湿り材料**
高分子溶液やゲル，微粒子が液中に分散したスラリーなども湿り材料の一種であり，これらは乾燥により液体が固体へと変化していく．また多孔質固体であっても材料を破砕しながら乾燥操作を行う場合も多い．ここでは乾燥の前後でサイズの変わらない多孔質固体を念頭においている．

**定率乾燥期間の乾燥速度**
定率乾燥期間において，材料表面の一部しか濡れていないのに水面とほぼ等しい乾燥速度が得られる理由として，表面の一部で蒸発した水蒸気が，ガス境膜を通過する間に拡散で境膜の全面に広がることが考えられる．

(a) 乾燥曲線  (b) 乾燥特性曲線

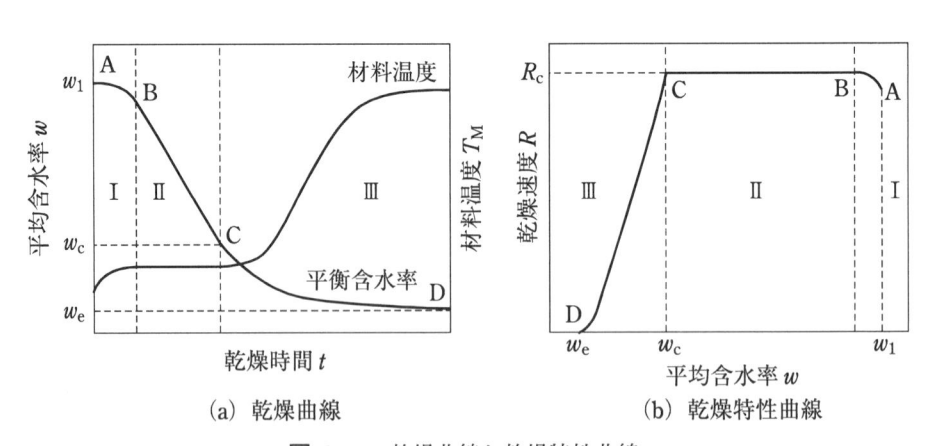

**図 3.39** 乾燥曲線と乾燥特性曲線

料内部の水分が材料表面に十分補給される結果，材料は水膜で覆われているときと同様に取り扱えるので，その温度は熱風の湿球温度に等しく，一定である．Ⅰは材料予熱期間とよばれ，Ⅱにいたるまでの非平衡期間であり，初期材料温度と湿球温度との大小関係で決まる過程である．Ⅲは減率乾燥期間で，材料内部からの水の補給が不十分で表面が乾くため乾燥速度が減少する．これより得られる限界含水率 $w_c$（乾燥速度が定率から減率へ移行するときの平均含水率）や平衡含水率，乾燥特性曲線の形などが，乾燥器設計における熱収支と物質収支に必要である．

（ⅰ）定率乾燥速度：定率乾燥期間中では材料表面温度 $T_M$ が一定であり，$T_M$ に対する飽和湿度を $H_M$ とすると，定率乾燥速度 $R_c$ [(kg-水)(s kg-無水材料)$^{-1}$] は熱風の温度，湿度をそれぞれ $T$，$H$ として

$$R_c = -\frac{dw}{dt} = \frac{Ak}{m_M}(H_M - H) = \frac{Ah}{m_M(h/k)}(H_M - H) \quad (3.121)$$

ここで，$m_M$ [kg] は無水材料の質量，$A$ [m$^2$] は材料の見かけ乾燥面積，$t$ [s] は時間であり，空気-水系では $h/k \approx C_H$ が成立している．さらに熱風のみから受熱する場合には $T_M$ が熱風の湿球温度 $T_w$ に等しく次式が成立する．

$$R_c = \frac{Ah(T - T_w)}{m_M r_w} \quad (3.122)$$

ここで，$r_w$ [kJ(kg-水)$^{-1}$] は $T_w$ における水の蒸発潜熱である．この乾燥期間は材料内水分移動抵抗の小さな場合に現れる．乾燥速度を増大するには，① 熱風風速を大きくする（境膜が薄くなり $h$ と $k$ が増大する），② 熱風温度を高くする，③ 熱風湿度を小さくする，ことが効果的である．

（ⅱ）減率乾燥速度：減率乾燥期間における乾燥特性曲線の形（曲線CD）は，熱風のもたらす外部乾燥条件よりも材料の大きさや形，熱風との接触状態，材料内水分の性質などの内部乾燥条件に，より強く依存し，$(w-w_e)/(w_c-w_e)$ の関数で整理できることが多い．もし，これが直線と近似できるならば，減率乾燥速度 $R_d$ [(kg-水)(s kg-無水材料)$^{-1}$] は次式で得られる．

$$R_d = R_c \frac{w - w_e}{w_c - w_e} \quad (3.123)$$

この乾燥期間は材料内水分移動抵抗の大きな場合に現れる．乾燥速度を大きくするには，① 熱風温度を高くする（材料温度が高くなり，内部の水分移動抵抗が小さくなる），② 材料サイズを小さくする，ことが効果的である．

**伝熱係数 $h$ と風速**
熱風が板状材料と並行に流れる場合，$h$ と $k$ は風速の約 0.8 乗に比例して増加する．

**減率乾燥速度と材料厚み**
含水率の等しい板状材料の場合，材料厚みが 1/2 倍になれば減率乾燥速度は約 2 倍になることが多い．

#### c. 乾燥器の基本設計

熱風の温度と湿度が一定の条件下で実測した湿り材料の乾燥特性曲線より実用器の設計を行う．実用器内では，熱風から供給された熱により，湿り材料から水分が蒸発除去されるとともに，蒸発水分が熱風中に移動し熱風の湿度が増加するので，器内の乾燥特性は乾燥特性曲線とは一致しない．

以下の設計式は水–空気系以外でも使用でき，水–空気系の場合は式中で $h/k \approx C_H$ の関係が成立している．

**熱風のリサイクル**
一般の乾燥操作では，乾燥時間を短縮する目的で高温の熱風を利用することが多いので，湿り成分の蒸発エネルギーよりはるかに多くの熱エネルギーが必要となる．そこで熱風の大部分をリサイクルすることが多い．このとき器内は外部より高湿度で操作されている．

**(1) 回分式熱風乾燥器の設計**　図 3.40 に乾燥器の概要を示す．乾燥器内には無水材料に換算して $m_M$ [kg-無水材料] の湿り材料（初期含水率 $w_1 > w_c >$ 製品含水率 $w_2 > w_e$，初期温度 $T_{M1}$）が仕込まれている．

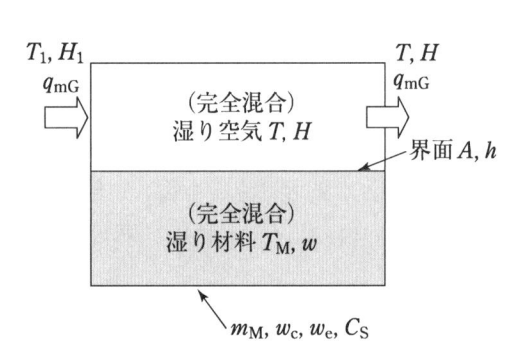

**図 3.40** 回分式熱風乾燥器の概要

湿り空気と材料は乾燥器内で完全混合状態にあるとする．一定の温度と湿度の熱風 ($T_1$, $H_1$) を乾燥器内に乾き空気に換算して $q_{mG}$ [(kg-乾き空気) s$^{-1}$] で連続的に送入する．ここでは湿り空気の状態変化が無視できる場合 ($q_{mG} \to \infty$) について考えてみよう．このとき全乾燥期間で $T = T_1$, $H = H_1$ となり，湿球温度 $T_w$ も変化しない．しかし，一般には乾燥速度が変化するので器内の熱風の温度 $T$ と湿度 $H$ は時間とともに変化する．材料予熱期間における水分蒸発が無視できるとき，微小時間 $dt$ における乾燥器全体の熱収支より次式を得る．

$$m_M(C_S + w C_L)\frac{dT_M}{dt} = hA(T_1 - T_M) \tag{3.124}$$

ここで，$A$ [m$^2$] は材料と熱風の接触面積，$C_S$ [kJ(kg-無水材料 K)$^{-1}$]，$C_L$ [kJ(kg-水 K)$^{-1}$] は比熱である．定率乾燥期間では $T_M = T_w$ なのでこの式を $T_M = T_{M1}$ から $T_w$ まで積分して得た次式でこの期間の所要時間が得られる．

$$t_p = \frac{m_M(C_S + w_1 C_L)}{hA} \ln \frac{T_1 - T_{M1}}{T_1 - T_w} \tag{3.125}$$

定率乾燥期間では式(3.122)が成立しているから乾燥時間は次式で得られる．

$$t_c = \frac{w_1 - w_c}{R_c} = \frac{m_M(w_1 - w_c)}{A(h/r_w)(T_1 - T_w)} \tag{3.126}$$

減率乾燥期間でも $T_w$ は一定なので乾燥時間は式(3.123)を積分した次式で計算できる．

$$t_d = \int_{w_2}^{w_e} \frac{dw}{R_d} = \frac{m_M(w_c - w_e)}{A(h/r_w)(T_1 - T_w)} \ln\frac{w_c - w_e}{w_2 - w_e} \tag{3.127}$$

したがって，全乾燥所要時間は，$t_p + t_c + t_d$ となる．

**(2) 連続式熱風乾燥器の設計** 湿り材料も熱風も連続的に器内に送入されており，器内で材料と熱風が逆方向に移動する（向流）場合と同方向に移動する（並流）場合がある．図3.41に向流乾燥器の概要を示す．一定条件の熱風（$T_2, H_2$）（並流の場合は $T_1, H_1$）と湿り材料（$T_{M1}, w_1$）をそれぞれ一定流量 $q_{mG}$ [(kg-乾き空気) s$^{-1}$]，$q_{mM}$ [(kg-無水材料) s$^{-1}$] で乾燥器内に連続的に送入するとき，器内の状態は位置によって異なる．ここで $q_{mM}$ は無水材料に換算した値である．ただし材料と熱風はそれぞれピストン流れであるとし，$w_1 > w_c > w_2 > w_e$ とする．

**連続式熱風乾燥器**
実際の連続式熱風乾燥器の内部は数室の区画に分かれており，湿り材料にあたる熱風の風速を大きくしているため，各区画内で熱風はほぼ完全混合状態である．本文中のモデルは区画数が無限大のときに相当している．

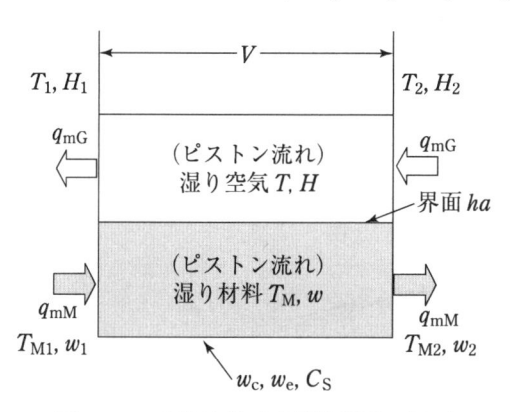

図 3.41 向流連続式熱風乾燥器の概要

乾燥器内を材料送入側より材料予熱＋表面蒸発区間と減率乾燥区間に分けて考える．ここで表面蒸発区間は回分式の定率乾燥期間に相当するが，乾燥速度は変化する．表面蒸発区間では，乾燥器の微小体積区間 $dV$ に対する熱収支より次式を得る．

［湿り材料］

$$-q_{mM} r_M \frac{dw}{dV} + q_{mM}(C_S + wC_L)\frac{dT_M}{dV} = ha(T - T_M) \tag{3.128}$$

［湿り空気］

$$ha(T - T_M) = \pm q_{mG} C_H \frac{dT}{dV} \quad (+向流，-並流) \tag{3.129}$$

ここで，$ha\,[\mathrm{kJ\,m^{-3}\,s^{-1}}]$ は伝熱容量係数，式中の $\pm$ は，$+$ が向流，$-$ が並流の場合を示している．物質収支より次式を得る．

[湿り材料] $\quad -q_{\mathrm{mM}}\dfrac{\mathrm{d}w}{\mathrm{d}V}=\dfrac{ha}{h/k}(H_{\mathrm{M}}-H) \quad$ (3.130)

[湿り空気] $\quad q_{\mathrm{mM}}\dfrac{\mathrm{d}w}{\mathrm{d}V}=\pm q_{\mathrm{mG}}\dfrac{\mathrm{d}H}{\mathrm{d}V} \quad$ （$+$向流，$-$並流）$\quad$ (3.131)

これらの式は次式のように変形できる．

$$\frac{\mathrm{d}T}{\mathrm{d}V}=\frac{\pm ha(T-T_{\mathrm{M}})}{q_{\mathrm{mG}}C_{\mathrm{H}}} \quad (\text{+向流，}-\text{並流}) \quad (3.132)$$

$$-\frac{\mathrm{d}H}{\mathrm{d}V}=\frac{\pm ha(H_{\mathrm{M}}-H)}{q_{\mathrm{mG}}(h/k)} \quad (\text{+向流，}-\text{並流}) \quad (3.133)$$

$$\frac{\mathrm{d}T_{\mathrm{M}}}{\mathrm{d}V}=\frac{ha(T-T_{\mathrm{M}})-\{ha/(h/k)\}r_{\mathrm{M}}(H_{\mathrm{M}}-H)}{q_{\mathrm{mM}}(C_{\mathrm{S}}+wC_{\mathrm{L}})} \quad (3.134)$$

$$\frac{\mathrm{d}w}{\mathrm{d}V}=-\frac{ha}{q_{\mathrm{mM}}(h/k)}(H_{\mathrm{M}}-H) \quad (3.135)$$

### ■ 有機溶剤の湿度図表 ■

空気-水系では，湿球温度と断熱飽和温度がたまたま一致するので，湿度図表として図3.38が得られた．しかしそれ以外の系の湿度図表では等湿球温度線と断熱冷却線が別々に描かれている．空気-エタノール系の湿度図表を図3.42に示す．湿り比熱は，$C_{\mathrm{H}}=1.01+1.69\,H$，断熱冷却線は，$(H_{\mathrm{s}}-H)/(T-T_{\mathrm{s}})=C_{\mathrm{H}}/r_{\mathrm{s}}$，等湿球温度線は $(H_{\mathrm{w}}-H)/(T-T_{\mathrm{w}})=(h/k)/r_{\mathrm{w}}=1.23\,C_{\mathrm{H}}/r_{\mathrm{w}}$ である．a, b 点の断熱飽和温度は等しいが，湿球温度（A, B 点）は異なる．

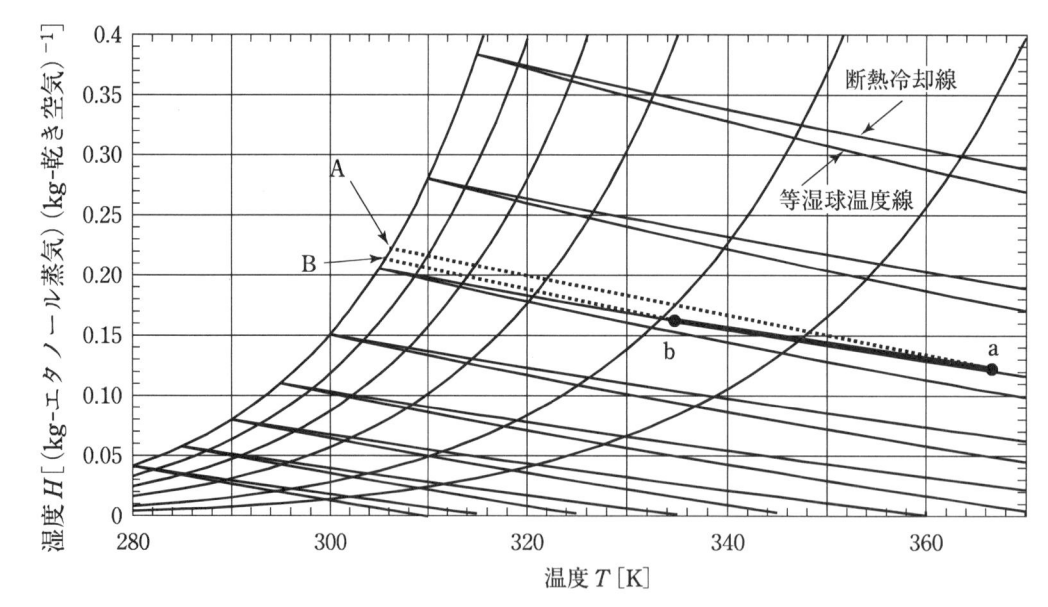

図 3.42 空気-エタノール系質量基準湿度図表（基準：全圧 $1.01\times10^5\,\mathrm{Pa}$，1 kg 乾き空気）

$H_M$ は $T_M$ における飽和湿度であるという関係を考慮すれば，これらの式を数値計算することでこの区間における湿り空気と湿り材料の状態の経時変化が求められる．計算は限界含水率まで行う．このとき回分式の定率乾燥期間とは異なり，表面蒸発区間においても湿り空気の温度と湿度が変化するので，乾燥速度は変化する．ただし，乾燥器が断熱状態にあるので，湿り空気は断熱冷却変化を起こし，$T_M$ は接する湿り空気の湿球温度と等しい．この場合（水-空気系），湿球温度は断熱冷却温度と等しく一定値である．

一般の系では湿球温度が断熱冷却温度と一致しないから，湿りガスの状態変化とともに湿球温度も変化する（囲み記事参照）．なお $w_2 > w_c$ ならば乾燥はこの区間で終了する．

減率乾燥速度式として式(3.123)が成立する場合，減率乾燥区間では次式が得られる．

$$\frac{dT}{dV} = \frac{\pm ha(T-T_M)}{q_{mG}C_H} \quad (+向流, -並流) \tag{3.136}$$

$$-\frac{dH}{dV} = \frac{\pm ha(H_w-H)}{q_{mG}(h/k)}\frac{w-w_e}{w_c-w_e} \quad (+向流, -並流) \tag{3.137}$$

$$\frac{dT_M}{dV} = \frac{ha(T-T_M) - \frac{ha}{h/k}r_M(H_w-H)\frac{w-w_e}{w_c-w_e}}{q_{mM}(C_S+wC_L)} \tag{3.138}$$

$$\frac{dw}{dV} = -\frac{ha}{q_{mM}(h/k)}(H_w-H)\frac{w-w_e}{w_c-w_e} \tag{3.139}$$

ここで，$T_w$ は器内の熱風条件に対応した湿球温度であり，$H_w$ は $T_w$ に対応した飽和湿度である．状態変化の推定は数値計算による．計算は $w_2$ まで行う．なお，これらの式は $w_c > w_1$ ならば，材料予熱区間を含めて成立する．

さらに向流乾燥器の場合は，数値計算開始に必要な $T_1, H_1$ が未知なので，これらの値を適当に仮定して計算を始め，$T_2, H_2$ の計算結果が与えられた値と一致する $T_1, H_1$ の値を繰り返し計算で見出さねばならない．

**数値計算は差分法で解く**
数値計算は，$dV = \Delta V$ を独立変数として連立常微分方程式を差分法で解くが，この際 $\Delta V$ を変えても同じ結果が得られなければならない．エクセルでは計算が煩雑となるので，エクセルVBAなどを用いるとよい．

【例題 3.15】 $w_1 > w_c > w_2 > w_e$ のとき，水-空気系向流連続式熱風乾燥器の乾燥器体積を求めよ．ただし，水の蒸発は表面蒸発区間でのみ起こり，材料予熱区間と減率乾燥区間では材料温度だけが変化するものと近似する．答えは微積分を含まない数式で示せ．

［解答］乾燥器全体に対して以下の収支式が成立している．

　［物質］ $q_{mM}(w_2-w_1) = \pm q_{mG}(H_2-H_1)$ （+向流, -並流） (a)

例題 3.15 のヒント：乾燥器を材料予熱区間，表面蒸発区間，減率乾燥区間に分け，微小体積区間に対する式を題意に沿って積分するとともに，乾燥器全体，予熱区間全体，減率区間全体に対してそれぞれ収支をとれ．

[エネルギー]

$$q_{mM}(C_S+w_1C_L)T_{M1}(T_{M1}-273) \mp q_{mG}i_1$$
$$= q_{mM}(C_S+w_2C_L)T_{M2}(T_{M2}-273) \mp q_{mG}i_2$$
$$(-\text{向流}, +\text{並流}) \quad (b)$$

向流乾燥器の設計では $q_{mG}$, $H_1$, $T_1$, $T_{M2}$（並流では $q_{mG}$, $H_2$, $T_2$, $T_{M2}$）が未知であるから，$T_1$, $T_{M2}$ の値を経験的に定めた後，上式を用いて残りの値を決定する．

材料予熱区間終了時の空気温度を $T_1^*$ とすると材料温度は $T_1^*$ と $H_1$ に対応する湿球温度 $T_w$ となる．この区間で材料を $T_{M1}$ から $T_w$ まで加熱するのに要する伝熱量 $Q_1$ は，この区間全体で湿り空気の失った熱量＝湿り材料の得た熱量とした式，および式(3.128)において水分蒸発を無視した式と式(3.129)を用いて積分した結果より次式を得る．これらの式から $V_1$ が求められる．

$$Q_1 = -q_{mG}C_H(T_1-T_1^*) = q_{mM}(C_S+w_1C_L)(T_w-T_{M1})$$
$$= \frac{haV_1\{(T_1-T_{M1})-(T_1^*-T_w)\}}{\ln\{(T_1-T_{M1})/(T_1^*-T_w)\}} \quad (c)$$

水分蒸発を無視すれば，減率乾燥区間では材料予熱区間と同様の式が成立する．減率区間開始時の材料温度は $T_w$ であり，そのときの空気温度を $T_2^*$ とすると，この区間で材料を $T_w$ から $T_{M2}$ まで加熱するのに要する伝熱量 $Q_{III}$ は，式(c)と同様の次式で与えられる．これらの式より $V_{III}$ を求める．

$$Q_{III} = -q_{mG}C_H(T_2^*-T_2) = q_{mM}(C_S+w_2C_L)(T_{M2}-T_w)$$
$$= \frac{haV_{III}\{(T_2^*-T_w)-(T_2-T_{M2})\}}{\ln\{(T_2^*-T_w)/(T_2-T_{M2})\}} \quad (d)$$

表面蒸発区間では材料温度が $T_w$ で一定であるから，式(3.132)を積分して次式を得る．

$$V_{II} = \frac{q_{mG}C_H}{ha} \ln \frac{T_2^*-T_w}{T_1^*-T_w} \quad (e)$$

乾燥器体積は $V_I+V_{II}+V_{III}$ で求められる．

**数値解の検討**
数値計算が正しく行われているかどうかの確認は難しい．しかし，右の例題のように近似解が解析的に得られている場合には，それと数値解を比較検討することで，誤った数値計算による大きな過ちを犯す可能性が格段に小さくなる．数値計算法が広まるほど近似解析解の重要性も高まっている．

## 3.8 膜 分 離

物質が膜を透過する速度に違いがあると，膜を用いてそれらの混合物を分離することが可能となる．物質が膜を通過するメカニズムは，図3.43に示すように大きく分けて，(a)溶解拡散機構と(b)サイズ排除機構となる．溶解拡散機構では，膜と親和性の高い物質が膜内に優先的に溶解（分配）し，濃度勾配に従って膜を通過する．一方，サイズ排除機

構においては，膜中に形成された空孔が決定的な影響を及ぼす．空孔径より小さな物質は膜を容易に透過できるが，大きな物質は，膜の透過が阻害される．

物質を膜透過させるためには，なんらかの駆動力が必要となる．この駆動力に必要なエネルギーを消費して物質は移動する．溶解拡散型の膜では，多くの場合，濃度差が駆動力となり，サイズ排除型の膜では圧

**浸透/透析**
溶液中に溶解した物質を膜で分離する場合，主に透過する物質が溶媒であれば浸透とよび，溶質であれば透析とよぶ．

(a) 溶解拡散機構　　(b) サイズ排除機構

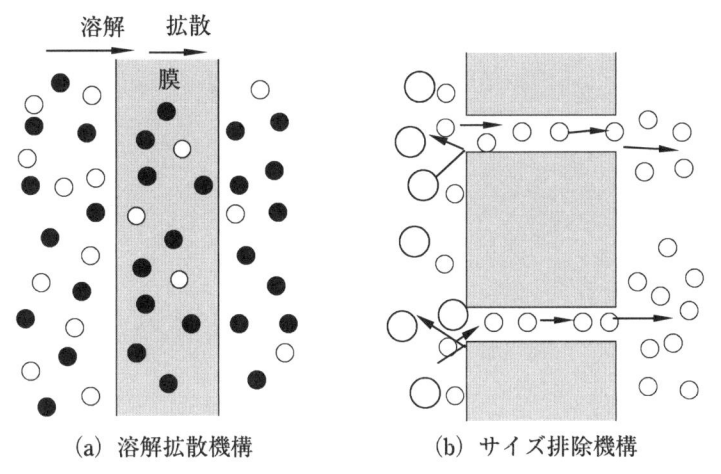

図 3.43　物質の膜透過機構

表 3.5　代表的な膜分離プロセス

| 膜プロセス | 分離対象系 | 透過する物質 | 応用例 |
|---|---|---|---|
| ガス分離膜 | 混合気体，蒸気混合物 | 小さい分子の気体，膜と親和性がある気体 | 酸素富化 |
| 逆浸透膜 | 低分子化合物の水溶液，有機化合物の水溶液 | 溶媒 | 海水の淡水化 |
| 限外沪過膜 | 高分子溶液，エマルション | 溶媒，連続相 | ウイルスの除去 |
| 透過気化膜 | 低沸点化合物，水溶液 | 膜と親和性がある低沸点化合物 | エタノールと水の分離 |
| 液　　膜 | 水溶液，有機化合物 | 液膜と親和性がある溶質 | 金属イオンの分離 |
| 透　析　膜 | 水溶液 | 溶質 | 人工腎臓 |

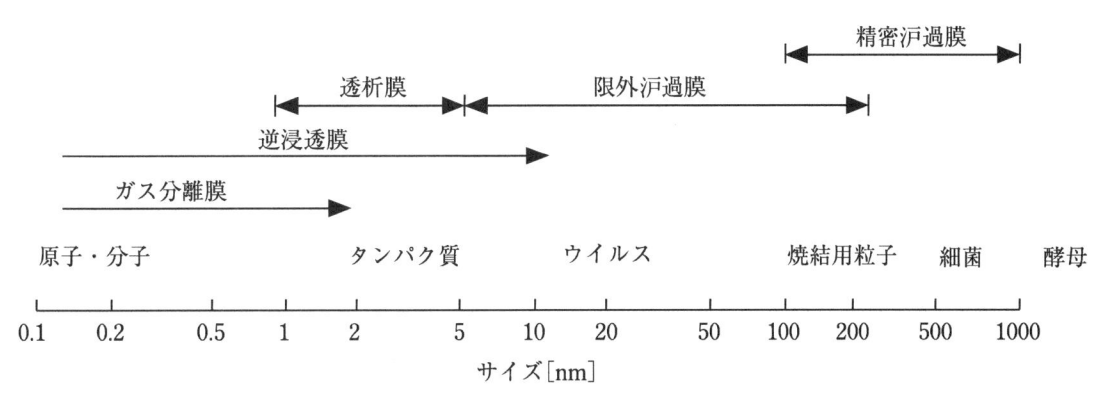

図 3.44　分離対象物質の大きさと膜の種類

力差を駆動力とする場合が多い．

表3.5に代表的な膜分離プロセスの特徴をまとめて示すが，分離対象物質に合わせて，様々な膜が用いられている．また，図3.44には，分離対象物質のサイズと膜の種類の関係を示している．なお，膜の両面の構造が同一の膜を対称膜，異なる膜を非対称膜とよぶ．

#### a．膜透過の速度式

さてここで，水中で濃度 $C_1$ の溶質が膜を通過して他方のセルに移動する場合を考えよう．図3.45に示すように，セル1からセル2へ溶質が透過する場合の透過速度式は，次のように表すことができる．

**境 膜**
膜の両側の溶液は撹拌されていても，界面張力によって界面近くの流体は固体のように静止している．この領域を境膜という．境膜の中では流れが無いので分子拡散によって溶質が移動する．

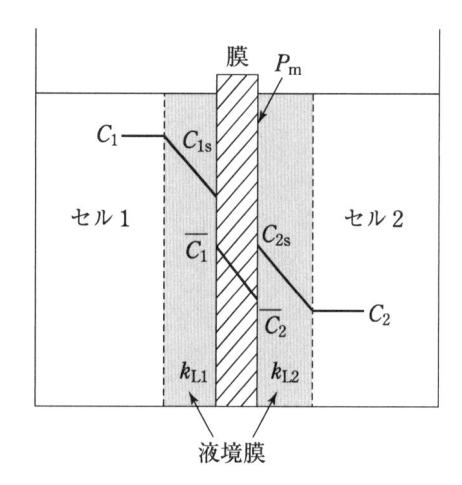

図 3.45 膜透過の機構

まず膜内の溶質の拡散係数を $D_m \mathrm{[m^2\,s^{-1}]}$ とすると，膜内の拡散の式は次のように与えられる（$\overline{C}$ は膜内における溶質濃度 $\mathrm{[mol\,m^{-3}]}$）．

$$J = -D_m \frac{d\overline{C}}{dx} \tag{3.140}$$

また，水溶液と接触している膜表面における溶質濃度の境界条件は，膜の厚みを $L\,\mathrm{[m]}$ とすると以下のように与えられる．

$$x=0, \quad \overline{C}=\overline{C}_1; \quad x=L, \quad \overline{C}=\overline{C}_2 \tag{3.141}$$

これから以下の式が導かれる．

$$J = \frac{D_m}{L}(\overline{C}_1 - \overline{C}_2) \tag{3.142}$$

ここで膜内とそれに接する溶液の濃度に関して分配平衡が成立するとすれば，以下の式が成り立つ．

$$C_{1s}K_m = \overline{C}_1, \quad C_{2s}K_m = \overline{C}_2, \tag{3.143}$$

これらの関係を式（3.142）に代入すると以下の式が得られる．

$$J = \frac{D_m K_m}{L}(C_{1s} - C_{2s}) = P_m(C_{1s} - C_{2s}) \tag{3.144}$$

ここで，$P_m(=D_m K_m/L)$ $[\mathrm{m\,s^{-1}}]$ は膜透過係数である．

膜の両側の拡散境膜内での移動速度は，物質移動係数 $k_{L1}$, $k_{L2}$ を用いて次のように表される．

$$J = k_{L1}(C_1 - C_{1s}) = k_{L2}(C_{2s} - C_2) \tag{3.145}$$

また，二つのセルの液本体濃度 $C_1$, $C_2$ を用いると，移動速度は次式で与えられる．

$$J = K(C_1 - C_2) \tag{3.146}$$

式 (3.144)～式 (3.146) で与えられる移動速度 $J$ は等しいから，これら三つの式から，$K$ を膜透過係数 $P_m$ と境膜移動係数 $k_{L1}$, $k_{L2}$ に関係づける次式

$$\frac{1}{K} = \frac{1}{k_{L1}} + \frac{1}{P_m} + \frac{1}{k_{L2}} \tag{3.147}$$

が得られる．この $K$ は，総括膜透過係数とよばれる．また，その逆数 $(1/K)$ は膜透過の総括抵抗を表し，これが膜自身の抵抗 $(1/P_m)$ と，膜の両側の境膜抵抗 $(1/k_{L1}, 1/k_{L2})$ との和になっている．溶質の膜透過実験から直接測定される値はこの総括膜透過係数 $K$ であり，膜自身の透過係数 $P_m$ を求めるためには境膜抵抗の影響が無視できる条件下で実験を行う必要がある．

**b. 逆浸透膜**

溶質を通さず溶媒のみを通すような膜（半透膜とよばれる）の両側で，溶質濃度に差があれば膜の両側で浸透圧差が生じ，低濃度側から高濃度側へ向かって溶媒が流れる．この浸透圧に逆らって高濃度側に浸透圧以上の圧力をかけ，溶媒を高濃度側から低濃度側へ透過させる手法を逆浸透法とよぶ．

逆浸透法は，無機塩類程度の小分子と溶媒分子との分離を目的とし，海水から真水を得るための海水淡水化に応用されている．この場合，$Na^+$ や $Cl^-$ などの小さな溶質を残して水を通すという性質の膜が必要とされるが，1960 年代に酢酸セルロース膜の開発によってこの点が解決された．この逆浸透現象は，以下のような式により取り扱うことができる．

$$J_v = A(\Delta p - \Delta \pi) \tag{3.148}$$

$$J_s = \left(\frac{D_m K_m}{L}\right)(C_2 - C_3) \tag{3.149}$$

ここで，$J_v\,[\mathrm{mol\,m^{-2}\,s^{-1}}]$ は溶液の膜透過流束，$A\,[\mathrm{mol\,Pa^{-1}\,m^{-2}\,s^{-1}}]$ は溶媒の膜透過係数，$\Delta p\,[\mathrm{Pa}]$ は逆浸透圧，$\Delta \pi\,[\mathrm{Pa}]$ は浸透圧，$J_s\,[\mathrm{mol\,m^{-2}\,s^{-1}}]$ は溶質の透過流束，$(D_m K_m/L)\,[\mathrm{m\,s^{-1}}]$ は溶質の透過係数，$C_2\,[\mathrm{mol\,m^{-3}}]$ は原液側膜面の溶質濃度，$C_3\,[\mathrm{mol\,m^{-3}}]$ は透過液の溶質濃

**海水淡水化**
海水の塩分を除去して飲料水や工業用水を得ることをいう．現在では，膜を用いる逆浸透圧法が主流となっている．わが国では，沖縄の淡水化施設が有名である．

**van't Hoff の式**
理想溶液においては浸透圧 $\pi$ は，次の van't Hoff の式で表される．
$$\pi = RT\Sigma C_i$$
ここで，$\Sigma C_i$ は，溶液中に存在する溶質のすべての化学種のモル濃度の和である．

度である．供給液の濃度を基準とした見かけの阻止率 $R_{\text{obs}}$ は

$$R_{\text{obs}} = \frac{C_1 - C_3}{C_1} = 1 - \frac{C_3}{C_1} \tag{3.150}$$

と表わされる．

さて，逆浸透操作における重要な現象として，濃度分極現象がある．溶質は膜により透過を阻止されるから膜面で蓄積し，膜面濃度 $C_2 [\text{mol m}^{-3}]$ は次第に原液の溶質濃度 $C_1 [\text{mol m}^{-3}]$ より大きくなる．これを濃度分極という(図3.46)．濃度分極現象が進むと，膜面で溶質が析出し溶液の透過を著しく妨げることもある．さらに，この濃度分極を考慮した真の阻止率 $R$ は以下のように定義される．

$$R = \frac{C_2 - C_3}{C_2} = 1 - \frac{C_3}{C_2} \tag{3.151}$$

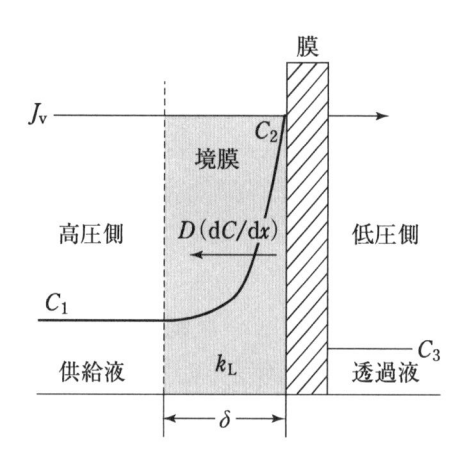

**図 3.46** 膜面近傍の濃度分極現象

図に示された膜近傍の境膜内での物質収支を考えると次式が得られる．

$$J_v C - D \frac{dC}{dx} = J_v C_3 \tag{3.152}$$

この場合の境界条件は，以下のように与えられる．

$$x = 0, \quad C = C_1 ; \quad x = \delta, \quad C = C_3 \tag{3.153}$$

式 (3.152) を上記の境界条件で解くと，濃度分極による原液側膜面濃度 $C_2$ と原液濃度 $C_1$ との関係は次式で与えられる．

$$\frac{C_2 - C_3}{C_1 - C_3} = \exp \rho_M \frac{J_v}{k_L} \tag{3.154}$$

ここで，$k_L (= D/\delta) [\text{m s}^{-1}]$ は膜面の原液側境膜の物質移動係数である．

#### c．限外沪過膜

限外沪過（ultrafiltration）とは，0.1 μm 以下の孔径を有する膜で，溶液を沪過し，溶質をふるい分ける手法である．限外沪過の用途が高分子溶質の濃縮，小分子溶質の除去，高分子溶質の分画などであることからもわかるように，従来の意味の沪過をさらに小さい粒子の精密な沪過に拡張したものといえる．分子の大きさ（分子量）によって分離性能を表し，たとえば分画分子量 10 000 といえば，分子量 1 万以上の溶質は 90 % 以上透過させない膜であることを示す．限外沪過が実用的な技術となったのは，酢酸セルロースなどの異方性膜で透過速度が非常に大きく，しかも分画分子量が 200～5 000 000 の間で細かく分けられた限外沪過膜（UF 膜）が市販されるようになった 1960 年代中頃以降のことである．

限外沪過操作でとくに重要な現象に濃度分極とゲル沪過がある．濃度分極は逆浸透とも共通の現象であるが，ゲル沪過は限外沪過に特有の現象である．限外沪過の場合は分画分子量以上の高分子が濃度分極により高圧側膜面に蓄積されて，ゲル層を形成し，沪過速度を大きく低下させるファウリング現象を引き起こす．このため定期的に膜面を洗浄する必要がある．ゲル層が形成されたときの溶液の透過流束は次式で表される．

$$\frac{\rho_\mathrm{M}}{J_\mathrm{v}} = \frac{1}{v_\mathrm{w}} + \frac{\beta_\mathrm{p} V_\mathrm{p}}{\Delta p - \Delta \pi} \tag{3.155}$$

ここで，$\rho_\mathrm{M}[\mathrm{mol\,m^{-3}}]$ は透過液のモル密度，$v_\mathrm{w}[\mathrm{m^3\,m^{-2}\,s^{-1}}]$ は膜を透過する純水の体積流束，$\beta_\mathrm{p}[\mathrm{Pa\,s}]$ は比例定数，$V_\mathrm{p}[\mathrm{m^{-3}\,m^2}]$ は膜面単位面積あたりの透過液体積である．右辺第 2 項がゲル層による透過抵抗の寄与を表す．

#### d．ガス分離膜

膜を用いて，気体の混合物から特定の気体を分離することができる．これまでに試みられた例として，シリコンゴム膜による酸素の分離，ポリイミド膜による二酸化炭素の分離，ゼオライト膜による水素の分離などがある．このような膜を用いたガス分離装置は，構造が簡単であり，操作圧を高くすれば処理ガス量を容易に大きくすることができるため，省エネルギー分離操作として注目されている．

一般にガス分離膜をその構造から分類すると，多孔質膜と非多孔質膜とに分けることができる．多孔質膜とは 1～数 10 nm の貫通孔を多数有するもので，その孔を気体分子が通過する際の速度の違いによって分離性能を発揮する．このことは，3.2 節で導かれた分子量 $M_\mathrm{A}$ と膜透過速度 $N_\mathrm{A}[\mathrm{mol\,m^{-2}\,s^{-1}}]$ との関係式からも明らかである．

**ガス分離膜**
燃料電池開発における水素分離膜としての用途が注目されている．

$$N_\mathrm{A} = \frac{K}{\sqrt{M_\mathrm{A} T}} \frac{\Delta P}{L} \tag{3.156}$$

ここで,$K$ は膜固有の値 $[(\mathrm{mol\, g\, K})^{1/2}\mathrm{m}^{-1}\mathrm{s}^{-1}\mathrm{Pa}^{-1}]$,$T$ は絶対温度 $[K]$,$\Delta P$ は膜前後の圧力差 $[\mathrm{Pa}]$,$L$ は分離膜の厚さ $[\mathrm{m}]$ である.また式 (3.156) が成り立つときの膜透過係数 $P_\mathrm{m} [\mathrm{mol\, m^{-1}\, s^{-1}\, Pa^{-1}}]$ は次のようになる.

$$P_\mathrm{m} = \frac{K}{\sqrt{M_\mathrm{A} T}} \tag{3.157}$$

式 (3.156) あるいは (3.157) から,気体の透過速度はその分子量の平方根に逆比例することがわかる.すなわち,分子量の小さい気体,たとえば,$H_2$ や He などがより大きな透過速度を有することが予想できる.

このように,透過速度が分子量に依存するような流れを Knudsen 流とよぶが,理想的には孔の中を他の気体分子と衝突することなく孔壁とのみ衝突を繰り返して通過する場合に成立する.そのためには,気体分子が移動する間に他の気体分子と衝突する距離である平均自由行路より孔径が小さいほどよいことになる.実際には,孔径がその 2 倍以下の範囲で Knudsen 流にほぼ従うとされており,それ以上孔径が大きくなると粘性流(Poiseille 流)としての性質も加わるようになる.

一方,非多孔質膜では,明確な孔は存在せず,有機高分子膜に代表されるように,気体分子は高分子の間隙を縫うように通過すると考えられている.したがって,その透過速度は気体分子と高分子との相互作用に強く依存する.このことはまた多孔質膜とは異なり,小さい気体分子ほど通過しやすいということは一概にいえなくなる.すなわち,高分子膜のような非多孔質膜では,気体分子はまず膜中へ溶解(分配)し,その後拡散して膜の反対側へ通過すると考えられている.溶解については,3.2 節で示されたように,気体濃度を $C\, [\mathrm{mol\, m^{-3}}]$,その分圧を $p$ $[\mathrm{Pa}]$ とすると,それらが平衡状態にあるときの関係は,同様に Henry の法則が成りたつ.

$$p = HC \tag{3.158}$$

ここで,$H$ は Henry 定数 $[\mathrm{Pa\, m^3\, mol^{-1}}]$ である.この関係を用いると,膜中でのガス拡散が Fick の法則に従うとして,透過速度は次式で表され,

$$Q = DA \frac{\Delta C}{L} = \frac{DA}{H} \frac{\Delta P}{L} \tag{3.159}$$

透過係数 $\overline{P}$ は

$$\overline{P} = \frac{D}{H} \tag{3.160}$$

すなわち，拡散係数 $D\,[\mathrm{m^2\,s^{-1}}]$ を Henry 定数 $H$ で除したもので与えられる．

一般に，多孔質膜の透過速度は，非多孔質膜の透過速度に比べ大きな値を有するものの，選択性は数倍以下と小さい．これに対して非多孔質膜の場合は，透過速度は小さいもののその選択性が数十倍におよぶ場合もある．

### e．透過気化膜

透過気化法（パーベーパレーション）は，膜分離と蒸留の効果を合わせたものであり，液に溶解している物質を選択的に膜の細孔内に取り込み，濃縮側に気化して離脱させる方法である．

水とエタノールの混合物と疎水性の膜を接触させると，エタノールが膜の細孔に取り込まれる．膜の片方をエタノールの蒸気圧以下に減圧すると，エタノールが気化して選択的に分離できる．逆浸透法に比べると，蒸発潜熱の補給，減圧動力などが必要であるので，必ずしも省エネルギー分離とはいえない．しかし，透過気化では膜との相互作用によって気液平衡関係が変わるから，蒸留では分離できない共沸点を有する混合物でも分離が可能となる．

### f．透析膜

透析法（dialysis）は，膜分離の中でももっとも歴史のある手法である．透析法は，基本的には，溶質の膜内の拡散速度の差を利用して分離する手法であり，古くからタンパク質などの高分子量の溶質を含む水溶液から，無機塩類を除去する手法として用いられてきた．透析は，濃度差を駆動力とした膜分離法であり，この点で圧力を駆動力とする逆浸透や限外沪過法と異なる．とくに医療の分野では，血液の透析を行う人工腎臓があり，現在でも重要な治療法として用いられている．

### g．液膜

生体膜の機能を模倣した膜分離法に液膜分離法がある．図 3.47 に示

**人工透析**
血液中の老廃物を透析によって取り除く人工透析は，1940 年代後半からセロファン膜を用いて実用化されていたが，その後，糸状の中空繊維膜（ホローファイバー）の出現により血液透析装置の大幅な小型化が実現し，今日に至っている．

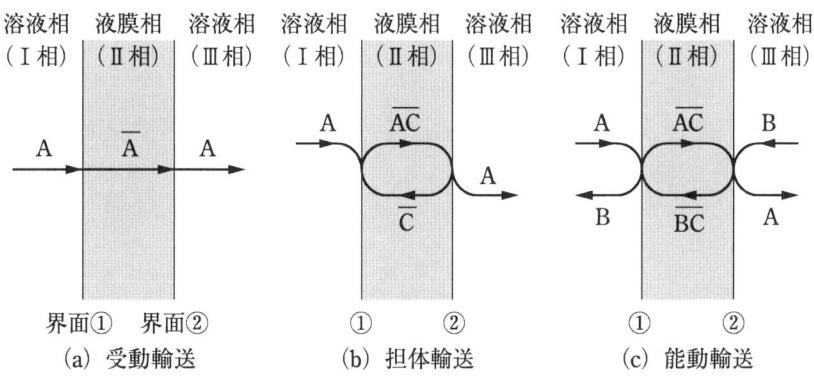

図 3.47 液膜輸送の形態

**抽出試薬**
分離対象物質に対して選択的に反応する試薬．分子認識試薬ということもある．特定の金属イオンに対して，高い選択性を有するキレート試薬が有名である．アミノ酸を抽出するクラウンエーテルやタンパク質を特異的に抽出できるカリックスアレンなどの新規化合物も開発されている．

すように，膜の外側の液体Ⅰ相とⅢ相と混じり合わない液体を多孔質の支持体に含浸して膜Ⅱ相とし，Ⅰ相中の成分AをⅢ相に輸送する．たとえば，Ⅰ相とⅢ相を水相とした場合，Ⅱ相を水と混じり合わない有機相とすることによって液膜が形成される．選択的輸送が起こるためには，厚さ$\delta$の膜に成分Aが選択的に分配されることが必要となる．膜中に成分Aと結合する物質（抽出試薬）が含まれているか，含まれている場合には抽出試薬と成分Aがどのように結合するか，によって液膜分離法は以下のように分類される．なお，ここでは抽出試薬を担体（キャリヤー）とよぶことにする．

**(1) 受動輸送**（キャリヤーが含まれない場合） 界面①および②において，外界と膜との間で分配平衡が成り立つ．

$$K_D = \frac{[\overline{A}]_1}{[A]_1} = \frac{[\overline{A}]_2}{[A]_2} \tag{3.161}$$

$[A]_1$は界面①における成分Aの濃度を表す．膜中の値は $\overline{\phantom{A}}$ を付けて示す．膜中の成分Aが移動する流束$N_A$は，上述の式（3.142）に濃度差$\overline{C}_1 - \overline{C}_2$の代わりに$[\overline{A}]_1 - [\overline{A}]_2$を代入したもので与えられる．

$$N_A = \frac{D_m}{L}([\overline{A}]_1 - [\overline{A}]_2) \tag{3.162}$$

ここで，$D_m$は着目成分の膜中の拡散係数である．式(3.162)を，式(3.161)の関係を用いて書き換えると，次式が得られる．

$$N_A = \frac{D_m K_D}{L}([A]_1 - [A]_2) \tag{3.163}$$

式（3.163）から明らかなように，膜の両界面での濃度が等しくなると，$N_A = 0$ となり，成分Aが濃度勾配に逆らってⅢ相中に移動することはない．

**(2) 担体輸送** 膜相への分配係数$K_D$が小さい場合には，流束が小さい．そこで膜中に成分Aと錯体を形成し，外部には溶解しない担体Cを加えると，膜内への分配を増加させることができる．これが担体輸送である．この場合の反応は次式で表される．

$$[A] + [\overline{C}] = [\overline{AC}] \tag{3.164}$$

錯体の生成・解離反応は迅速に起こるとすると，反応の平衡定数は，以下のように表すことができる．

$$K = \frac{[\overline{AC}]}{[A][\overline{C}]} \tag{3.165}$$

成分Cと成分ACは膜内にのみ存在するので，成分Cの物質収支から

$$[\overline{C}] + [\overline{AC}] = [\overline{C}](1 + K[A]) = [\overline{C_T}] = 一定 \tag{3.166}$$

反応の平衡定数が生成物側にかたよっていれば，膜中での成分ACの

**担体**
英語でキャリヤー(carrier)といい運び屋の意味である．担体として上記の抽出試薬が液膜相中に溶解される．

濃度が高くなり，膜中での成分 A はすべて成分 AC として輸送されるから

$$N_A = \frac{D_m}{L}([\overline{AC}]_1 - [\overline{AC}]_2) \tag{3.167}$$

式 (3.165) から $[\overline{AC}] = K[A][\overline{C}]$ であり，式 (3.166) を用いて $[\overline{C}]$ を膜外の成分 A の濃度に変換すると次式が得られる．

$$\begin{aligned}N_A &= \frac{D_m K[\overline{C_T}]}{L}\left(\frac{[A]_1}{1+K[A]_1} - \frac{[A]_2}{1+K[A]_2}\right) \\ &= \frac{D_m K[\overline{C_T}]}{L}\frac{[A]_1 - [A]_2}{(1+K[A]_1)(1+K[A]_2)}\end{aligned} \tag{3.168}$$

式(3.168)から明らかなように，担体輸送でも $[A]_1 = [A]_2$ で $N_A = 0$ となる．また，界面②で成分 A を消費すれば，$[A]_2 = 0$ となり，濃度推進力が大きく保たれるので促進輸送となる．

**(3) 能動輸送** 生体膜のように，濃度が薄いⅠ相から濃度の濃いⅢ相に濃度勾配に逆らって物質移動を達成（能動輸送）するためには，なんらかの化学反応により，輸送に見合うエネルギーを補給しなければならない．たとえば，金属イオンと錯体を形成するプロトン解離型の酸性抽出試薬を用いるとこれが達成できる．この場合，Ⅰ相の pH を高く（アルカリ性）設定することによって，膜中における錯形成反応が促進され，Ⅲ相の pH を低く設定（酸性）することによって金属の解離（逆抽出）反応が促進される．結果として，金属イオン A と水素イオン B は向流で輸送され，能動輸送が達成できる．

この場合の反応は

$$[A] + [\overline{BC}] = [\overline{AC}] + [B] \tag{3.169}$$

平衡定数は，

$$K = \frac{[\overline{AC}][B]}{[A][\overline{BC}]} \tag{3.170}$$

流束は次式で与えられる．

$$N_A = \frac{D_m K[\overline{C_T}]}{L}\frac{[A]_1[B]_2 - [A]_2[B]_1}{([B]_1 + K[A]_1)([B]_2 + K[A]_2)} \tag{3.171}$$

式(3.171)から明らかなように，たとえ $[A]_1 = [A]_2$ であっても $[B]_2 > [B]_1$ であれば $N_A = 0$ とはならない．また，たとえ $[A]_1 < [A]_2$ であっても $[A]_1[B]_2 > [A]_2[B]_1$ であれば，$N_A > 0$ すなわち A の能動輸送が起こることになる．

生体内では，濃度勾配に逆らってイオン輸送が起こるカリウムポンプやナトリウムポンプなど，能動輸送がしばしば行われている．

**生体膜**
細胞とその外部の境界をなす膜のことをいう．生体膜は，脂質とタンパク質を主成分とし，脂質の二重層（二分子膜）構造をとり，6～8 nm 程度の厚みを有する．膜に局在しているタンパク質は酵素や受容体として働き，エネルギー変換，物質代謝および能動輸送などを担っている．

## 演習問題（3章）

[ガス吸収]

**3.1** 例題3.3において，気相における$NH_3$の分圧が1 kPa，水中の$NH_3$の濃度が0.1 kmol $m^{-3}$である場合，界面における$NH_3$の分圧および$NH_3$の吸収速度を求めよ．

**3.2** 1 mol％の$H_2S$を含む空気を向流充填塔を用い，298 K，常圧で水で洗浄し，$H_2S$濃度を0.05 mol％まで減少させたい．平衡関係は表3.3に与えられている．塔頂に供給する水は$H_2S$を含まず，流量は最小理論量の2倍で操作する．移動単位数$N_{OG}$を求めよ．また，$H_{OG}$＝0.5 mのとき，所要塔高さを求めよ．

**3.3** 1 mol％の$NH_3$を含む空気を高さ3 mの向流充填塔を用い，水で洗浄することによって$NH_3$の95％を吸収している．この場合の液ガス比は$L_M/G_M=5$である．いま，他の条件を同じにして，0.5 mol％の$NH_3$を含む空気を処理した場合，充填塔出口の空気中の$NH_3$濃度を求めよ．なお，平衡関係は$y^*=1.23x$で表され，塔頂に供給する水は$NH_3$を含まないとする．

[蒸留]

**3.4** $x_{in}=0.6$のベンゼン-トルエン混合液をフラッシュ蒸留によって粗精製したい．流量120 kmol $h^{-1}$で供給して，蒸発率0.4で操作するときの，留出液組成$x_D$および回収液組成$x_W$を決定せよ．

**3.5** ベンゼン50 mol％，トルエン50 mol％の混合液を1 000 kmol $h^{-1}$で供給して連続多段精留を行い，組成0.95の留出液を450 kmol $h^{-1}$で取り出したい．缶出液組成とその生産量，および還流比2.0で操作するとして必要な理論段数を求めよ．

[抽出]

**3.6** 3 kmol $m^{-3}$の酢酸水溶液と0.5 kmol $m^{-3}$の高分子量アミンを含むベンゼン溶液を同じ体積流量でミキサーに供給し，水相中の酢酸をベンゼン相に単一抽出する．両相の酢酸濃度が抽出平衡に達するに十分な滞留時間があるとして，ミキサー出口における酢酸の抽出率を求めよ．酢酸の抽出平衡は表3.6に示すデータを使用せよ．なお，両相への水，高分子量アミンの相互溶解度は無視できて，酢酸の抽出に伴う水相と有機相の体積変化はないものとする．

表 3.6

| 水相中の酢酸濃度$[A]_{aq}$[kmol $m^{-3}$] | | | | | | | |
|---|---|---|---|---|---|---|---|
| 0.1 | 0.5 | 1.0 | 1.5 | 2.0 | 2.5 | 3.0 | 3.5 |
| ベンゼン中の酢酸濃度$[A]_{org}$[kmol $m^{-3}$] | | | | | | | |
| 0.257 | 0.949 | 1.33 | 1.54 | 1.68 | 1.78 | 1.87 | 1.94 |

**3.7** 例題3.6と同じ原料と溶剤を，体積流量を3:5で向流多段ミキサーセトラーに供給し，水中の酢酸の95％を抽出したい．必要な平衡理論段数を求めよ．ただし，酢酸の抽出に伴う流量の変化はないものとする．

[吸着]

**3.8** 吸着質が2種類（A, B）存在している場合のLangmuir式を導出せよ．

**3.9** 式 (3.101) を導出せよ．

**3.10** 例題 3.12 と同条件で，吸着平衡関係が $q_A = 100\, C_A/(1+300\, C_A)$ で与えられるときの破過時間を求めよ．

[晶　析]

**3.11** 濃度 15 wt % の硫酸カリウム ($K_2SO_4$) 水溶液がある．この水溶液 1 トンを 20 °C まで冷却する冷却晶析を行う．種晶として，粒径 100 µm の結晶 2.5 kg を添加する．晶析中に新たな核発生はないものとし，また，結晶の破砕も起こらないと仮定して，期待される製品結晶の粒径はいくらか．

**3.12** 回分晶析において多形の溶媒媒介転移が起こる場合，晶析中の溶液濃度を測定するとどのような変化をすると考えられるか．

[乾　燥]

**3.13** 乾球温度 293 K，湿球温度 285 K の湿り空気を 343 K に予熱して乾燥に使用したい．乾燥器出口の空気温度が 308 K であり，器内では熱風の状態変化が断熱冷却線に沿うものと仮定して，乾燥器内で 1 kg の水を蒸発させるのに必要な乾き空気の質量を求めよ．

**3.14** 器内空気の温度と湿度が常に一定と見なせる回分式熱風乾燥器で $w_1 = 0.30$ の湿り材料を $w_2 = 0.10$ まで乾燥するのに 5 時間を要した．$w_2 = 0.05$ まで乾燥するのに要する時間を求めよ．ただし $w_c = 0.15$，$w_e = 0$ であり，材料予熱期間を無視してよい．

**3.15** 次の仕様に基づいて，向流連続式熱風乾燥器を設計し，(1) 所要空気量，(2) 空気加熱量，(3) 乾燥器体積を求めよ．ただし水の蒸発は表面蒸発区間でのみ起こり，材料予熱区間と減率乾燥区間では材料温度だけが変化するものと近似せよ．

　　湿り材料：$w_1 = 0.5$，$w_2 = 0.02$，$T_{M1} = 293$ K，$T_{M2} = 323$ K，$q_{mM} = 0.14$ (kg-湿り材料) $s^{-1}$，
　　　　　　$w_c = 0.3$，$w_e = 0$，$C_S = 1.3$ kJ (kg-無水材料 K)$^{-1}$，$C_L = 4.2$ kJ (kg-水 K)$^{-1}$

　　熱風：$T_2 = 373$ K，$T_1 = 333$ K，$H_2 = 0.01$ (kg-水蒸気)(kg-乾き空気)$^{-1}$，$T_0$ (外気温) = 293 K，平均伝熱容量係数 $ha = 0.3$ kJ ($m^3$-乾燥器 s K)$^{-1}$

[膜分離]

**3.16** 膜分離法の種類をあげ，それぞれの特徴をまとめよ．

**3.17** 気体が Knudsen 拡散に従い透過する膜がある．温度 400 K で水素と窒素の 1 : 1 混合ガスを分離するとき予想される選択率（透過速度の比）を求めよ．

**3.18** 液膜における能動輸送に関する式 (3.171) を導け．

# 4 ■流体の運動と移動現象

　物質の状態の中で気体や液体は，流動性に富み管内輸送が容易であるだけでなく，装置内の濃度や温度を均一化しやすいため，化学プロセスではよく用いられる状態である．密度や粘度などの大きさの違いを除けば，定性的には気体と液体は同じような流れの挙動を示すため，両者をまとめて流体とよぶことが多い．

　流体の運動は，基本的には質点と同じNewtonの運動法則に従うが，連続体であるために，その形式は少し複雑な形になる．流体には粘性による摩擦力があるため，流体を流すには外からエネルギーを加える必要がある．また，装置内における物質の濃度や温度の空間分布は，巨視的な対流運動だけでなく，分子拡散や熱伝導のような，流体を構成する原子や分子の微視的な運動によっても影響される．

　流体運動やその中での物質や熱エネルギーの移動現象を正確に捉えることは，化学プロセスの解析や設計の基礎となる．これらの移動現象の基礎理論は，運動量，質量，エネルギーの三つの保存量の収支式に基づいて構成される．そのため，これら基礎式の間にはいくつかの類似点が見られる．

　本章では，流体運動の様々な形態と，その中で起こる種々の移動現象の機構と特性について説明する．

## 4.1　流体中の移動現象

### a．流体の流れと運動量移動

　空気や水に代表される気体や液体には，$1\,\mathrm{cm}^3$あたり$10^{19}$〜$10^{22}$個もの膨大な数の原子や分子が含まれている．しかし，流体運動としてわれわれが直接体感できるのは，それら多数の原子・分子運動のある種の統計的平均にすぎない．

　粒子の運動を考える場合，各時刻における粒子の位置と速度が分かれば，運動状態が確定したことになる．これに対し，連続体である流体の場合には，各時刻におけるすべての位置の流体速度を知る必要がある．ただし，空間の各場所を占める微小体積中には，Avogadro数オー

ダーの膨大な数の原子や分子が含まれるため，そこでの局所速度は微小体積中に含まれる全原子・分子の平均速度と考える．

常温常圧の気体分子は，およそ $10^3 \mathrm{m\,s^{-1}}$ の高速度で飛び回りながら，毎秒 $10^{10}$ 回の割合で他の分子と衝突を繰り返すので，衝突から次の衝突までの間に進む距離はわずか $10^{-4}$ mm 程度にすぎない．このように各分子は，他の分子からの引力や斥力だけでなく重力などの外力の影響も受けながら運動し，多数の衝突を繰り返し，そのたびに運動量の交換が行われる．

外力 $\boldsymbol{F}$ を受けた質量 $m$，速度 $\boldsymbol{u}$ の粒子の運動は，粒子に作用した力が運動量 $m\boldsymbol{u}$ の増加速度に等しいとする Newton の運動法則に従って変化する．

$$\frac{\mathrm{d}(m\boldsymbol{u})}{\mathrm{d}t} = \boldsymbol{F} \tag{4.1}$$

連続体としての流体の運動を考える場合，質量をもつ体積部分に働く力のほかに，流体の表面や内部の面に働く力も考慮に入れる必要がある．そのため，まず流体中に仮想的な断面を考える．その両側に存在する分子が仮想断面を通過して行き来するために起こる正味の運動量変化や，断面を挟む流体分子間の衝突や相互作用による運動量交換があれば，それによる運動量の時間変化を仮想断面に働く力と考える．このように，面に働く内的な力を応力とよぶが，よく知られている圧力も応力の一種である．連続体としての流体運動の取り扱いが質点と異なるのは，この応力概念の導入にある．

**(1) 剪断応力と速度勾配**　巨視的に見て流体が静止している場合でも，その内部では，分子は絶えずミクロな不規則運動を続けている．温度が高いほどその運動は激しい．実際，分子論的な温度の定義には，この不規則な熱運動の平均運動エネルギーが用いられる．

静止流体中の各場所で，熱運動する分子集団の運動量を平均するとゼロになる．しかし，流体中に仮想断面を考えてその片側から入射する分子だけの運動量成分を平均すると，面に垂直に入射する成分だけが残る．これが圧力である．仮想断面をどのように想定しても，面の両側から働く圧力は方向が逆で大きさが等しくなるため，流体は全体として静止する．

巨視的に見て流体が流れている場合，分子は方向性のない不規則な熱運動のほかに，一定方向に移動する運動も行うため，分子集団の運動を平均するとゼロでない速度成分が残る．これが巨視的に見た流体の流速である．一般に，流体分子の運動量は，巨視的な流れに対応する対流運動と不規則な熱運動の両方によって運ばれる．流れている系にお

---

**平均速度**
$n$ 成分系（$n \geq 2$）の平均速度 $u$ には，$\boldsymbol{u} = \sum_{i=1}^{n} \omega_i u_i$ のように各成分 $i$ の速度 $u_i$ にその成分の質量分率 $\omega_i$ の重みをかけた平均値などが用いられる．

**運動量の時間変化率と力**
式 (4.1) からもわかるように，運動量の時間変化率は力に等しいことに注意．

**流体に作用する力**
流体に作用する力には，応力のように面に働く力（面積力）以外に，重力のように体積部分に働く力（体積力）がある．

いても，流体中に仮想的な断面を想定して，面に働く応力を考えることができる．ただし，その場合は仮想断面上での巨視的な対流速度を差し引いた運動量の移動だけを考える．位置が同じでも，仮想断面の方向の選び方によって，その単位断面積を通過する運動量の方向や大きさが異なるため，応力は面の方向と通過する運動量成分の向きの両方を指定してはじめて決まる量（2階テンソル）である．この意味で，応力は速度や運動量のようなベクトル量（1階テンソル）よりもさらに複雑な物理量であるといえる．

一般に，応力は圧力と剪断応力の和から成り立っている．流体中に速度差があると，圧力とは別に，速度勾配に関係した余分の応力成分が生じる．これが剪断応力である．空気や水のようなNewton流体とよばれる通常の流体では，剪断応力 $\tau$ [Pa]（または [N m$^{-2}$]）と速度勾配の間に簡単な比例関係が成り立つ．

$$\tau_{yx} = -\nu \frac{d(\rho u_x)}{dy} = -\mu \frac{du_x}{dy} \tag{4.2}$$

Newtonの粘性法則とよばれる式(4.2)で，比例係数 $\mu$ [Pa s] は粘度，$\nu = \mu/\rho$ [m$^2$ s$^{-1}$] は動粘度，$\rho$ [kg m$^{-3}$] は密度である．$\tau$ の二つの下付き添字の意味は，$y$ 軸に垂直な面の負側にある流体が，正側の流体に及ぼす単位面積あたりの力の $x$ 方向成分であることを示している（図4.1）．$du_x/dy$ は $x$ 方向速度成分 $u_x$ の $y$ 方向勾配である．粘度は流体ごとに異なる物性値であり，水の場合は $10^{-3}$ Pa s 程度，空気はその約 1/50 である．しかし，動粘度で比較すると逆に，水が $10^{-6}$ m$^2$ s$^{-1}$ で，空気はそれよりも約15倍大きい値を示す．後に述べるReynolds数からもわかるように，流れに及ぼす粘性の効果は，粘度ではなく動粘度の大きさで決まる．そのため，粘度は水よりも小さいが，動粘度では逆に大きな値を示す空気の方が，流れに及ぼす粘性効果が強いといえる．高分子流体の動粘度は，水の動粘度の $10^4$ 倍を越えることも多く，剪断応

**応力テンソル**
応力テンソル $\tau$ は一般に9個の成分

$$\begin{pmatrix} \tau_{xx} & \tau_{xy} & \tau_{xz} \\ \tau_{yx} & \tau_{yy} & \tau_{yz} \\ \tau_{zx} & \tau_{zy} & \tau_{zz} \end{pmatrix}$$

をもつ．単位法線ベクトル $\boldsymbol{n} = (n_x, n_y, n_z)$ に垂直な単位断面に働く応力の $i$ 方向成分（$i = x, y, z$）は $n_x \tau_{xi} + n_y \tau_{yi} + n_z \tau_{zi}$ で表される．

**レオロジー**
非Newton流体も含めた物質の流動と変形を一般的に取り扱う学問分野をレオロジーという．非Newton流体にはビンガム流体，ダイラタント流体などがある．

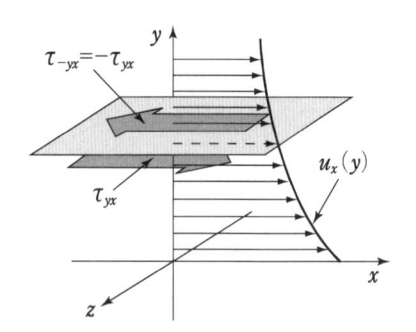

図 4.1 剪断応力と速度分布
（作用・反作用の法則により $\tau_{-yx} = -\tau_{yx}$ が成り立つ）

力と速度勾配との関係も式 (4.2) より複雑な形になる場合が多い．そのような流体は，非 Newton 流体とよばれる．

**(2) 流束と推進力** 単位時間に単位断面積を通過する物理量の流れを流束（またはフラックス）という．この意味で，式 (4.2) の左辺の剪断応力は運動量の $x$ 方向成分の流束である．他方，右辺の速度勾配は，このような運動量の移動を引き起こす推進力と見なすことができる．すなわち，右辺の推進力が原因となって左辺の流束が生じると考える．Newton の粘性法則のように，流束が推進力に比例する形は，これ以外にも物質の拡散や熱伝導現象など多くの移動現象に見られる．

**b. 分子拡散現象**

コップの中の静止した水の中に，静かにインクを滴下すると，インクはゆっくりと拡散し，やがてコップの中は均一な濃度になる．これは流体中の分子が不規則な熱運動を行うことによって，インクを構成する着色分子の集団がしだいに広がって行くためである．前項でも述べたように，分子は周囲の分子と短時間に多数回の衝突を繰り返し，そのたびに進行方向がランダムに変わるので，たとえば，水中で分子が直線距離を 1 cm 進むのに数時間程度かかる．個々の分子は熱運動によって様々な方向に移動するが，着目分子集団の動きをマクロに見ると，濃度の高い所から低い方へとしだいに広がって行くように見える．このような分子拡散現象では，着目する A 分子の流束がその濃度 $C_A$ の勾配 $dC_A/dx$ に比例するという Fick の法則が成立する．

$$N_{Ax} = -D_A \frac{dC_A}{dx} \tag{4.3}$$

モル流束 $N_{Ax}$ [mol m$^{-2}$ s$^{-1}$] は，A 分子が単位時間に $x$ 方向に垂直な単位断面を通過するモル数である．マイナス符号がつくのは，濃度の高い所から低い方へ拡散するためである．拡散係数 $D_A$ [m$^2$ s$^{-1}$] は，着目する拡散分子 A と周囲の流体分子との組合せによって決まる物性値である．気体の拡散係数は $10^{-6}$ m$^2$ s$^{-1}$ 程度，液体ではその 1/1000 程度である．

拡散係数の次元から推察されるように，拡散時間 $\Delta t$ とその間に移動する距離 $L$ の間には $L^2/\Delta t \sim D_A$ の近似的関係が成り立つので，たとえば 1 mm 拡散するのに 10 min かかるとすれば，その 10 倍の 10 mm 拡散するには 1000 min かかることになる．このように，分子拡散では，拡散距離が長くなるにつれて急速に所要時間が増大する特性をもっている．

物質の移動機構には，流体のマクロな流れに乗って分子が一方向に運ばれる対流移動と，分子のミクロな方向性のない熱運動による分子

**アナロジー**
運動量移動，物質移動，熱エネルギー移動の流束に関する三つの式 (4.2), (4.3), (4.4) の形の類似性からも推測されるように，これら 3 種の量の移動機構の間には一種のアナロジー関係が存在する．

**分子拡散のミクロイメージ**
高濃度域と低濃度域を分ける仮想的断面を考えると，分子の不規則運動により高濃度側から低濃度側へ断面を通過する分子数が，その逆方向に通過する分子数よりも多い．そのため分子は正味として高濃度側から低濃度側へ移動することになるが，これが分子拡散のミクロ像である．

拡散の二つの機構がある．実際に反応器内で流体を混合する操作では，機械的攪拌による対流効果によって，まずマクロスケールでの均一化が行われ，次に分子拡散効果によりミクロスケールまでの均一化がゆっくりと進行する過程が支配的になると考えられている．

#### c. 熱伝導現象

熱エネルギーの移動機構には，対流と伝導と放射の三つの機構がある．熱エネルギーをミクロな立場から見ると，原子や分子のランダムな熱運動に関する平均運動エネルギーと解釈することができる．各分子がもつこのような熱エネルギーは，流体のマクロな流れに乗って移動するだけでなく，分子同士の衝突などによる近接的な相互作用や，電磁エネルギーのように電磁場を通じての間接的相互作用によっても伝達される．これらがそれぞれ，対流，伝導，放射による熱エネルギーの移動機構に対応する．

熱伝導現象に対しては，次の Fourier の法則が成り立つ．

$$q_x = -\kappa \frac{d(\rho C_P T)}{dx} = -k \frac{dT}{dx} \tag{4.4}$$

流束 $q_x [\mathrm{W\,m^{-2}}]$ は，単位時間に $x$ 方向に垂直な単位断面積を通過する熱エネルギーであり，それが推進力である温度勾配 $dT/dx$ に比例する．比例係数 $k [\mathrm{W\,m^{-1}\,K^{-1}}]$ は熱伝導率，$\kappa [\mathrm{m^2\,s^{-1}}]$ は熱拡散率とよばれる物性値，$C_P$ は定圧比熱である．気体の熱伝導率は $0.005\sim0.03\,\mathrm{W\,m^{-1}\,K^{-1}}$ 程度，液体の熱伝導率はその約 10 倍である．

熱放射の影響は高温になるほど顕著になるが，室温付近では対流や伝導による熱移動効果に比べて無視できる場合が多い．

### 4.2 流れの形態

#### a. 流れ場の基礎式

単一成分からなる流体の流れの状態は，各場所における流速ベクトルと密度，圧力が指定されれば決まる．速度ベクトルは $u_x, u_y, u_z$ の三つの成分をもつので，流れ場の未知変数は全部で5個である．これらを決める基礎式は，質量保存則を表す連続の式，$x, y, z$ 方向の運動量保存則を表す三つの運動の式，密度と圧力の関係を表す状態方程式の五つである．音速以下で流れる通常の流体では，流体の圧縮性を無視することができる．この場合，密度は圧力に依存しないため，流体密度を既知量と見なして，残りの速度ベクトルと圧力を運動の式と連続の式から計算する．

非圧縮性流体の質量保存則は，連続の式とよばれる偏微分方程式と

なる．

$$\frac{\partial u_x}{\partial x} + \frac{\partial u_y}{\partial y} + \frac{\partial u_z}{\partial z} = 0 \tag{4.5}$$

剪断応力と速度勾配の関係が最も単純な Newton 流体でさえ，その運動方程式は三つの速度成分と圧力を含む Navier-Stokes 方程式とよばれる複雑な非線形偏微分方程式となる（後述の"水道に秘められた謎：乱流"を参照）．そのため，一般的な流れ場に対してこれらの式を解析的に解くことは困難で，通常はコンピューターを用いた数値解析が行われる．

速度場の解析例として，ここでは，半径 $R$ の円管内を流れる流体の速度分布を考える．流れ場は時間的に変化しない定常状態とする．また，円管が十分に長ければ，入口から一定の距離以上離れた下流域では，速度分布が十分に発達し，流れ方向には変化しなくなる．このような完全発達領域における管内速度分布を求める．

円管の中心軸に沿った流れ方向を $z$ 軸，半径方向を $r$ 軸とする円筒座標系で考える（図 4.2）．$z$ 方向には速度分布は変化しないと考えているので，速度ベクトルは流れ方向成分 $u_z = u_z(r)$ だけが存在し，$r$ 方向成分は $u_r = 0$ である．ところで，圧力 $p$ が $r$ に依存すると，半径方向に圧力差が生じるため $r$ 方向の力が流体に働く．その結果，$r$ 方向に流れが生じて $u_r \neq 0$ となり，完全発達の仮定と矛盾する．したがって，圧力は円管の軸に垂直な断面内では均一で，流れ方向の座標 $z$ だけの関数 $p = p(z)$ である．

**完全発達流では $u_r = 0$**
$u_r \neq 0$ では，流体粒子の軌跡は下流に行くにつれて管壁方向に広がるか，あるいは管中心方向に集まる．よって，この場合には完全発達流とはなり得ない．

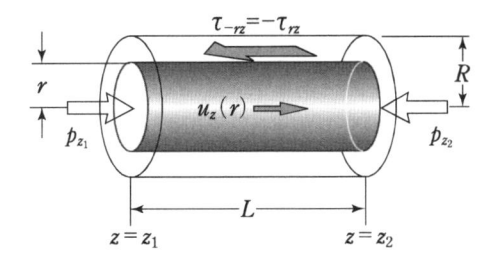

図 4.2 円筒状の流体部分に働く力

いま，図のように流体中に長さ $L(=z_2-z_1)$，半径 $r(<R)$ の仮想的な円筒領域を考え，それに作用する $z$ 方向の力を考える．$z=z_1$ の流入口断面に働く圧力は $\pi r^2 p(z_1)$，$z=z_2$ の出口断面に働く力は $-\pi r^2 p(z_2)$，円筒の外側の流体が円筒側面に及ぼす粘性力は剪断応力 $\tau_{-rz}$ に側面の面積 $2\pi r L$ をかけたものであるから，仮想的な円筒全体に働く $z$ 方向の合力は以下のようになる．

$$\pi r^2 \{p(z_1) - p(z_2)\} + 2\pi r L \tau_{-rz} = 0 \tag{4.6}$$

右辺をゼロと置いたのは，定常状態の仮定より，円筒状の流体部分が加速されることなく一定速度で動くことから，これに働く合力がゼロと見なせるからである．作用・反作用の法則と式 (4.2) の Newton の粘性法則を用いると，

$$\tau_{-rz} = -\tau_{rz} = \mu \frac{du_z}{dr} \tag{4.7}$$

となり，これを式 (4.6) に代入して，$\Delta p \equiv p(z_1) - p(z_2)$ を用いると次式が得られる．

$$\frac{du_z}{dr} = -\Delta p \frac{r}{2L\mu} \tag{4.8}$$

両辺を $r$ について積分すると放物線状の流速分布が得られる．

$$u_z(r) = \frac{(R^2 - r^2)\Delta p}{4L\mu} \tag{4.9}$$

ただし，管壁 $r = R$ で流速がゼロとなることを考慮して積分定数を決めた．式 (4.9) は Hagen-Poiseuille の式とよばれ，流速が圧力勾配 $\Delta p/L$ に比例し，粘度 $\mu$ に反比例することを示している．これを用いて計算すると，中心部における最大速度 $u_{z,\max} = u_z(0)$ は断面平均速度 $\bar{u}_z$ の 2 倍となることが確かめられる．

**剪断応力分布**
式 (4.7), (4.8) より $\tau_{rz} = (\Delta p/2L)r$ となることから，剪断応力 $\tau_{rz}$ は管中心部でゼロ，管壁で最大値をとる直線分布となる．

**平均速度の導出**
円管内の平均速度 $\bar{u}_z$ と中心速度 $u_z(0)$ の関係は，
$$\overline{u_z} = \frac{1}{\pi R^2}\int_0^R u_z(r) 2\pi r dr$$
$$= \frac{R^2 \Delta p}{8L\mu} = \frac{u_z(0)}{2}$$
として計算してもよい．

**Re 数が同じである意味**
円管内流では，四つの変数 $u, D, \rho, \mu$ の組合せが異なっていても，$Re$ 数が同じであれば，層流から乱流への遷移条件に限らず流れの特性はすべて同じである．

> **【例題 4.1】** 式 (4.9) を用いて，完全発達した円管内流れの断面平均速度 $\bar{u}_z$ が，中心速度の半分となることを示せ．
> 
> **［解答］** 半径 $r$ と $r + \delta r$ で挟まれた円環状領域を流れる体積流量は $\delta Q = 2\pi r \delta r \cdot u_z(r)$．体積流量 $Q$ は，管断面についてこれら環状部分を流れる $\delta Q$ の総和であるから，$u_z(r)$ に Hagen-Poiseuille の式 (4.9) を代入し，$\delta r \to 0$ の極限をとって $\delta r$ についての和を積分にかえると，
> 
> $$Q = \frac{\pi \Delta p}{2L\mu}\sum r(R^2 - r^2)\delta r \to \frac{\pi \Delta p}{2L\mu}\int_0^R r(R^2 - r^2)dr = \frac{\pi R^4 \Delta p}{8L\mu}$$
> 
> よって，断面平均速度は $u_z = Q/(\pi R^2) = R^2\Delta p/8L\mu$．管中心速度は，$r = 0$ とした式 (4.9) より $u_z(0) = R^2\Delta p/4L\mu$ であるから，$u_z = u(0)/2$ が得られる．

### b. 層流と乱流

前項で述べた Hagen-Poiseuille の式は，流速の遅い場合にしか成り立たない．流速が速くなると，式 (4.9) の速度分布は不安定になり，時間的に不規則に変動する流動形態へと移行する．

イギリスの応用物理学者 Reynolds は円管内に流体を流す実験を行い (図 4.3(a))，今日 Reynolds 数とよばれている無次元変数 $Re = \rho D \bar{u}/\mu$

がある臨界値を越えると，流れの様子が大きく変化することを見出した．ここで，$\rho$ は流体の密度，$\mu$ は粘度，$D$ は管径，$\bar{u}$ は平均流速である．図4.3(b) のように，流れの一部を着色し，それが下流に流れて行くときの様子を観察すると，Reynolds 数が臨界値以下では，着色流体が層状をなす穏やかな流れとなる．しかし，Reynolds 数が臨界値を越えると速度場が不規則に変動するため，着色流体はたちまち管内一杯に広がる．前者のような流れの形態を層流，後者を乱流とよぶ．層流から乱流への遷移が起こる臨界 Reynolds 数の値は，円管内流れでは約 2300 である．この数値は，流路の断面形状や管内壁の表面粗さなどによって異なる値をとる．

**非円形断面の管の代表長さ**
非円形断面の管内の流れに対する $Re$ 数の計算では，直径 $D$ の代わりに相当直径 $D_e = 4 \times$ [断面内で流体が占める面積] / [断面内で流体と接触する壁面の辺の長さ] が用いられる．

(a) O. Reynolds の実験（1883年）

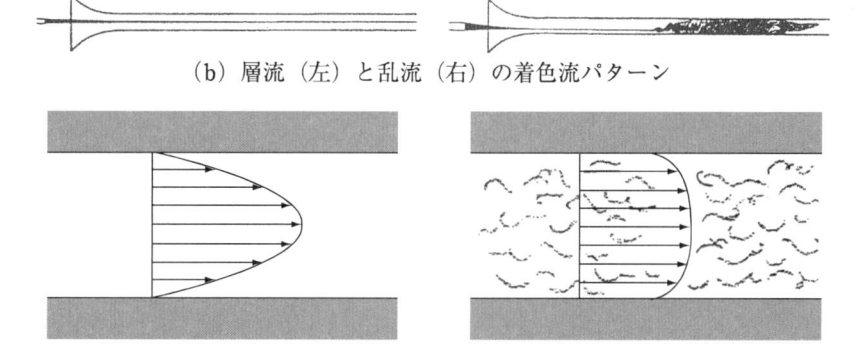

(b) 層流（左）と乱流（右）の着色流パターン

(c) 層流（左）と乱流（右）の速度分析

図 4.3 Reynolds の実験と層流および乱流状態

乱流場では，速度ベクトルが時間的にも空間的にもマクロスケールで不規則に変動するため，運動量，物質，熱エネルギーの輸送は，粘性応力，分子拡散，熱伝導のような分子のミクロスケールにおける不規則熱運動による輸送よりももっと激しく行われる．そのため，層流場にお

**乱流場の各流束**
渦拡散係数を用いた運動量，物質，熱エネルギーの各流束はそれぞれ，
$$\frac{\bar{\tau}_{yx}}{\rho} = -(\nu + \varepsilon_M)\frac{d\bar{u}_x}{dy}$$
$$\overline{N}_{Ay} = -(D_A + \varepsilon_D)\frac{d\overline{C_A}}{dy}$$
$$\frac{\bar{q}_y}{\rho C_p} = -(\kappa + \varepsilon_H)\frac{d\overline{T}}{dy}$$
と表される．ただし，上付きバーは時間平均を表す．

ける動粘度，拡散係数，熱拡散率に対応する，乱流場の見かけの輸送係数（渦拡散係数 $\varepsilon_M$, $\varepsilon_H$, $\varepsilon_D$）は非常に大きな値を示す．その結果，図 4.3(c) のように円管内乱流の平均速度分布は，管中心付近でフラットになり，層流の放物線分布の式 (4.9) とは異なる形をとる．完全発達した円管内乱流の時間平均化された速度分布は，壁面における剪断応力 $\tau_w (\equiv \tau_{rz}|_{r=R})$ を用いて無次元化された管壁からの距離 $y^+ = (y/\nu)\sqrt{(\tau_w/\rho)}$ と速度 $u_z^+ = u_z/\sqrt{(\tau_w/\rho)}$ を用いて次式のように表される．

[層 流 底 層]　$u_z^+ = y^+$　　　　　　　　　　　$(y^+ < 5)$　　　　(4.10)

[遷　移　域]　$u_z^+ = 5.0 \ln y^+ - 3.05$　　$(5 < y^+ < 30)$　(4.11)

[乱流中心部]　$u_z^+ = 2.5 \ln y^+ + 5.5$　　$(30 < y^+)$　　　(4.12)

　図にも示されているように，管壁では流速がゼロとなるため，その近傍では流速が低く，たとえ管中心部では乱流状態であっても，管壁近傍では層流状態が保たれる．層流底層または粘性底層とよばれるこの薄

■ 水道管に秘められた謎：乱流 ■

　蛇口をひねると勢いよく流れ出る水道水．このような日常的な流れの大部分は乱流である．乱流の研究は 1883 年の Reynolds の論文に始まり，現在に至るまで多くの研究がなされてきたが，未だにその本性は謎に包まれている部分が多い．量子力学の創始者の一人である Heisenberg が，師 Sommerfelt の指導下で行ったミュンヘン大学における 1923 年の学位論文が，乱流に関するものであったことも注目に値する．

　水のような非圧縮性の Newton 流体の流れは，層流であるか乱流であるかに関係なく，すべて連続の式と Navier-Stokes の式（運動の式）の二つの基礎式

$$\nabla \cdot \boldsymbol{u} = 0$$
$$\rho\{\partial \boldsymbol{u}/\partial t + (\boldsymbol{u} \cdot \nabla)\boldsymbol{u}\} = -\nabla p + \mu \nabla^2 \boldsymbol{u} + \rho \boldsymbol{g}$$

だけから出てくるといわれている．それにもかかわらず，いまだに乱流が解明されていないのはどういうわけであろうか．実は，Navier-Stokes の式を見てわかるように，非線形性が強く[*1]，その数学的構造が複雑であるため，どのような条件下で，どのような解がいくつ存在するかが，いまだによくわかっていないのである．最近は，スーパーコンピューターを駆使して，乱流に関する数値シミュレーションが多数行われているが，現在のコンピューター技術の発達をもってしても，精密解を得るにはほど遠い状態である．さらに近年，非常に単純な方程式からも，ランダムな確率的現象とまったく見分けのつかないほど複雑な挙動を示す "決定論的カオス[*2]" が生じることが多くの分野で発見され，これらと乱流現象との関係が注目されている．

　古典力学はすでに完成されたといわれて久しい．火星や木星の彼方まで宇宙探索船を正確に送り込む技術が確立している一方で，水道管の中の水の流れすら，まだ十分に解明されていないのはなんとも皮肉である．

[*1] Navier-Stokes 方程式の左辺第 2 項（対流項）$(\boldsymbol{u} \cdot \nabla)\boldsymbol{u}$ が非線形項である．

[*2] ここでいう "カオス" は数理科学の学術用語であり，日常語としての混沌の意味はない．カオス力学系では，数式によってその挙動が数学的に厳密に規定されているにもかかわらず，初期条件の僅かな違いが時間とともに指数関数的に増大するため（初期値鋭敏性），十分に時間がたった後の挙動が事実上は予測できなくなる．

い層内では速度勾配が大きいため,壁面に大きな剪断応力が働いて摩擦抵抗が増大する.温度分布や濃度分布においても,乱流では管の中心部で濃度や温度分布が一様に近い状態になるが,管壁近傍の層流底層内では濃度勾配や温度勾配が大きくなり,物質移動や熱移動に重大な影響を及ぼす.速度場,濃度場,温度場における壁面近傍のごく薄い領域内で見られるこの特殊な層は境界層とよばれている.速度境界層の厚さ $\delta_M$ と,濃度境界層厚さ $\delta_D$ や温度境界層厚さ $\delta_H$ の比は,それぞれ $\delta_D/\delta_M = Sc^{-1/3}$, $\delta_H/\delta_M = Pr^{-1/3}$ オーダーである.ここで,Schmidt 数 $Sc \equiv \nu/D_A$ と Prandtl 数 $Pr \equiv \nu/k$ は,動粘度 $\nu$ と拡散係数 $D_A$ や熱拡散率 $\kappa$ の比として定義された無次元数である.気体では,$Sc \approx Pr \sim 1$,液体では $10 < Pr < Sc \sim 10^3$ のオーダーであるため,一般に,濃度境界層や温度境界層の厚さは速度境界層よりも薄い.とくに,液体の流れ場では,濃度境界層厚さが速度境界層厚さの 1/10 程度しかなく,その中の濃度分布の測定は非常に難しい.

### c. 次元解析

層流から乱流への遷移に限らず,流れの定性的な形態は Reynolds 数によって決まる.Reynolds 数 $Re \equiv \rho UL/\mu$ に含まれる代表速度 $U$ と代表長さ $L$ は,着目する流れの特性に応じて適切に選ばれる必要がある.たとえば,図 4.4 のような,回転数 $N\,[\mathrm{s}^{-1}]$ で回転する撹拌翼を用いた撹拌槽の特性を表す無次元数には,代表長さとして槽径 $D\,[\mathrm{m}]$ や槽高 $H\,[\mathrm{m}]$ などではなく翼径 $d\,[\mathrm{m}]$ を,代表速度として翼先端の回転線速度 $\pi dN\,[\mathrm{m\,s}^{-1}]$ を用いた撹拌 Reynolds 数 $Re = \pi d^2 N/\nu$ が用いられる.Reynolds 数は,慣性力 $\rho L^2 U^2\,[\mathrm{N}]$ と粘性力 $\mu LU\,[\mathrm{N}]$ の比という物理的な意味をもっているが,Reynolds 数以外にも表 4.1 のような

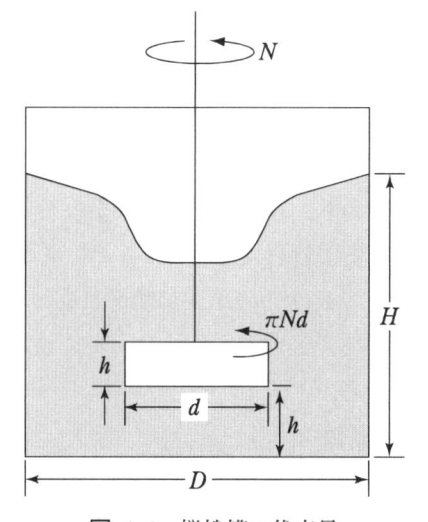

図 4.4 撹拌槽の代表量

表 4.1 代表的な無次元変数

| 無次元変数名 | 定義 | 物理的意味 |
|---|---|---|
| Reynolds 数 | $Re = \rho UL/\mu$ | [慣性力]/[粘性力] |
| Froude 数 | $Fr = U/\sqrt{(gL)}$ | $\sqrt{([慣性力]/[重力])}$ |
| Grashof 数 | $Gr = \beta\rho^2 gL^3 \Delta T/\mu^2$ | 熱膨張による浮力作用 |
| Weber 数 | $We = \rho LU^2/\sigma$ | 運動エネルギーと界面エネルギーの比 |
| Nusselt 数 | $Nu = hL/k$ | 熱伝導を基準として測った熱流束 |
| Sherwood 数 | $Sh = k_c L/D_A$ | 分子拡散を基準として測った物質流束 |
| Péclet 数 | $Pe = UL/D_A, UL/\kappa$ | 拡散流束を基準として測った対流流束 |
| Prandtl 数 | $Pr = \nu/\kappa$ | 運動量と熱の拡散のしやすさの比 |
| Schmidt 数 | $Sc = \nu/D_A$ | 運動量と物質の拡散のしやすさの比 |
| Lewis 数 | $Le = \kappa/D_A$ | 熱と物質の拡散のしやすさの比 |
| Rayleigh 数 | $Ra = Gr \cdot Pr$ | |
| Stanton 数 | $St = Nu/(Re \cdot Pr)$ | |

$D_A$：拡散係数，$g$：重力加速度，$h$：熱伝達係数，$k$：熱伝導率，$k_c$：物質移動係数，$L$：長さ，$U$：速度，$\beta$：熱膨張係数，$\Delta T$：温度差，$\kappa$：熱拡散率（$= k/\rho C_p$），$\mu$：粘度，$\nu$：動粘度（$=\mu/\rho$），$\rho$：密度，$\sigma$：界面張力

多くの無次元変数が用いられている．

われわれは，一つの物理量を様々な単位で表現する．たとえば，長さに対しては，m，km，Å，ft，mile などの単位を用いる．しかし，自然現象を記述する普遍的な式は，そこに含まれる物理量の単位の選択には依存しないはずである．したがって，普遍式中に含まれる物理量やパラメーターはすべて無次元量として表示されなければならない．基礎式がまだ知られていない複雑な現象を解析する場合においても，適切な無次元変数を選び出し，それらの関係を調べることにより，現象の本質をとらえることが可能になる場合が多い．このような手法は，次元解析とよばれ，実験計画や実験・計算データの系統的整理にも利用されている．

**次元解析の有用性**
流体系の挙動が次元解析により Reynolds 数 $Re = \rho UL/\mu$ だけで記述できることがわかれば，四つのパラメーター $U, L, \rho, \mu$ を独立に変化させる必要はなく，$Re$ だけが変わるような組合せ条件だけについて実験や数値シミュレーションを行えばよい．

化学プラントを設計する場合，小規模な実験室スケールの実験結果だけを用いて，すぐに実規模の大きなスケールのプラントを設計することはまれで，通常は段階的にスケールアップを行う．その際，もとの系とスケールアップ後の系が，現象としては本質的に同じ挙動をしなければならない．すなわち，系の主要部分の現象を無次元表示した場合に，両系が同じ形にならなければならない．単に系の幾何学的尺度を比例的に大きくするだけでは，この条件が満足されない場合が多いので，十分な注意が必要である．このようなスケールアップに対しても，次元解析が強力な手段となる．

### d. Fanning の摩擦係数

円管内の完全発達流に関して本節 a. で記したように，長さ $L$，半径 $R$ の円管内に流体を流す場合，管壁における剪断応力を $\tau_w (\equiv \tau_{rz}|_{r=R})$

とすると，流体に作用する管壁からの摩擦力 $2\pi RL\tau_w$ と出入口にかかる圧力差 $\pi R^2 \Delta p$ がつり合うため，壁面の剪断応力は $\tau_w = R\Delta p/2L$ と表現できる．ところで，壁面の剪断応力 $\tau_w$ の次元は，[力]/[面積]〜[力]×[長さ]/[体積]〜[力学的エネルギー]/[体積] であるので，管断面の平均速度 $\bar{u}$ を用いた単位体積あたりの運動エネルギー $1/2 \cdot \rho \bar{u}^2$ を用いて $\tau_w$ を無次元化することができる．

$$f \equiv \tau_w / \left(\frac{1}{2}\rho \bar{u}^2\right) = \frac{R\Delta p}{\rho \bar{u}^2 L} \tag{4.13}$$

このように定義された無次元数 $f$ は Fanning の管摩擦係数とよばれ，一般に Reynolds 数と管壁表面粗さ $e/R$（$e$ は管内壁の表面凹凸の高さ）の関数である（図 4.5）．Hagen–Poiseuille の式（4.9）から計算した $\tau_w$ を用いると，層流域では $f = 16/Re$ となる．内面が平滑な（$e/R = 0$）管内の乱流に対する $f$ を表すものとして Nikuradse の式（4.14）がある．

$$\frac{1}{\sqrt{f}} = 4.0 \log_{10}(Re\sqrt{f}) - 0.4 \quad (Re < 3\times 10^6) \tag{4.14}$$

粗管（$e/R \neq 0$）では，表面粗さ $e/R$ が大きくなるほど管摩擦係数 $f$ の値が増大する．

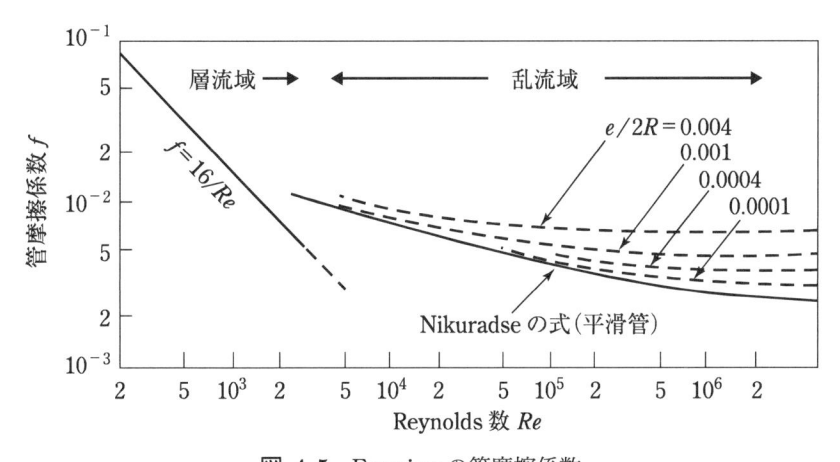

図 4.5 Fanning の管摩擦係数

【例題 4.2】 長さ $L = 20$ m，直径 $D = 0.1$ m の内壁が平滑な円管に，二つの体積流量 $Q = 1.2\times 10^{-4}$ m$^3$ s$^{-1}$ と $5.0\times 10^{-3}$ m$^3$ s$^{-1}$ で水を流すのに必要な差圧 $\Delta p$ [Pa] はそれぞれいくらか．ただし，水の密度は $\rho = 1.0\times 10^3$ kg m$^{-3}$，粘度は $\mu = 1.0\times 10^{-3}$ Pa s とする．

[解答] 平均速度 $\bar{u} = Q/(\pi D^2/4)$ と Reynolds 数 $Re = \rho \bar{u} D/\mu$ を計算すると，$Q = 1.2\times 10^{-4}$ m$^3$ s$^{-1}$ の場合は，$\bar{u}_z = 1.5\times 10^{-2}$ m s$^{-1}$，$Re = 1.5\times 10^3$．$Re$ が臨界 Reynolds 数 $Re_c = 2300$ よりも小さいの

で層流である．よって Fanning の管摩擦係数 $f$ は，$f=16/Re$ より $f=16/1.5\times10^3=1.1\times10^{-2}$．式 (4.13) の $\Delta p = r\bar{u}^2 \cdot f \cdot 2L/D$ に各数値を代入すると $\Delta p = 2.1$ Pa となる．

$Q = 1.2\times10^{-4}$ m$^3$ s$^{-1}$ の場合も同様に計算すると，$\bar{u} = 6.4\times10^{-1}$ m s$^{-1}$，$Re = 6.4\times10^4$ となる．$Re > Re_c$ となり乱流であるので，式 (4.14) または図 4.5 を用いて管摩擦係数を計算すると $f = 4.9\times10^{-3}$．これより $\Delta p = 8.0\times10^2$ Pa．

---

■ **ローストビーフはいつできる？** ■

次元解析をうまく利用すると，複雑な現象に対しても有効な知見を要領よく得ることができる．その一例を料理の達人に聞いてみよう．

いま，あるオーブンで 12 kg の牛肉を焼いてローストビーフをつくるのに 3 時間かかったとする．では，同じオーブンを使い，同じ温度で 6 kg の肉を焼き上げるのに何時間かかるか．

肉の代表長さを $L$，表面積を $S \sim L^2$，体積を $V \sim L^3$，密度を $\rho$，熱伝導率を $k$，比熱を $C_p$，オーブンの加熱部と肉との温度差を $\Delta T$ とするとき，$t$ 時間に肉に流入する熱エネルギーの量 $Q_c$ は，

$$Q_c \sim S \frac{k\Delta T}{L} t \sim kL\Delta T t$$

と見積もれる．また，$t$ 時間に肉の内部に蓄積される熱エネルギー量 $Q_a$ は，

$$Q_a \sim \rho C_p V \cdot \Delta T \sim \rho C_p L^3 \Delta T$$

ところで，$M_{\mathrm{I}} = 12$ kg の肉を焼く場合 (I) と $M_{\mathrm{II}} = 6$ kg の肉を焼く場合 (II) が同じように焼けるためには*，前述の二つの物理量の比 $Q_c/Q_a = kt/\rho C_p L^2$ が両系で等しくならなければならない．

$$\frac{k_{\mathrm{I}} t_{\mathrm{I}}}{\rho_{\mathrm{I}} C_{p\mathrm{I}} L_{\mathrm{I}}^2} = \frac{k_{\mathrm{II}} t_{\mathrm{II}}}{\rho_{\mathrm{II}} C_{p\mathrm{II}} L_{\mathrm{II}}^2}$$

肉の質は同じであるから $k_{\mathrm{I}} = k_{\mathrm{II}}$，$\rho_{\mathrm{I}} = \rho_{\mathrm{II}}$，$C_{p\mathrm{I}} = C_{p\mathrm{II}}$ となり，これより

$$\frac{t_{\mathrm{II}}}{t_{\mathrm{I}}} = \left(\frac{L_{\mathrm{II}}}{L_{\mathrm{I}}}\right)^2 = \left(\frac{\rho_{\mathrm{II}} V_{\mathrm{II}}}{\rho_{\mathrm{I}} V_{\mathrm{I}}}\right)^{2/3} = \left(\frac{M_{\mathrm{II}}}{M_{\mathrm{I}}}\right)^{2/3}$$

が得られる．これに $t_{\mathrm{I}} = 3$ h，$M_{\mathrm{I}} = 12$ kg，$M_{\mathrm{II}} = 6$ kg を代入すると，

$$t_{\mathrm{II}} = 3 \times (6/12)^{2/3} \fallingdotseq 1.89 \text{ h}$$

肉の量が半分になっても，オーブンで焼く時間は半分にならない．その原因は，肉の体積が半分になってもその表面積が半分にならないことによる．

* ここでは"同じように焼ける"ということを $Q_c/Q_a =$ 一定で表現したが，これ以外のモデル化も可能である．モデリングのセンスが問われる部分でもある．

## 4.3 流れ系の巨視的エネルギー収支

### a. Bernoulli の定理

一般に，速れ場の基礎式を解いて，速度ベクトルと圧力を求めるには多くの労力が必要とされる．しかし，流れが定常状態で粘性が無視でき

る場合には，流速 $u$ と圧力 $p$ の間に簡単な関係が成り立つ．

$$\frac{1}{2}u^2 + \frac{p}{\rho} + \Omega = B \quad (\text{一定}) \tag{4.15}$$

ここで，$\Omega$ は単位質量あたりの力学的ポテンシャルで，重力ポテンシャルだけを考えるならば $\Omega = gh$ となる．ただし，$h$ は基準位置から測った高さ，$g$ は重力加速度である．Bernoulli 関数 $B$ は，流体が通る道筋（流線）ごとに異なる定数である．左辺第1項が単位質量あたりの運動エネルギーであることからも推察されるように，この式は各流体粒子がもつ力学的エネルギーを表している．粘性が無視できるとしているために，各流体粒子が移動してもその力学的エネルギーが保存されるのである．流体の通る道筋が異なれば，流体粒子のもつ力学的エネルギーが異なることに注意．

**b. 巨視的機械エネルギー収支（Bernoulli の式）**

実在の流体には粘性があるため，運動エネルギーはやがて熱エネルギーへと変化するので力学的エネルギーは保存されない．流れを定常に保つためには，外部から常に力学的な仕事をして力学的なエネルギーを外部から補充しなければならない．これらを考慮して式 (4.15) を修正したのが巨視的機械エネルギー収支式（Bernoulli の式）である．

$$\Delta\left[\frac{1}{2}u^2 + \frac{p}{\rho} + \Omega\right] = \underline{W} - \underline{E_v} \tag{4.16}$$

$\underline{W}$ は外部から流体に加えられる単位質量あたりの力学的仕事，$\underline{E_v}$ は単位質量中の力学的エネルギーが熱エネルギーに変換される量である．また記号 $\Delta$ は，入口断面から流入した量から出口断面から流出した量を引いた量を表す．機械的エネルギー損失を表す $\underline{E_v}$ の値の多くは，損失係数を用いて管路の形状，管路系中に挿入された継ぎ手，バルブの形状などに応じて細かく便覧に記載されている．与えられた流速で管路内に流体を輸送するのに必要とされるポンプやブロワーなどの所要動力は，上式の $\underline{W}$ の値から算出される．

外部から流体系に与えられるエネルギー形態には，機械的エネルギーだけでなく熱エネルギーもある．熱エネルギーは，熱交換器などを通じて直接投入されるだけでなく，発熱反応や吸熱反応による化学反応を通じても流出入する．これらの効果を表すには，式 (4.16) をさらに拡張した巨視的エネルギー収支式を用いる必要がある．

**式 (4.15) の適用時の注意**
Bernoulli の定理 (4.15) を適用する場合，定常状態と非粘性の条件だけでなく，どの流線に着目しているかにも注意する必要がある．簡単な式ではあるが，見かけ以上に適用が難しい式である．

**流体粒子**
流体は連続体であるが，その中の1点を占める微小流体部分に着目して運動を考えるとき，その物質部分を流体粒子という．

---

**【例題 4.3】** 図 4.6 のように，ポンプを用いて下部の水槽から高さ $h = 30\,\text{m}$ の上部タンクに液体を汲み上げる．液体の密度 $\rho = 1.63 \times 10^3\,\text{kg m}^{-3}$，粘度 $\mu = 2.36 \times 10^{-2}\,\text{Pa s}$，パイプの内径 $D = 5.25\,\text{cm}$，

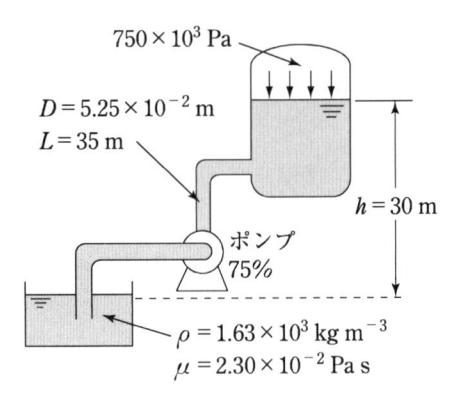

図 4.6

長さ $L=35\,\mathrm{m}$，体積流量を $Q=2.50\times10^{-3}\,\mathrm{m^3\,s^{-1}}$ とするとき，効率 75 % のポンプの所要動力 $P\,[\mathrm{W}]$ を求めよ．ただし，上部タンク内の水面には，大気圧よりも余分の圧力（ゲージ圧）$7.50\times10^3\,\mathrm{Pa}$ がかかっているものとする．パイプの吸入口や吐出口，曲がりなどによる圧損は無視してよい．

[解答] 管内の平均流速は $\bar{u}=Q/(\pi D^2/4)=2.50\times10^{-3}/(3.14\times0.0525^2/4)=1.15\,\mathrm{m\,s^{-1}}$，Reynolds 数は $Re=\rho u D/\mu=1.63\times1.15\times0.0525/(2.36\times10^{-2})=4.17\times10^3$ である．流れは乱流と考えられるので，式 (4.14) または図 4.5 を用いて管摩擦係数を計算すると $f=9.44\times10^{-3}$．$\underline{E_v}$ として管内摩擦によるエネルギー損失だけを考えると，$\underline{E_v}=f\cdot\bar{u}^2\cdot 2L/D=9.44\times10^{-3}\times1.15^2\times2\times35.0/0.0525=16.6\,\mathrm{J\,kg^{-1}}$．式 (4.16) において，$\Delta(\bar{u}^2/2)\fallingdotseq0$，$\Delta(p/\rho)=7.55\times10^3/1.63\times10^3=4.63\,\mathrm{J\,kg^{-1}}$，$\Delta\Omega=gh=9.80\times30.0=2.94\times10^2\,\mathrm{J\,kg^{-1}}$ を考慮すると，

$$\underline{W}=\Delta(p/\rho)+\Delta\Omega+E_v=3.15\times10^2\,\mathrm{J\,kg^{-1}}$$

よって，ポンプの所要動力 $P$ は，$P=\rho Q\underline{W}/0.75=1.63\times10^3\times2.50\times10^{-3}\times3.15\times10^2/0.75=1.71\times10^3\,\mathrm{W}$ である．

## 4.4 複雑な流れ系

### a. 撹拌槽内の流れ

化学工業の生産プロセスでは，目的物質の生成反応や分離を行う工程で，撹拌操作が行われることが多い．撹拌槽内の流動形態は，流体の粘性や撹拌翼の形状，翼の回転速度などによって大きく変化する．比較的低粘度の液体の撹拌によく用いられるパドル翼やタービン翼では，翼の回転に沿った周方向の強い流れのほかに，図 4.7(a) のように翼の上下に分かれた二次的な渦状の流れが生じる．これに対して，プロペラ

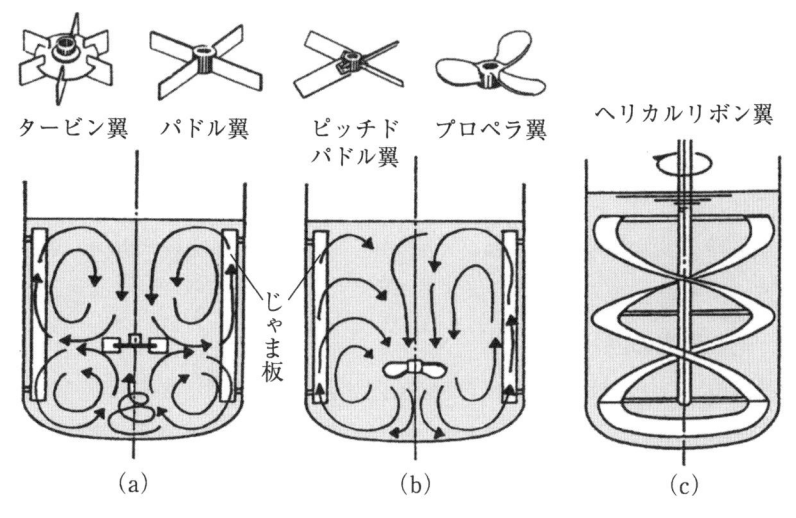

図 4.7 攪拌翼の形と撹拌槽内の対流パターン

翼やピッチドパドル翼（翼取付け角度を傾斜させたパドル翼）では，軸方向の吐出流が強いので，図 4.7(b) のような軸方向の二次的な流れが生じる．撹拌槽内が均一に混合されるためには，流体が槽全体を循環し，流れのよどんだ部分が生じないようにする必要がある．そのために，槽壁にじゃま板とよばれる突起物を取り付ける場合がある．

近年，非線形ダイナミクス理論を用いて撹拌槽内における流体混合のメカニズムが徐々に明らかにされてきた．それによれば，槽内全体にわたる流体の引き伸ばしと折り畳みが効果的に行われると，カオス的な流れが生じて著しい混合効果が生じることがわかってきた．

撹拌に必要な動力 $P$ [W] は，翼径 $d$ [m] と翼の回転数 $N$ [s$^{-1}$] などを用いて無次元化された動力数 $N_p = P/\rho N^3 d^5$ と撹拌 Reynolds 数 $Re = \rho N d^2/\mu$ の関係として整理される（図 4.8）．層流では $N_p \propto Re^{-1}$，高

**カオス的混合**

厚さ 1 の流体層を二つに折り畳んだのち，圧縮して元の厚さにしたとき，厚さ 1/2 の層が 2 枚重なった層になる．この操作を $n$ 回繰り返すと厚さ $1/2^n$ の層が $2^n$ 個できる．はじめの流体層の厚さを 1 cm，反復回数を $n=25$ とすると，各層の厚みは $3 \times 10^{-10}$ m となり，原子や分子のサイズと同程度になる．カオス混合により，原理的には，分子拡散と同程度のミクロスケールの均一混合が可能であるといわれる理由がここにある．

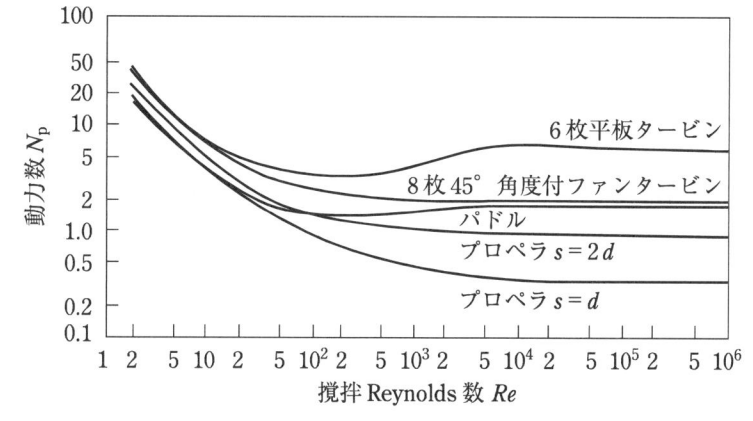

図 4.8 完全じゃま板条件における動力数と撹拌 Reynolds 数
($d=D/3$，翼取付け位置 $=D/3$，液深さ $=D$，$D$：槽径，$d$：翼径，$s$：ピッチ)

$Re$ 数の乱流状態では，$N_\mathrm{p}$ は $Re$ に依存せずにほぼ一定の値となる．これらの比例係数や一定値は，翼の形状やじゃま板の有無によって異なる．

高粘性流体の撹拌には，図4.7(c)のようなヘリカルリボン形の撹拌翼が用いられる．日常生活においても，水飴や納豆のような粘い流体をかき混ぜるときには，スプーンではなく箸のような棒状の物でかき混ぜることを思い出してほしい．

### b. 充填層内の流れ

固体粒子状の触媒を充填した容器内に，反応物質を含んだ流体を流す充填層形反応器がある．このような反応器内では，三次元空間内に張りめぐらされたネットワーク状の粒子間のすき間を，流体が分岐や合流を繰り返しながら流れる複雑な流れ場を形成する．反応効率を考慮すると，反応流体と固体触媒粒子との接触界面積をできるだけ大きくする方が望ましい．そのために触媒粒子径を小さくし過ぎると，流体が流れる間隙部分の流路が狭くなり圧損が大きくなる．

厚さ $L$ の充填層を流れる見かけの流速（空塔速度）$u_\mathrm{a}$ と圧損 $\Delta p$ との間には Darcy 則が成り立つ．

$$u_\mathrm{a} = \frac{K_\mathrm{D}}{\mu}\frac{\Delta p}{L} \tag{4.17}$$

ただし，流速 $u_\mathrm{a}[\mathrm{m^3\,m^{-2}\,s^{-1}}]$ は充填層の単位断面積を単位時間に通過する流量であり，流体が充填層のすき間を流れるときの実際の局所的な線速度とは異なる．係数 $K_\mathrm{D}[\mathrm{m^2}]$ は固体粒子の形状や空隙率に依存するが，Hagen-Poiseuille の式 (4.9) を充填層内の流れの解析に適用して得られた Kozeny-Carman の式によれば，$u_\mathrm{a}$ は圧力勾配 $\Delta p/L$ に比例した次式で表現される．

$$u_\mathrm{a} = \frac{\varepsilon^3}{kS_0^2(1-\varepsilon)^2}\frac{\Delta p}{\mu L} \tag{4.18}$$

ここで，$\varepsilon$ は空隙率 = [充填層内の空隙体積]/[充填層の体積]，$S_0[\mathrm{m^{-1}}]$ は固体粒子の単位体積あたりの表面積，$k$ は Kozeny 定数で，通常は 0.5 程度の値である．

### c. 混相流

これまでは，気体または液体だけの単相の流体の流れだけを取り扱ってきた．しかし，化学プロセスでは，液体と気体，液体と固体，気体と固体が一緒になって流れる場合や，互いに溶け合わない水相と油相が混在した液-液分散系，気体と液体と固体の3相が混在した流れなども取り扱われる．これらはまとめて混相流と総称される．

気泡塔では，液相中に気体を噴出させて細かい気泡を形成させ，気相

中の成分を液相に吸収させたり，気-液界面で反応を行わせるのに利用される．形成された気泡群は上下左右に揺れる複雑な運動をしながら液中を上昇し，途中で分裂や合体を繰り返す．また，液体の速度，気泡の体積分率，気泡径，気泡と周囲の液体との相対速度などによって，気泡塔全体の流動パターンや気泡の形状，界面積などが複雑に変化する．

粒子充填層では，固体粒子は静止したままで，流体だけがその間隙部分を通過する．これに対して，流動層とよばれる装置では流体中を固体粒子が浮遊する．いま，縦型の粒子充填層の下部より流体を上向きに流す場合を考える．流速が小さい間は粒子層は動かず，流れは充填層の場合と同じである．しかし，流速が増して周囲の流体の上向き流れが粒子を押し上げる力（抗力）と粒子にかかる浮力との和が粒子に働く重力とつり合うと，見かけ上は粒子の重さがゼロになる．このとき粒子層が少し膨張したようになり，その中で粒子が細かく動き始め，粒子群層全体が一種の流体のような状態になる．これを流動化開始点という．さらに流速を上げると，それに応じて粒子群が浮遊する範囲が広がる．このような状態では，各粒子が流動化領域全体を動き回るので，充填層に比べて粒子と流体との接触界面積が大きくなり，層内部の撹拌効率も大きくなる．そのため，固体と流体との間の物質移動速度や熱移動速度が増加し，固体触媒反応に適した流動状態になる．

**より複雑な混相流の例**
晶析とよばれる分離・精製操作では，過飽和の溶液中から結晶粒子を析出させる．晶析槽内では，固体結晶粒子の核発生，成長，溶解などが同時に進行する複雑な固液混相流となる．

## 演習問題（4章）

4.1 内径 $R_1$ の外円筒と外径 $R_2$ の内円筒から成る共軸二重円筒の間隙部分に粘度 $\mu$ の液体を満たし，内円筒を固定して外円筒だけを一定の回転数 $N\,[\mathrm{s}^{-1}]$ で回転させる．定常状態で内円筒表面にかかる剪断応力はいくらか．ただし，間隙部分は十分に狭く $R_1-R_2 \ll R_2$ とする．

4.2 距離 $L$ だけ離れた面積 $S$ の2枚の平行平板面上で，成分Aの濃度がそれぞれ $C_1$ と $C_2\,(C_2>C_1)$ に保たれている．定常状態における成分Aの拡散流量 $I_0$ はいくらか．2枚の平板の間の中間位置に，$n$ 個の半径 $r\,(\ll L)$ の小孔があいた板を挿入したときの拡散流量を $I$ とするとき，拡散流量の比 $I/I_0$ はいくらか．ただし，拡散係数を $D_\mathrm{A}$，左右の無限遠方における濃度がそれぞれ $C_1'$ と $C_2'$ に保たれた系の中間部分に半径 $r$ の小孔のあいた平板を挿入したときに穴を通過する拡散流量 $I_\mathrm{h}$ は，$I_\mathrm{h} = 2D_\mathrm{A}r(C_2'-C_1')$ で与えられるものとする．

4.3 非圧縮性流体では流体の密度がいたるところ一定と考えてよいか．

4.4 われわれはさまざまな流れに取り囲まれて生活している．大気の流れ，海流，川の流れ，ビル風，扇風機の風，蛇口からの水道水の流れ，コーヒーカップの中の流れ，ストローの中の流れ，血管内の血流など数え上げればきりがない．これらを層流と乱流に分類せよ．

**4.5** 長さ $L=10$ m，直径 $D=8.07\times 10^{-2}$ m の円管内を密度 $\rho=998$ kg m$^{-3}$，粘度 $\mu=1.01\times 10^{-3}$ Pa s の水が体積流量 $Q=1.97\times 10^{-2}$ [m$^3$ s$^{-1}$] で流れるとき，円管の入口と出口の圧力差 $\Delta p$ はいくらか．

**4.6** Reynolds 数 $Re$ が慣性力と粘性力の比であることを示せ．

**4.7** ベンチュリ流量計では，図 4.9 のように円管の途中を絞ることにより生じる圧力降下から流量を測定する．管路を流れる流体の密度を $\rho$，U 字型のマノメーターの封液の密度を $\rho'$，高さの差が $h$ となるときの体積流量 $Q$ はいくらか．

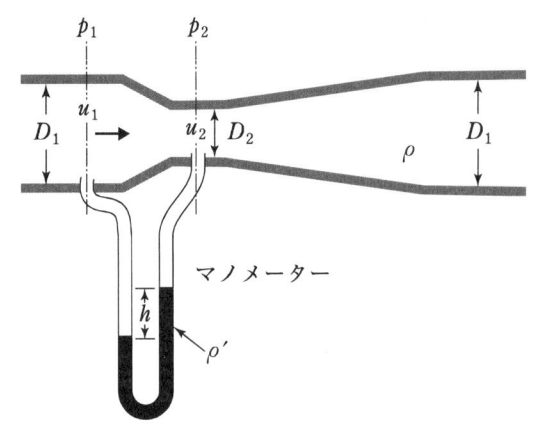

図 4.9 ベンチュリ流量計

**4.8** 大きな半径 $R$ の水槽に密度 $\rho$ の流体が深さ $h$ で満たされている．底面付近にあけられた小さな穴から流体が流出するときの断面平均速度 $\bar{u}$ はいくらか．また，流出口に半径 $r (\ll R)$，長さ $L$ の円管を取り付けたときの流出速度 $\bar{u}'$ はいくらか．

**4.9** 翼径 $d=0.12$ m のパドル翼を用いて，密度 $\rho=998$ kg m$^{-3}$，粘度 $\mu=1.01\times 10^{-3}$ Pa s の流体を，回転数 $N=7.0$ s$^{-1}$ で撹拌するのに必要な所要動力 $P$ [W] はいくらか．

**4.10** 複雑な形状の管路内の流れを取り扱う場合，代表長さとして次式で定義される相当直径 $D_\mathrm{e}$ が用いられる．

$$D_\mathrm{e}=4\times \frac{[\text{流体が通過する部分の断面積}]}{[\text{濡れ部分の長さ}]}$$

粒子が充塡された充塡層の相当直径 $D_\mathrm{e}$ は空隙率 $\varepsilon$ と単位体積あたりの充塡物の表面積 $a_\mathrm{t}$ を用いると $D_\mathrm{e}=4\varepsilon/a_\mathrm{t}$ となることを示せ．

## 5 粉粒体操作

　固体状微粒子の集合体である粉粒体は，砂糖，小麦粉，薬，インスタントコーヒー，洗剤など様々な形で身近に存在し，化学産業，食品産業，医薬産業，バイオテクノロジー産業など多くの産業において原料あるいは最終製品となっている．超伝導体，ファインセラミックス，電子材料などの原料にも粉粒体が多く使用されており，化学反応で合成したり，固体原料を砕いたり，分離したり，混合したりする粉粒体操作および用いられる装置は，ますます高度化する傾向にある．

　粉粒体操作で対象とする粒子の大きさはナノメートルから数センチメートル，あるいはそれ以上に及んでいる（図 5.1 参照）．粒子のガス

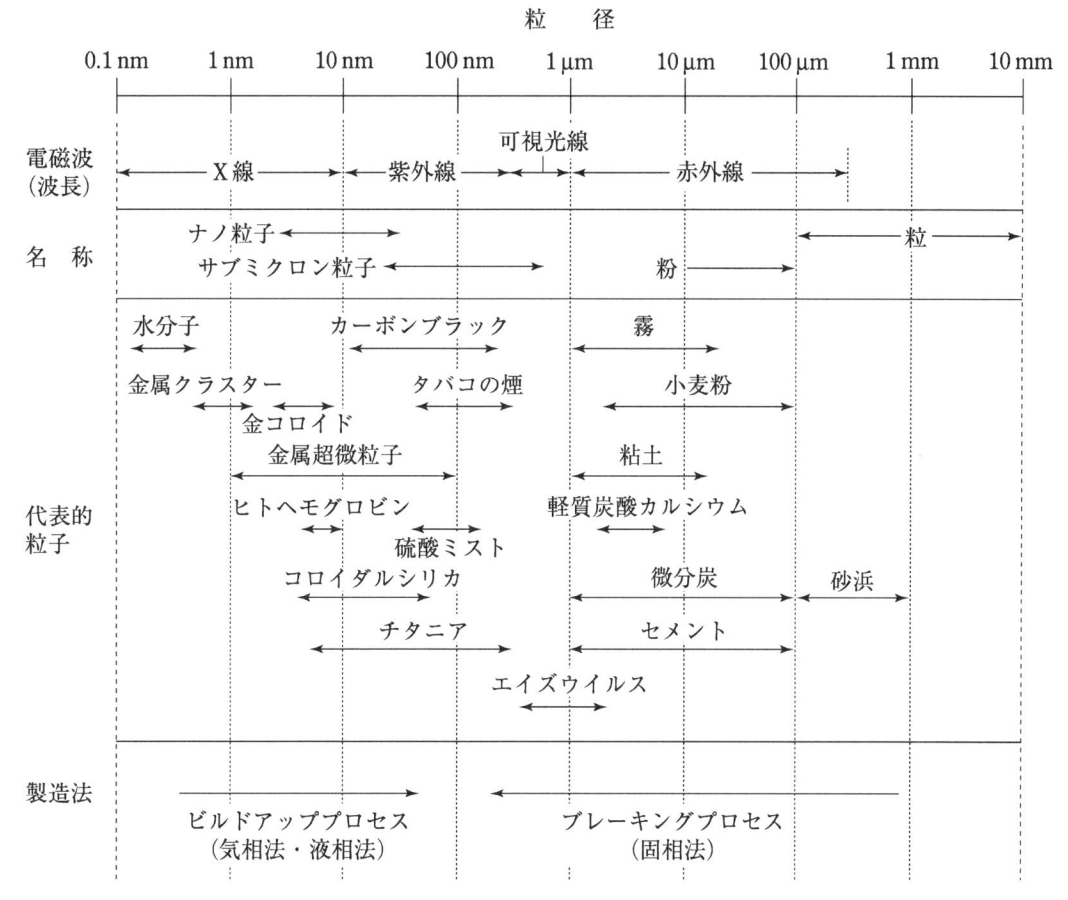

図 5.1　粒子の大きさ

### ナノ粒子の合成と応用

直径が数十ナノメートル以下のナノ粒子が，量子サイズ効果により，同じ物質のバルク材料と異なる特異な電子的，光学的，電気的，磁気的，化学的，機械的特性などを発揮する新素材として注目され，21世紀に花開くと期待されているナノテクノロジーの中で重要な材料であると考えられている．ナノ粒子のガスおよび液からの合成，分離および回収，応用などには，本章で述べる粉粒体操作が深く関連する．

**量子サイズ効果**
ナノサイズの物質の電子エネルギーが、電子の運動に直接依存する離散的なエネルギー状態をとるために生じる特異な効果の総称．

**ナノテクノロジー**
大きさが1nmから($10^{-9}$m)から100 nm程度の物質の合成，構造，機能を扱うテクノロジーの総称．

中および液中での挙動は，大きさ，密度，濃度などの物性により大きく影響されるので，粒子のサイズなどを計測し，装置内での粒子の運動を明らかにすることが重要となる．ここでは，粒子の物性，粒子の運動，ガスおよび液中からの粒子の分離，粒子の分級・混合などの基本的事項を述べる．

## 5.1 粒子の物性

粉粒体の形状は一般に不規則であるために，粒子の大きさは，①粒子の幾何学的形状の代表径（幾何学的径），②実際の粒子と同じ表面積・体積，または移動速度をもつ球の直径（相当径），によって表される．顕微鏡などによる測定では幾何学的径が求められ，粒子の沈降速度などの測定からは球相当径が求められる．

粒子の大きさの分布，すなわち粒子の粒径（もしくは粒度）分布は，頻

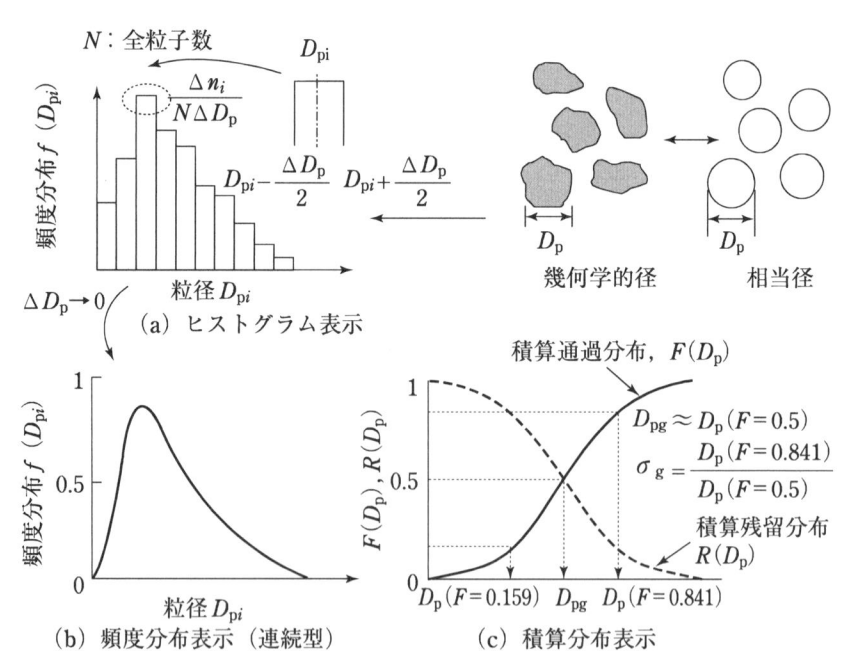

図 5.2 粒度分布の表示方法

**表 5.1** 各種平均径の定義

| 平 均 径 | | 個数による定義 |
|---|---|---|
| 個数平均径，算術平均径 | $(D_p)_{50}^{(0)}$ | $\dfrac{\sum \Delta n_i D_{pi}}{N}$ |
| 面積平均径（Sauter 径，体表面積径ともいう） | $(D_p)_{sv}$ | $\dfrac{\sum \Delta n_i D_{pi}^3}{\sum \Delta n_i D_{pi}^2}$ |
| 体積（または質量）平均径 | $(D_p)_{50}^{(3)}$ | $\dfrac{\sum \Delta n_i D_{pi}^4}{\sum \Delta n_i D_{pi}^3}$ |
| 平均面積径 | $(D_p)_s$ | $\sqrt{\dfrac{\sum \Delta n_i D_{pi}^2}{N}}$ |
| 平均体積径 | $(D_p)_v$ | $\sqrt[3]{\dfrac{\sum \Delta n_i D_{pi}^3}{N}}$ |
| 調和体積径 | $(D_p)_{hw}$ | $\dfrac{N}{\sum (\Delta n_i / D_{pi})}$ |
| メジアン径 | $(D_p)_{med}$ | 50 % 粒径 |
| モード径 | $(D_p)_{mod}$ | 頻度分布で最大頻度を示す径 |

度分布もしくは積算分布の形で表示される．ある粒径区間 $D_{pi} - \Delta D_p/2$ から $D_{pi} + \Delta D_p/2$ に属する粒子数が $\Delta n_i$ で，全粒子数が $N$ とすると，個数に基づく頻度分布関数 $f(D_{pi})$ は $\Delta n_i/(N\Delta D_p)$ となり，図 5.2(a) のようにヒストグラムで表示される．また，$\Delta D_p \to 0$ のとき，頻度分布関数 $f(D_p)$ は図 5.2(b) に示すなめらかな曲線で表示される．

頻度分布関数 $f(D_p)$ を積分すると，図 5.2(c) に示す積算通過分布（ふるい下分布）または積算残留分布（ふるい上分布）が得られる．積算通過分布 $F(D_p)$ とは，粒径が 0 から $D_p$ までの頻度分布を積算したものであり，一方積算残留分布 $R(D_p)$ は，粒径が $D_p$ から∞まで積算したものであり，$F(D_p) = 1 - R(D_p)$，となる．

表 5.1 は，個数基準の粒径測定結果からの各種の平均径の計算法を示す．なお，質量基準の頻度分布および積算分布は，粒子の全質量を $M$，粒径 $D_p - dD_p/2$ から $D_p + dD_p/2$ の範囲に存在する粒子の質量を $dm$ とし，$N$ の代わりに $M$，$dn$ の代わりに $dm$ を用いて求める．

### a．対数正規分布 (log-normal distribution)

微粒子の分布はしばしば大粒子側へすそを引いているので，粒径の対数，$\ln D_p$，で粒子の頻度分布を整理すると正規分布となることが多い．この分布は対数正規分布とよばれ，$d(\ln D_p)$ の粒径幅にある粒子個数を $dn$ とすると，頻度分布関数 $f(\ln D_p)$ の表示は次式となる．

$$\frac{dn}{Nd(\ln D_p)} = f(\ln D_p) = \frac{1}{\sqrt{2\pi} \ln \sigma_g} \exp\left\{-\frac{(\ln D_p - \ln D_{pg})^2}{2(\ln \sigma_g)^2}\right\} \quad (5.1)$$

ここで，$D_{pg}$ および $\sigma_g$ はそれぞれ幾何平均径および幾何標準偏差とよばれ，次式により求められる．

$$\ln D_{pg} = \frac{\sum \Delta n_i \ln D_p}{N}, \quad \ln \sigma_g = \left\{ -\frac{\sum \Delta n_i (\ln D_p - \ln D_{pg})^2}{N} \right\}^{1/2} \quad (5.2)$$

また，幾何標準偏差 $\sigma_g$ は積算通過分布 $F$ より，$(F=0.841 \text{ の } D_p)/(F=0.50 \text{ の } D_p)$，もしくは $(F=0.50 \text{ の } D_p)/(F=0.159 \text{ の } D_p)$ より求められる．たばこの煙粒子や花粉などはこの対数正規分布で表示される．

### b．Rosin-Rammler 分布

**Rosin-Rammler 分布**
1933年にドイツのRosinとRammlerが石炭などの粉砕物の粒径分布を表すのに提案した分布．

粉砕により製造される破砕粒子は，対数正規分布よりもさらに広い分布となり，積算残留分率は $R(D_p) = \exp(-bD_p^n)$ で表され，Rosin-Rammler分布とよばれている．ここで，$b = 1/D_e^n$ と置くと，$R(D_p) = \exp(-D_p^n/D_e^n)$ となる．$D_e$ は，$R(D_p) = 0.368$ となる粒径で，$n$ の値が小さいほど粒度分布は広くなる．破砕されたシリカ，アルミナ，チタニアなどの微粒子はこの分布で表示される．

【例題5.1】粒子の大きさを測定したところ，表5.2のような結果を得た．個数基準における平均面積径および幾何平均径を求めよ．

表 5.2 粒度分布の測定結果

| 粒系区分[mm] | 個数 | 粒系区分[mm] | 個数 |
|---|---|---|---|
| 0～0.2 | 27 | 0.8～1.0 | 222 |
| 0.2～0.4 | 54 | 1.0～1.0 | 180 |
| 0.4～0.6 | 96 | 1.2～1.4 | 105 |
| 0.6～0.8 | 174 | 1.4～1.6 | 42 |

全粒子数 900

[解答] 平均面積径 $= \sqrt{\dfrac{\sum (\Delta n_i D_{pi}^2)}{N}}$

$= \dfrac{27 \times 0.1^2 + 54 \times 0.3^2 + 96 \times 0.5^2}{900} = 0.933\ \mu\text{m}$

式(5.2) より

幾何平均径 $D_{pg} = \exp\left(\dfrac{\sum \Delta n_i \ln D_p}{N}\right)$

$= \exp\left(\dfrac{27 \times \ln 0.1 + 54 \times \ln 0.3 + 96 \times \ln 0.5 + \cdots}{900}\right)$

$= 0.785\ \mu\text{m}$

### c．粒径および粒度分布の測定

**光散乱法**
光の散乱現象が粒子の大きさ，屈折率などにより変化するのを利用し，大きさを求める手法．

粒径および粒度分布の測定法のうち代表的なものは，顕微鏡法，ふるい分け法，沈降法，光散乱法，透過法などであるが，同じ粒子でも計測手法により粒径が異なるので計測される粒径の物理的意義を十分理解する必要がある．

## 5.2 単一粒子の運動

### a. 単一粒子に作用する抵抗力

1個の球形粒子が速度 $v$ で静止流体中を運動するとき，図5.3(a)に示すように粒子の運動方向を正とすると，粒子が流体から受ける抵抗力 $F_D$ は次式となる．

$$F_D = -C_D A_p \left(\frac{\rho v^2}{2}\right) \quad (5.3)$$

ここで，$A_p$ は粒子の運動方向への投影面積（$=\pi D_p^2/4$），$C_D$ は抵抗係数とよばれ，粒子基準の Reynolds 数（$Re_p = D_p v \rho/\mu$）の関数となる．$\rho$ は流体の密度，$\mu$ は流体の粘性係数である．

**Reynolds 数**
粒子まわりの流れを評価するので，代表径として粒子径を用いる．

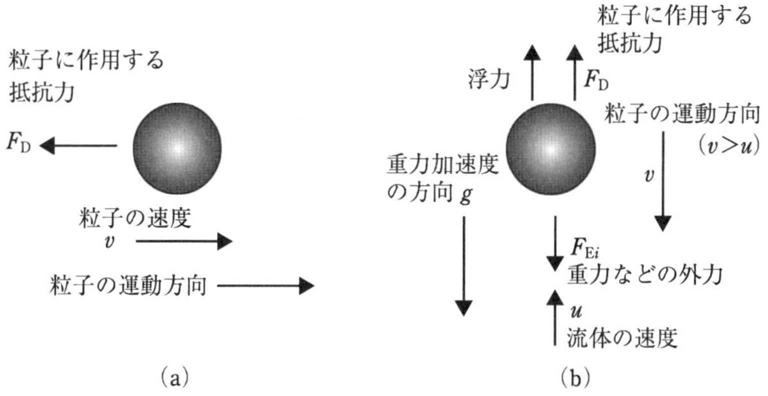

**図 5.3** 単一粒子に作用する流体抵抗力と外力下での運動

$Re_p < 1$ は Stokes 域とよばれ，粘性力のみが流体の運動を支配し，粒子に作用する流体抵抗力 $F_D$ および $C_D$ は次式となる．

$$F_D = -3\pi\mu D_p v, \quad C_D = \frac{24}{Re_p} \quad (5.4)$$

$Re_p > 1$ となると，$C_D$ と $Re_p$ の関係は次式のように近似される．

$$C_D = 10/\sqrt{Re_p} : 1 \leq Re_p \leq 500 \quad [\text{Allen 域}] \quad (5.5)$$
$$C_D \approx 0.44 : Re_p \geq 500 \quad [\text{Newton 域}] \quad (5.6)$$

なお，速度 $u$ で流動する流体中で粒子が受ける力は，速度 $v$ の代わりに相対速度を $v-u$ とすることで求められる．

### b. 外力場における単一粒子の運動

流体抵抗力以外に重力，遠心力，静電気力，浮力などの外力（$F_{Ei}$）が図5.3(b)に示すように作用するとき，粒子の運動は運動している粒子に加わる力の収支より次式で表される．

$$m_p \frac{dv}{dt} = F_D + \Sigma F_{Ei} \tag{5.7}$$

ここで，$\Sigma F_{Ei}$ は外力の和である．粒子がStokes域での流体抵抗力を受け，外力としては重力および浮力が作用するとき，粒子の運動を表わす基礎式は次式となる．

$$m_p \frac{dv}{dt} = -3\pi\mu D_p v + m_p g - m_p \frac{\rho}{\rho_p} g \tag{5.8}$$

ここで，$\rho_p$ は粒子の密度，$m_p$ は粒子の質量である．定常状態および静止流体中では，粒子は次の終末沈降速度で $v_t$ 沈降する．

$$v_t = \frac{D_p^2(\rho_p - \rho)g}{18\mu} \tag{5.9}$$

**終末沈降速度**
密度が $1000\,\mathrm{kg\,m^{-3}}$，直径が $1\,\mu\mathrm{m}$ の球形粒子の空気中での終末沈降速は $33\,\mu\mathrm{m\,s^{-1}}$ である．

式(5.9)から計算される粒子径はStokes径とよばれ，沈降法による粒径分布測定における基礎式となる．

流体が半径 $r$，角速度 $\omega\,[\mathrm{rad\,s^{-1}}]$ で回転している場に浮遊している粒子は遠心力 $m_p r\omega^2$ を受ける．粒子がStokes域の流体抵抗を受けるとき，定常速度は式(5.9)中の $g$ を $r\omega^2$ に置換した式となる．

---

【例題 5.2】$D_p = 0.10\,\mathrm{mm}$ で，密度未知の球粒子を 20°C の水中で落下させた場合，終末沈降速度は $5.00 \times 10^{-3}\,\mathrm{m\,s^{-1}}$ となった．この球粒子の密度を求めよ．

［解答］Stokesの流体抵抗が適用できると仮定すると，式(5.9)より

$$\rho_p = \rho + \frac{18\mu v_t}{D_p^2 g}$$

20°Cの水の密度，粘性抵抗はそれぞれ $1\times 10^3\,\mathrm{kg\,m^{-3}}$，$1\times 10^{-3}\,\mathrm{Pa\,s}$ であるから，

$$\rho_p = 1\times 10^3 + \frac{18\times(1\times 10^{-3})\times(5.00\times 10^{-3})}{(0.10\times 10^{-3})^2 \times 9.8} = 1.92\times 10^3\,\mathrm{kg\,m^{-3}}$$

このとき，粒径基準のReynolds数は

$$Re_p = \frac{D_p v_t \rho}{\mu} = \frac{(0.10\times 10^{-3})\times(5.00\times 10^{-3})\times(1\times 10^3)}{1\times 10^{-3}} = 0.5 < 1$$

となり，Stokes域の流体抵抗が適用できる．

---

### c．静電気力による粒子の運動

ガス中で $p$ 個の電荷を持つ粒子が，電界強度 $E\,[\mathrm{V\,m^{-1}}]$ の中に浮遊するとき静電気力 $F_E = peE$ が働く．ここで，$e$ は電子の電荷 $(= 1.60\times 10^{-19}\,\mathrm{C})$ である．したがって，Stokes域の流体抵抗が作用し，浮力が無視できるとき定常状態での粒子の移動速度 $v_E$ は次式となる．

$$v_{\mathrm{E}} = \frac{peE}{3\pi\mu D_{\mathrm{p}}} = Z_{\mathrm{p}}E \tag{5.10}$$

$Z_{\mathrm{p}}$ は $pe/(3\pi\mu D_{\mathrm{p}})$ で，電界強度 $1\,\mathrm{V\,m^{-1}}$ での微粒子の移動速度を表し，電気移動度 $[\mathrm{m^2\,s^{-1}\,V^{-1}}]$ とよばれ，粒径に反比例する．

液中では粒子の表面に電気二重層が形成されるので，電場が存在すると粒子が移動する．このときの電気移動度 $Z_{\mathrm{p}}$ は，粒子が液に接触したときのゼータ電位 $\zeta[\mathrm{V}]$ に比例する．

**ゼータ電位**
電解溶液中での粒子の運動より求まり，粒子表面の電位と近似される．

## 5.3 固液分離

微粒子懸濁液から，微粒子を分離・回収する操作の例として，水処理操作によるコロイド状汚染物質の除去や，バイオ系材料の遠心力による回収，有用な鉱物資源の沈殿による分離などがあげられる．代表的な固液分離操作には，沈殿濃縮，沈降分離，遠心分離，沪過，圧搾などがあげられる．

**コロイド**
大きさが $1\,\mathrm{nm}$ から $1\,\mu\mathrm{m}$ の微粒子が液中に分散している系の総称．

### a. 沈殿濃縮

高濃度の粒子が，液中沈降するとき近接する粒子によって影響を受ける．これを干渉沈降という．粒径 $D_{\mathrm{p}}$，密度 $\rho_{\mathrm{p}}$ の粒子が空間率 $\varepsilon$（液体が占める体積割合）で存在するとき，$Re<1$ の Stokes 域では，粒子1個の受ける抵抗力 $F_{\mathrm{D}}$ は $-3\pi\mu\phi(\varepsilon)vD_{\mathrm{p}}$ となる．ここで，$\phi(\varepsilon)$ は空間率によって定まる補正関数である．したがって，干渉沈降速度 $v_{\mathrm{tm}}$ は次式となる．

$$v_{\mathrm{tm}} = \frac{D_{\mathrm{p}}^2 g(\rho_{\mathrm{p}}-\rho_{\mathrm{m}})g}{18\mu\phi(\varepsilon)} \tag{5.11}$$

ここで，粒子群と流体を一つの連続相とみなしており，この連続相の見かけ密度 $\rho_{\mathrm{m}}$ は，$\rho_{\mathrm{m}}=(1-\varepsilon)\rho_{\mathrm{p}}+\varepsilon\rho$ となる．Stokes 域での1個の粒子の終末沈降速度を式(5.9)の $v_{\mathrm{t}}$ とすると，次式となる．

$$\frac{v_{\mathrm{tm}}}{v_{\mathrm{t}}} = \frac{\varepsilon}{\phi(\varepsilon)} \tag{5.12}$$

$\phi(\varepsilon)$ の補正関数は実験的に求められており，Stokes の流れの範囲では，Steinour による次式が代表的である．

$$\phi(\varepsilon) = 10^{1.82(1-\varepsilon)} \quad (0.5 \leq \varepsilon < 1.0) \tag{5.13}$$

容器内に高濃度の懸濁液を入れて静置すると，容器の上部に粒子を含まない清澄液の層が現れる．この清澄層高さと時間の関係は，回分沈降曲線といい，スラリーの沈降濃縮装置の設計で重要となる．容器内で粒子群が沈降する回分操作では，沈降する粒子の体積に相当する流体が押し上げられるので，静止した座標で観察される粒子群の沈降速度

は $v_{tm}$ とは異なり，実験的に計測する必要がある．

**b．濾　過**

濾過は，微粒子の充填層，多層スクリーン，濾布，濾紙などを濾材とし，微粒子を分離する方法である．粒径が 0.1 μm 程度以下の微粒子の濾過には，セラミックス，合成樹脂の粉末などを接着あるいは焼結した多孔質体が使われ，精密濾過とよばれる．さらに，1 nm 程度までの超微粒子の濾過は限外濾過とよばれる．

粒子の体積濃度が約 1% 以上で，微粒子の大きさが濾材の孔径と同じ程度であると，図 5.4 のように粒子は濾材の表面に捕集され，ケーク (cake) が形成される．実際の濾過は，ケークが濾材の役目をして進行する．

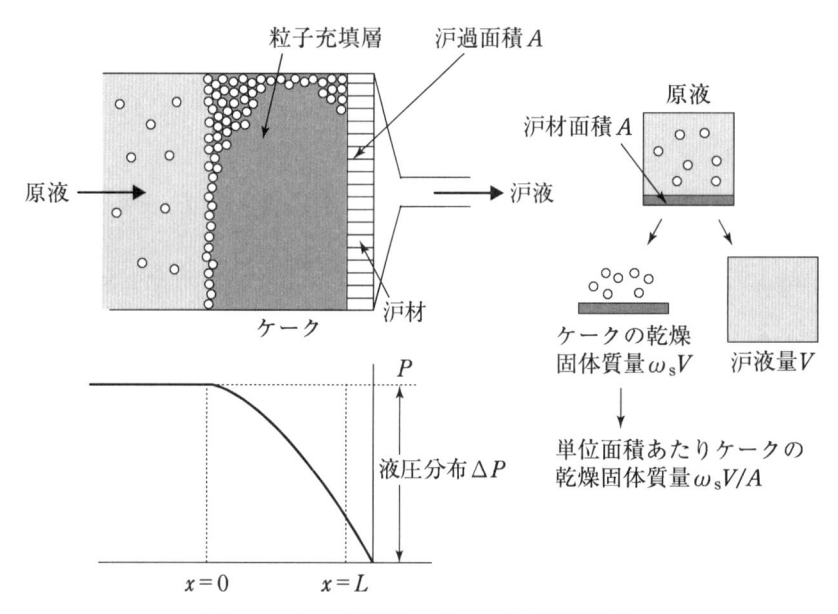

図 5.4　ケーク濾過モデルおよび液圧分布

ケーク濾過の理論は，Ruth の濾過理論とよばれる．ケークおよび濾材内の液の流速は遅く層流とみなせるから，濾液の濾過速度（流出速度）$u$ [m s$^{-1}$] は次式のようになる．

$$u = \frac{1}{A}\frac{dV}{dt} = \frac{\Delta P}{\mu(R_c + R_m)} \tag{5.14}$$

ここで，$A$ は濾過面積 [m$^2$]，$\Delta P$ は濾過圧力 [Pa]，$V$ は濾過時間 $t$ [s] までに面積 $A$ の濾過面を流出した濾液量 [m$^3$]，$R_c$ および $R_m$ はそれぞれケークおよび濾材の抵抗 [m$^{-1}$]，$\mu$ は濾液の粘性係数である．

ケークの抵抗 $R_c$ は，単位面積あたりのケークの乾燥固体質量に比例するので，その比例定数を $\alpha_{av}$ [m kg$^{-1}$]，濾液の単位体積あたりのケークの乾燥固体質量を $\omega_s$ [kg m$^{-3}$] とすると，単位濾過面積あたりのケー

クの乾燥固体質量は $\omega_s V/A$ となり，ケークの抵抗 $R_c$ は $\alpha_{av}\omega_s V/A$ となる．この比例定数 $\alpha_{av}$ を平均濾過比抵抗という．濾材の抵抗 $R_m$ は濾過実験により決定され，この濾材の抵抗 $R_m$ と等しい抵抗を与えるケークを形成するのに必要な濾液の量を $V_0$ とすると，濾材の抵抗 $R_m$ はケーク抵抗と同様の形，$\alpha_{av}\omega_s V_0/A$ と表すことができ，次式が得られる．

$$\frac{dV}{dt} = \frac{A^2 \Delta P}{\mu(\alpha_{av}\omega_s V + AR_m)} = \frac{A^2 \Delta P}{\alpha_{av}\mu\omega_s(V+V_0)} \tag{5.15}$$

濾液の密度を $\rho$ [kg m$^{-3}$]，スラリー濃度を $s$ [kg-固体 (kg スラリー)$^{-1}$]，ケークの湿乾質量比（湿潤ケークの質量/乾燥ケークの質量）を $m$ とすると，$\omega_s$ は $\rho s/(1-ms)$ と表せる．これを式 (5.15) に代入すると次式を得る．

$$\frac{dV}{dt} = \frac{A^2 \Delta P}{\mu\{\rho s \alpha_{av} V/(1-ms) + AR_m\}} \tag{5.16}$$

よって，$\alpha_{av}$ および $m$ が既知であれば，濾液量 $V$ と時間 $t$ の関係が求まる．$\alpha_{av}$ の値は濾過の容易さを示し，約 $1000$ m kg$^{-1}$ 以下では濾過しやすく，$1000$ 以上のものは濾過が困難となる．

濾過操作は，定圧濾過および定速濾過に大別される．定圧濾過は濾過圧力 $\Delta P$ を一定として行う濾過で，濾過の進行につれて濾過速度が減少する．定圧濾過操作において $\Delta P$，$\alpha_{av}$ および $\omega_s$ を一定とし，式 (5.15) の後半の式を $t=0$，$V=0$ として積分すると次式が得られる．

$$(V+V_0)^2 = \frac{2A^2 \Delta P}{\alpha_{av}\mu\omega_s}(t+t_0) = K_1(t+t_0) \tag{5.17}$$

ここで，$t_0 = \alpha_{av}\mu\omega_s V_0^2/(2A^2 \Delta P) = V_0^2/K_1$ である．

また，定速濾過は，濾液速度を一定とする濾過で，時間とともに濾過圧力 $\Delta P$ を大きくする必要がある．

**スラリー**
液体中に微小な固体粒子浮遊している固液混合物の総称で泥しょうともよぶ．

---

【例題5.3】定速濾過における濾過圧力 $\Delta P$ と時間 $t$ との関係式を導出せよ．

[解答] 定速濾過の場合，$dV/dt =$ 一定より $dV/dt = C_1$．積分すると $V = C_1 t$ となる．よって，$V = (dV/dt)t$ となり，これを式 (5.15) に代入し，整理すると

$$\Delta P = \frac{\alpha_{av}\mu\omega_s}{A^2}\{C_1^2 t^2 + C_1^2 V_0\}$$

の関係式を得る．

## 5.4 集　　塵

ガス中の微粒子の分離・除去は，燃焼排煙の処理，およびクリーンルームのような清浄空間を保つために必要である．微粒子の集塵では，捕集性能とともに装置の圧力損失特性も重要である．粒子を分離させる力が粒子の大きさに依存するため，粒径に分布のある粒子の場合，粒径により捕集（集塵）効率が異なる．粒径ごとの捕集効率は，部分捕集効率とよばれる．

図5.5に示すように，集塵装置の入口では粒径$D_p$から$D_p+dD_p$の範囲の粒子の個数濃度が$dn_i\{=N_i f_i(D_p)dD_p\}$あり，出口では$dn_e\{=N_e f_e(D_p)dD_p\}$であるとき，部分捕集効率は次式で定義される．

$$\eta_c(D_p) = 1 - \frac{dn_e}{dn_i} = 1 - \frac{N_e f_e(D_p)dD_p}{N_i f_i(D_p)dD_p} \tag{5.18}$$

ここで，$f_i(D_p)$と$f_e(D_p)$は入口と出口における粒子の頻度分布である．

粒子全体の捕集効率$E$は次のようになる．

$$E = 1 - \frac{N_e}{N_i} = \frac{\int_0^\infty \eta_c(D_p) f_i(D_p) dD_p}{\int_0^\infty f_i(D_p) dD_p} \tag{5.19}$$

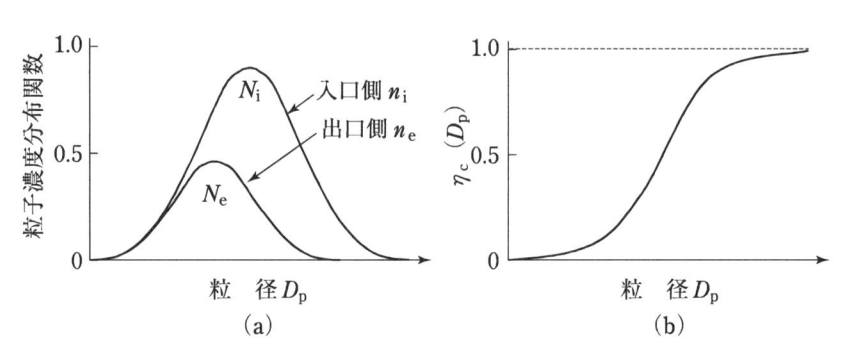

図5.5　集塵装置の捕集効率

### a. サイクロン

図5.6に標準型のサイクロン内の流れを示す．粒子を含む気体は円筒部の上部に接線方向に取り付けられた矩型または円筒の導入管から接線方向に吹き込まれ，旋回しながら円錐状の部分を降下する．やがて気体の流れは反転して中心部を上昇し，最後に円筒上部の排出管から排出される．微粒子は回転する気流の中で遠心力を受けるため，気体の流れからはずれて壁に衝突し，壁面に沿って下方のホッパーから排出される．サイクロンは，粒径数μm以上の粒子の捕集装置として広く利

**サイクロン**
液体中の微粒子の除去には液体サイクロンが用いられる．

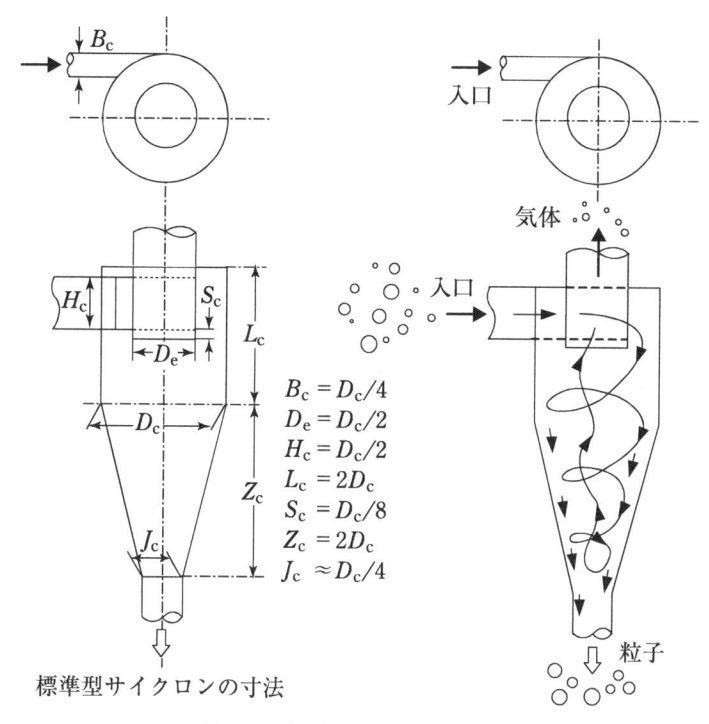

図 5.6 乾式サイクロンの流れ

用されている．標準サイクロンに対しては，次の経験式が有用である．
$$\eta_c(D_p) = 1 - \exp(-MD_p^N) \tag{5.20}$$

$$N = \frac{1}{n+1}, \quad M = 2\left\{\frac{KQ}{D_c^3}\frac{\rho_p(n+1)}{18\mu}\right\}^{N/2}$$

$$n = 1 - (1 - 0.67\,D_c^{0.14})\left(\frac{T}{283}\right)^{0.3}$$

ここで，$D_c$ はサイクロンの円筒部の内径 [m]，$T$ は温度 [K]，$D_p$ は粒径 [m]，$\rho_p$ は粒子の密度 [kg m$^{-3}$]，$Q$ は気体の体積流量 [m$^3$ s$^{-1}$]，$\mu$ は気体の粘性係数 [kg m$^{-1}$ s$^{-1}$]，である（この式では，[ ]内の単位を用いる）．$K$ はサイクロンの形状に関係する因子で，標準型サイクロンでは 403 とする．

### b．電気集塵器

図 5.7 は，もっとも単純なワイヤー円筒形の電気集塵器である．中心のワイヤーに直流高電圧（負）を付加すると，コロナ放電によりワイヤーの回りに生じたコロナにより正と負のイオンが形成される．放電電極と反対の符号をもつイオンは，すぐにこの電極に引き付けられ，同じ符号のイオン（負）が反対の電極に向かって移動する．このとき，微粒子が流れてくると，イオンが微粒子に結合して帯電する．帯電した粒子は反対電極に付着して分離される．電場における帯電粒子の運動は式 (5.10) で表される．

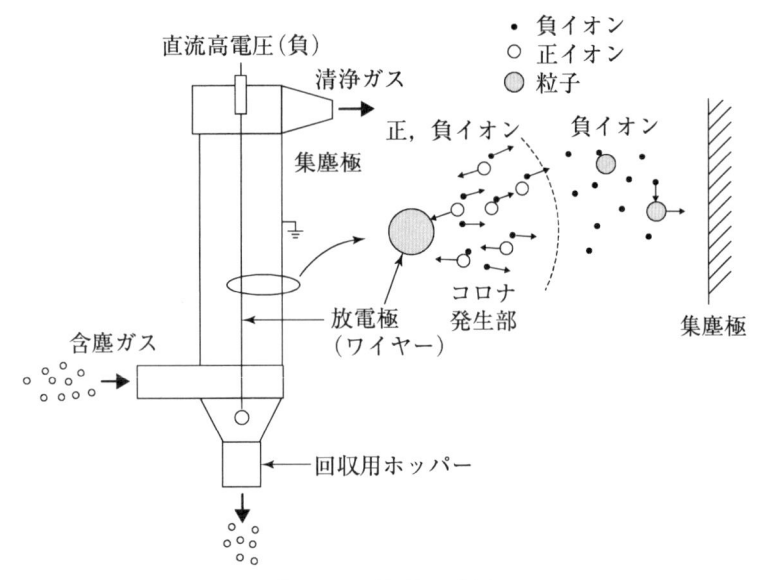

図 5.7 電気集塵装置

電気集塵器の性能は，集塵器の形状，気体の流速，粒径および気体の性状の関数で与えられる．装置内の気体の流れは乱流状態と近似すると，粒子の捕集性能は，次の Deutsch の式で評価される．

$$\eta = 1 - \exp\left(\frac{v_E S}{Q}\right) \tag{5.21}$$

ここで，$S$ は集塵極の面積，$Q$ は気体流量，$v_E$ は静電気力による粒子の移動速度である．

### c. バグフィルター

バグフィルターは，沪布を用いた集塵装置の代表的なものである．沪布の空間率は 60％以下で，孔径は μm から大きなものまであり，袋状の沪布面に粒子を含む気体を流し粒子を捕集する．沪布としては種々の材質の繊維からなる織布あるいは不織布などが用いられる．孔径より大きい粒子は捕集体の表面に完全に捕集され，ケーク層が形成されるので，孔径より小さな粒子もこの粒子堆積層により分離される．堆積した粒子は，機械的に沪布を振動したり，パルス的に気体を加圧して堆積層を払い落とす．バグフィルターによる粒子の捕集および圧力損失の上昇は，沪過の理論が適用できる．

### d. エアフィルター

エアフィルターは内部構造により，①堆積状，②不織布，③沪紙状，④メンブレン状に分類される．粒子の捕集性能は，沪材とその内部に著しく左右されるが，空間率の高いフィルターについては捕集効率を理論的に評価できる．約 1 μm 以上の繊維からなる充填層の空間率は 95％を下ることはなく，微粒子は主にフィルターの内部で捕集される．

**エアフィルター**
微粒子の除去だけでなく，ガスも吸収するケミカルフィルターが広く用いられている．

フィルターは，個々の繊維の集合体と考えられるので，フィルター全体で何％の粒子が捕集されるのかを知るためには，1本の繊維に捕集される粒子割合を調べ，層全体に拡張する手法が用いられている．

最近は，粒子と繊維の間に静電気力を作用させて，粒子を高効率で捕集できる静電エアフィルターが開発され，室内の空気清浄装置に利用されている．また，粒径1～5 mm程度のけい砂やセラミックス粒子を充填した層に，粒子を含むガスを流して粒子を分離する装置は，高温高圧の集塵に用いられる．

■ ハイテクを支えるクリーン化技術 ■
　半導体や液晶などを製造するハイテク産業では，空気中や水中に浮遊する粒子（ゴミとよばれる）は除去しなければならない．最近のエアフィルターの改良によりクリーンルーム内は清浄度が非常に高くなっている．一方，水中のゴミの除去も沪過操作によりかなり進んでおり，非常にクリーンな超純水が得られている．このように，ガスや液からの微粒子の分離技術が確立されたことにより不良製品の製造される割合が非常に低くなった．

## 5.5 分級と混合

粒子を粒径，形状，密度，化学組成など，なんらかの粒子特性によって二つまたはそれ以上に分ける操作を分級という．一般には，分布の広い粒子を粒度により分けることが多く，流体中の粒子の移動度が粒径により異なることを利用する方法とふるいを用いる方法に分類される．移動度による微粒子の分級は，ガス中か液体中かにより，乾式分級と湿式分級に分けられる．また，外力の種類により，重力沈降分級器，遠心沈降分級器，慣性分級器，静電分級器などがある．なお，ふるいを用いる分級では，粒子をサイズごとに分けることができる．

一方，物質，粒度，密度，形状，化学組成などが異なる2種またはそれ以上の粉粒体を均質化する操作を混合という．ほとんどの場合，乾いた状態で混ぜられるが，ごく少量の液体を入れる場合もある．大きさの異なる2種類の材料粒子を混合すると，大粒子の周りに小粒子がコーティングされ粒子の表面改質が行われる．図5.8(a)に示すように混合器としては，V形，水平円筒形などの回転容器式，リボン型，スクリュー型などの機械撹拌式，そのほかに流動層などの気流式に分類される．一般に固体粒子の混合は，次の三つのメカニズムによって達成される．

① 対流混合：固体粒子が塊である位置から別の位置に移動する混合
② 拡散混合：近接している粒子の位置の交換による局所的な混合

**表面改質**
粒子表面の活性を下げ，液体中などに微粒子が安定に分散するような目的で粒子表面を異物質で覆う操作．

(a) 粒子の混合器 　　　　　　　　(b) 複合粒子の種類

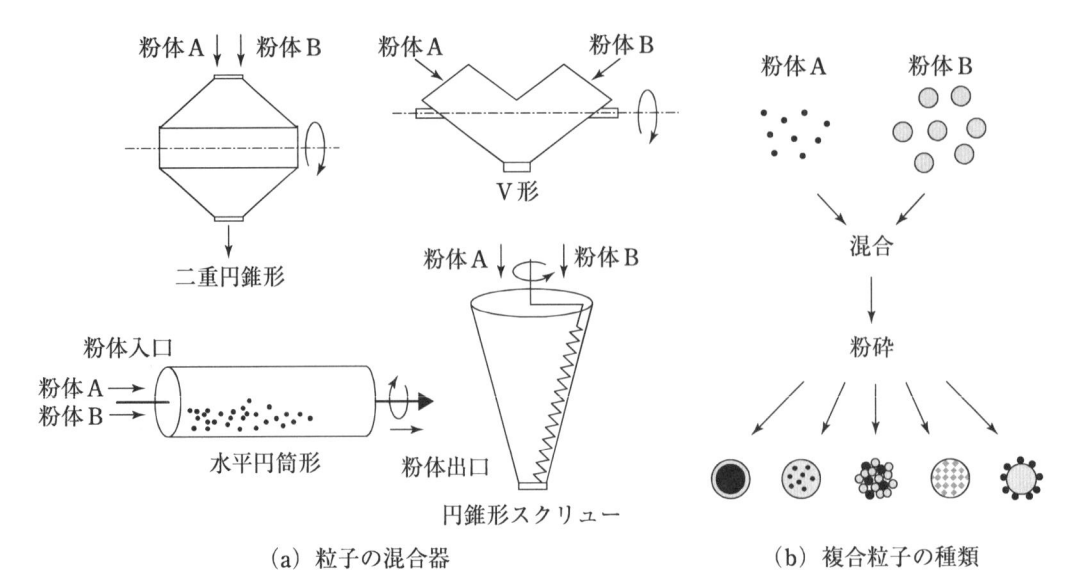

**図 5.8** 粒子の混合器と複合粒子の種類

　　③ 剪断混合：粉粒体粒子群の速度分布により生じるすべりによる
　　　　　　　　混合

　スパイラル状の羽根をもつ槽型混合器ではおもに対流混合により，回転容器式の混合器ではおもに拡散混合により粉粒体が混合する．混合したい粒子が同じ形状と密度であれば，水平円筒形の混合器で十分である．しかし，回転させるとかえって分離したり造粒したりする粒子もある．

---

### ■ 分級と混合による材料の高機能化 ■

　電池材料，蛍光材料，超伝導材料などの電子材料は，2種類以上の元素からなる複合酸化物であり，種類の異なる原料粉を混合し，加熱，粉砕を繰り返して製造されている（図5.8(b)）．また，味の良いチョコレートの製造では，まろやかな味覚が得られるようにある粒径範囲に分級された原料粉が用いられている．また，化粧品，医薬品の製造では，精密な分級および混合操作がもっとも重要な粉粒体操作となっている．

---

## 演習問題（5章）

**5.1** 微粒子の大きさの分布を測定したところ，表5.2のようになった．
　(1) それぞれの粒径区分について，中心径 $D_{pi}$ [μm]，粒径幅 $\Delta D_{pi}$ [μm]，頻度 $\Delta n_i/(N\Delta D_{pi})$ [μm$^{-1}$]，粒径幅 $\Delta \ln D_{pi}$，頻度 $\Delta n_i/(N\Delta \ln D_{pi})$ を求めよ．
　(2) 個数基準の面積平均径および体積平均径を求めよ．
　(3) 対数正規分布における幾何平均径 $D_{pi}$ および幾何標準偏差 $\sigma_g$ を求めよ．

表5.2

| 粒径区分 [μm] | 0〜2 | 2〜4 | 4〜6 | 6〜8 | 8〜10 | 10〜12 | 12〜14 | 14〜16 | 16〜18 | 18〜20 | 20〜22 | 22〜24 |
|---|---|---|---|---|---|---|---|---|---|---|---|---|
| 個数 $\Delta n_i$ | 0 | 17 | 78 | 181 | 248 | 228 | 166 | 113 | 78 | 50 | 28 | 13 |

**5.2** 粒径 1.5 μm の微粒子が温度 20 °C の空気中または水中を速度 0.5 m s$^{-1}$ で運動するとき,粒子が受ける流体抵抗を求めよ.また,静止空気中でのこの粒子の重力沈降速度を求めよ.ただし,粒子の密度は 2 500 kg m$^{-3}$ とする.

**5.3** 一定の電界が存在する平行な平板間中に,粒径 0.5 μm の球形粒子が,温度 20 °C の空気中に浮遊している.電界の強さ $E$ を変えたところ,$E = 100$ V m$^{-1}$ で粒子がほとんど静止した.粒子の密度が 2 500 kg m$^{-3}$ であるとすると,粒子の帯電量を求めよ.

**5.4** 粒子が Stokes の抵抗力を受けるとして,次の問いに答えよ.
(1) $x$-$z$ 平面を粒子が運動する.時間 $t = 0$ で粒子は $x = z = 0$ の位置にあり,$x$ および $z$ 方向の速度は $v_{x0}$ および $v_{z0}$ である.時間 $t$ における粒子の位置を示す式を導出せよ.流体の $x$ および $z$ 方向の速度は一定で,それぞれ $u_x$,$u_z$ とする.また,$z$ 方向には重力が作用している.流体の密度は粒子密度よりも十分に小さいとする.
(2) 20 °C の静止した空気中において,粒径 $D_p$ が 20 μm,密度 $\rho_p$ が 2 500 kg m$^{-3}$ の球形粒子を初速度 $v_0 = 10$ cm s$^{-1}$ で $x$ 方向に投げ出したとき,時間 $t = \infty$ での水平方向の到達距離を求めよ.

**5.5** ある懸濁液を定圧沪過したところ,沪液量と時間との間に表5.3のような関係を得た.式 (5.17) における $V_0$,$K_1$,$t_0$ を求めよ.

表5.3

| 時間 $t$ [s] | 10 | 20 | 30 | 40 | 50 | 60 |
|---|---|---|---|---|---|---|
| 沪液量 $V$ [L] | 819 | 1 612 | 2 382 | 3 129 | 3 857 | 4 566 |

**5.6** 粒度分布をもつ微粒子をサイクロンを用いて粗粒子群と細粒子群に分級したところ,表5.4 のような結果が得られた.粒子全体の捕集効率を求めよ.

表5.4

| 粒子径 [μm] | 0〜2 | 2〜4 | 4〜6 | 6〜8 | 8〜10 | 10〜12 | 12〜14 | 14〜16 | 16〜18 | 18〜20 |
|---|---|---|---|---|---|---|---|---|---|---|
| 個数 細粒子群 | 62 | 168 | 345 | 235 | 105 | 57 | 26 | 2 | 0 | 0 |
| 粒子 粗粒子群 | 0 | 0 | 28 | 52 | 105 | 153 | 191 | 294 | 145 | 32 |

**5.7** 20 °C,大気圧下において粒子密度 3 000 kg m$^{-3}$ の微粒子が含まれる気体を,流量 $2 \times 10^4$ m$^3$ h$^{-1}$ で標準型サイクロンで処理したい.サイクロンの内径が 1 m のとき,50 % 捕集できる粒径を求めよ.なお,20 °C における空気の粘度は $\eta = 1.85 \times 10^{-5}$ kg m$^{-1}$ s$^{-1}$ を用いよ.

**5.8** 100 °C,大気圧下において電界強度を 100 kV m$^{-1}$,捕集極面積を 250 m$^2$ の電気集塵器を用いて微粒子を含んだ気体を 6.5 m$^3$ s$^{-1}$ で分離している.1 μm の微粒子の捕集効率を求めよ.なお,微粒子の密度 3 000 kg m$^{-3}$,粒子1個あたりの帯電素電荷数を 1 000 とする.

### ■参考文献

1) 奥山喜久夫，増田弘昭，諸岡成治：微粒子工学，オーム社 （1992）．
2) 日本粉体工業技術協会編：粉体工学概論，粉体工学情報センター （1995）．
3) 粉体工学編：粉体工学便覧 第2版，日刊工業新聞社 （1998）．
4) 化学工学会編：化学工学便覧 改訂6版，丸善 （1999）．

# 6 ■エネルギーの流れ

　化学プロセスでは，化石資源から付加価値の高い物質の生産が行われている．たとえば，コークスによる鉄鉱石の還元，石油の精製などがある．また，動力・電力プロセスでは，化石資源の燃焼熱がエネルギーとして質の高い動力や電力に変換されている．いずれのプロセスでも大量の資源およびエネルギーを消費する．化石燃料の80％をエネルギー資源として活用している現在，熱エネルギーから他のエネルギーへの変換はとりわけ多く見られるが，その利用率は34％であり，残り66％が廃熱となり，エネルギーを無駄にしている．

　本章では，"熱力学"と"伝熱"をベースにしてエネルギーの流れを理解し，エネルギー利用効率を高める方法を学ぶ．このため本章は"エネルギーの形態とその性質"，"エネルギーの有効利用"，"エネルギーの評価"，"熱エネルギーの輸送過程"の四つの節から構成されている．各節において学ぶべきポイントは次のとおりである．

　6.1節では，エネルギーは保存されることを理解する．
　6.2節では，熱からどれだけの仕事を取り出せるのかを理解する．
　6.3節では，エネルギーの質を理解する．
　6.4節では，エネルギー利用効率と伝熱速度の関係を理解する．

## 6.1　エネルギーの形態とその性質

### a．エネルギーの種類と変換

　エネルギーとは仕事をする能力であり，現在さまざまなエネルギーが使用され，われわれの生活を豊かにしている．エネルギーは，外部エネルギー，内部エネルギーに大別される．外部エネルギーは巨視的レベルで運動する物体が有する運動エネルギー，重力による位置エネルギーなどである．内部エネルギーは微視的レベルでの物質自身が秘めているエネルギーであり，化学エネルギー，熱エネルギー，電磁気エネルギー，光エネルギー，核エネルギーが対応する．

　これらのエネルギーは互いに変換が可能であり，エネルギーの形態を変化させる．このため，われわれはエネルギーを利用しやすい形態に

変化させたり，物質の付加価値を高めたりすることができる．このことが意識されたのは18世紀後半より始まった熱エネルギーから力学的エネルギーへの変換からである．以下では18世紀後半から19世紀にかけて完成された熱力学について概説する．熱力学の重要な法則は二つあるが，ここではまず第一法則を述べる．

### b. 熱力学第一法則

Joule (1843) は熱と仕事（力学的エネルギー）の等価性を実験によって示し，さらに Clausius (1876) は内部エネルギーという状態量を導入し，熱力学第一法則を次のように定式化した．

$$dU = dQ + dW \tag{6.1}$$

ここで，$dU$ はある系が状態1から状態2へ変化したときの状態2と状態1の内部エネルギーの差である．これは状態1から状態2へ変化する経路に依存しない．$dQ$ および $dW$ は系の変化過程においてそれぞれ系に与えた熱および仕事量であり，これらは経路に依存する．したがって，ある系のエネルギーはなくなったり，新たに発生することはなく，保存される．

**エネルギー保存則**
熱力学第一法則は，エネルギー保存則とよばれており，閉鎖された空間では外界との物質や熱の出入り，または外界へ対して行うあるいは外界からなされる仕事がない限り，エネルギーの総量は変化しないことを意味する．

---

【例題 6.1】1 kW の電気ヒーターで20分間水を加熱した後，水の温度は何度上昇するか．水の入った大きさ 0.5 m×0.5 m×0.5 m の容器は断熱で，水の比熱は 4.2 kJ kg$^{-1}$ K$^{-1}$ とし，加熱前の温度は 25℃ とする．

[解答] 式 (6.1) を用いて計算する．温度が $T$ [℃] に上昇したとすると内部エネルギーの変化は水の体積を質量に換算し，比熱を使って次のように与えられる．

$dU = (0.5 \times 0.5 \times 0.5 \times 10^3) \times (4.2 \times 10^3) \{(273+T) - (273+25)\}$ J

仕事は与えられていないから

$dQ + dW = (1000 \times 20 \times 60) + 0$ J

両式より

$T = 27.3\,℃$

---

熱力学の発達と同時に，効率の高い熱機関（蒸気機関，内燃機関など）が次々と開発され，われわれの生活は格段に豊かとなり，それと同時に図6.1に示されるように人口も増大していった．しかし，豊かさの反面，図6.2に示されるようにエネルギー消費も比例して増加し，資源の枯渇，二酸化炭素などによる地球温暖化などの問題が表面化しており，エネルギーの有効利用と環境との調和が現在強く求められている．

図 6.1 世界の人口

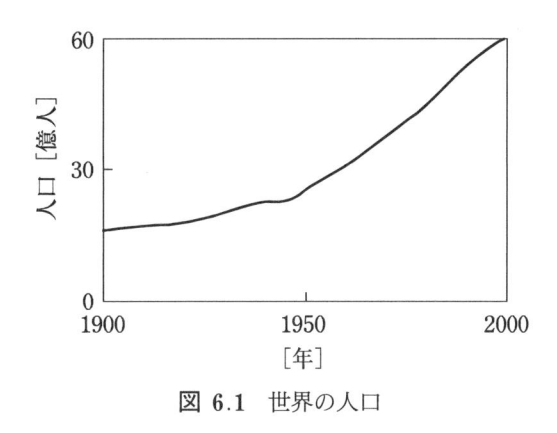

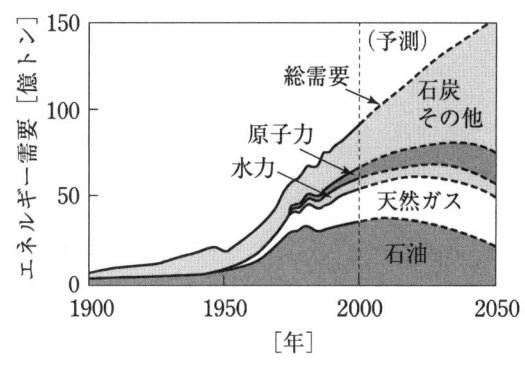

図 6.2 エネルギー需要予測

## 6.2 エネルギーの有効利用

### a．Carnot の熱機関

Carnot（1824）は理想気体を作動流体として高温の熱から仕事を取り出す可逆プロセス（摩擦など無視したプロセス）である熱機関を考え，熱から取り出される最大仕事を求めた．現実のプロセスと異なるが，われわれに熱から仕事の変換に対して有意義な指針を与える．このプロセスは図 6.3 に示されるように四つの行程からなる．すなわちシリンダー内の気体が等温膨張，断熱膨張，等温圧縮，断熱圧縮され，その結果ピストンの運動によって気体が外部へ仕事をするわけである．

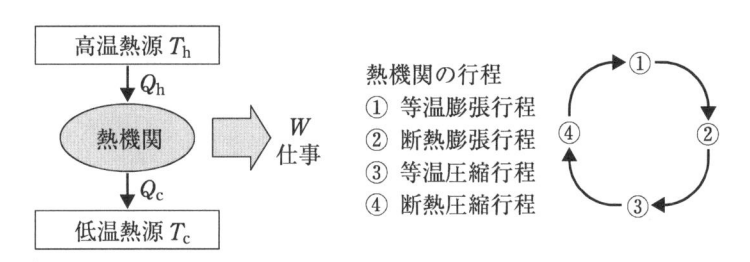

図 6.3 カルノーサイクルの四つの行程

たとえば，Newcomen（1712）や Watt（1765）が開発した蒸気機関を思い浮かべて欲しい．熱に関しては，等温膨張行程で気体は高温熱源 $T_h$ から熱 $Q_h$ を受け取り，等温圧縮行程で低温熱源 $T_c$ へ熱 $Q_c$ を捨てる．ここで，低温熱源に熱を一部捨てなくてはならないのは，サイクルを維持するため初めの状態と終わりの状態を一致させなければならないからである．したがって，熱の残りが仕事 $W$ に変換される．熱と仕事の定量的な関係は理想気体の状態方程式とエネルギー保存則より，次のように導ける．

$$Q_h = W + Q_c \tag{6.2}$$

**断熱行程（過程）**
気体の圧縮・膨張過程で，系への熱の出入りがない場合を断熱過程という．断熱過程では，系に対して外界からなされる仕事は系の内部エネルギーの増加に等しく，逆に系が外界に対して行う仕事は系の内部エネルギーの減少に等しい．
圧縮・膨張が急激に起きる場合に断熱過程となりやすい．たとえば，自転車のタイヤに空気入れで空気を入れるとき，勢いよくピストンを押すと断熱圧縮によりポンプが熱くなる（摩擦熱の影響もあるが）．また，液化炭酸ガスが充填されたボンベ（シリンダー）のバルブを開いて大量の炭酸ガスを急激に放出させると，断熱膨張により炭酸ガスの温度が下がり，ドライアイスが生成する．

$$\frac{W}{Q_\mathrm{h}} = \frac{T_\mathrm{h}-T_\mathrm{c}}{T_\mathrm{h}} \tag{6.3}$$

$$\eta = 熱効率 = \frac{熱サイクルから得られた仕事}{熱サイクルに加えた熱} = \frac{W}{Q_\mathrm{h}} \tag{6.4}$$

ただし，温度は絶対温度で表示される．

式(6.2)，(6.3)が意味することは熱がすべて仕事に変わるわけではなく，その割合は高温熱源と低温熱源の温度のみに依存することである．ここで，熱効率 $\eta$ を式(6.4)のように $W/Q_\mathrm{h}$ と定義すれば，効率は式(6.3)で表される．

通常では熱を仕事に変換する場合，低温熱源には海水または大気を使用することが多く，図6.4は $T_\mathrm{c}=300\,\mathrm{K}$ としたときの $\eta$ の $T_\mathrm{h}$ による変化を示す．$\eta$ は $T_\mathrm{h}$ が増加すると急激に増加するが，高温になると増加率は頭打ちとなる．したがって，現実の装置でも効率を高めるため，できるだけ高温の熱源を用いている．しかし，高温に耐える材料の問題が効率向上を妨げている．

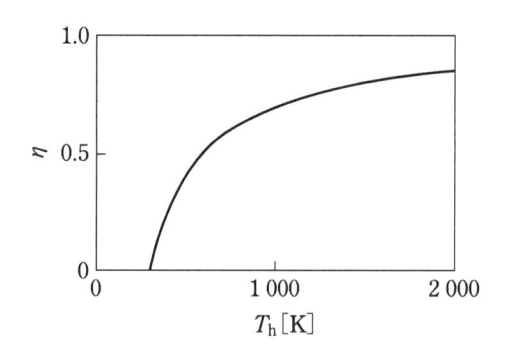

図 6.4 熱効率と高温熱源の温度

【例題6.2】火力発電プラントは，燃料の燃焼熱を水蒸気に移し，蒸気タービンにより仕事に変換し，それを電力として取り出す装置である．水蒸気の温度を600℃とし，海水の温度を25℃とした場合の熱効率の最大値を求めよ．
［解答］最大の熱効率が得られるのはカルノーサイクルであり，式(6.3)を用いて計算する．高温熱源を600℃，低温熱源を25℃として熱効率を求める．

$$\eta = 1-\frac{T_\mathrm{c}}{T_\mathrm{h}} = 1-\frac{273+25}{273+600} = 0.66$$

カルノーサイクルは可逆であるが，現実の火力発電所は可逆ではないため熱効率は低下し0.4程度である．すなわち，理想と現実との間に

は大きな隔たりがある．この隔たりを小さくすることが，省エネルギーである．

まとめれば，次のようなことがいえる．
① 温度差があれば，仕事が取り出せる．
② 理想のサイクルでも熱は100％仕事に変換することはできない．言い換えれば，低温熱源に熱を一部捨てなければならない．
③ 現実のサイクルでは不可逆性（摩擦，熱移動など）が現れ，さらに効率は低下する．

### b．熱力学第二法則

カルノーサイクルの結果は二つの解釈を与えた．すなわち，Clausius（1850）は仕事の消費なしに，熱が低温物体から高温物体に移動することはないと解釈した．一方，Thomson（後のKelvin卿，1851）は温度一定の系から取り出した熱をすべて仕事に変え，その周囲に影響を及ぼさないことは不可能であると解釈した．この二つの解釈は，熱の移動や発生が仕事とは異なり不可逆な過程であることを主張している点で同等であることが示され，まとめて熱力学第二法則とよばれるようになった．Clausiusはこの法則を定式化するため，新たにエントロピーという状態量を次のように定義した．すなわち，

$$dS = \frac{\delta Q_r}{T} \tag{6.5}$$

ここで，$dS$はある系が状態1から状態2へ変化したときのエントロピー変化で，内部エネルギーと同様に経路に依存しない．$\delta Q_r$は系の可逆的状態変化において系が受け取る熱量で，$T$は系の温度である．

カルノーサイクルにおいてエントロピー変化を考えてみよう．高温熱源から作動流体に移動する熱$Q_h$は作動流体から低温熱源に移動する熱$Q_c$より大きい．式で表せば

$$[熱の移動] \quad Q_h > Q_c \tag{6.6}$$

式(6.5)より，1サイクルの間のエントロピー変化は熱流入$Q_h$によるエントロピーの変化$dS_h$と熱流出$Q_c$によるエントロピーの変化$dS_c$の差で表せる

$$dS_h - dS_c = \frac{Q_h}{T_h} - \frac{Q_c}{T_c} \tag{6.7}$$

しかし，カルノーサイクルにおいては式(6.7)の右辺は0となり，したがって，カルノーサイクル全体を系と見なせば，エントロピー変化はゼロとなる．これは，エントロピーが状態量であることを示している．次に，孤立した系で熱が高温から低温へ移動する場合のエントロピー変化を考えると，この場合はまったく仕事が行われないため$Q_h$と$Q_c$

**カルノーサイクルでのエントロピー**
カルノーサイクルでは
$$\frac{Q_h}{T_h} - \frac{Q_c}{T_c} = 0$$
である．図6.3に示した四つの行程における体積変化と熱収支の関係を，理想気体の状態方程式に基づいて計算することで，これを確かめることができる．なおKelvin卿は，この関係に基づいて温度を定義する絶対温度の概念を提唱した．

は等しく,移動する熱は $Q$ とおける.式(6.7)から系のエントロピー変化を求めれば,$dS_h - dS_c = Q(T_h - T_c)/T_h T_c > 0$ となり,エントロピーは増大する.すなわち熱の質的劣化が起こる.このようにエントロピーは系の不可逆性の尺度を提示しており,熱と仕事の質的な違いを示している.これらの結果を用いて,熱力学第二法則は"外部から孤立した系ではエントロピーは常に増大する"と表現できる.

　熱の正体は,分子運動が認識されていなかった当時はよくわかっていなかったが,後年 Maxwell (1875) が気体分子運動と温度の関係を明らかにした.さらに Boltzmann (1877) は分子運動からエントロピーを次のように定式化した.

$$S = k \ln N \tag{6.8}$$

ここで,$k$ は Boltzmann 定数であり,$N$ は系の全エネルギーが変わらないようにして,系を構成する分子の位置やエネルギーを配置する仕方の数である.すなわち,エントロピーは分子の分散度合いを表す.式 (6.5) と (6.8) は等価であることがわかっており,興味のある方は参考文献[1]を参照されたい.

### c. ヒートポンプ

　カルノーサイクルは上述したように熱を仕事に変換する装置であるが,ヒートポンプは図 6.5 に示されるように外部から仕事を与えて低温の熱を高温に移動させる装置である.具体的な装置としては空調装置,冷蔵庫が代表的であり,カルノーサイクルを逆方向に運転するとヒートポンプになる.ヒートポンプの性能は次式のような成績係数(coefficient of performance ; COP)で表される.

低温側の熱 $Q_c$ を利用する場合:$\text{COP}\,1 = \dfrac{Q_c}{W} = \dfrac{T_c}{T_h - T_c}$ (6.9)

高温側の熱 $Q_h$ を利用する場合:$\text{COP}\,2 = \dfrac{Q_h}{W} = \dfrac{T_h}{T_h - T_c}$ (6.10)

これらの式も熱効率と同様に温度のみの関数であり,高温熱源と低

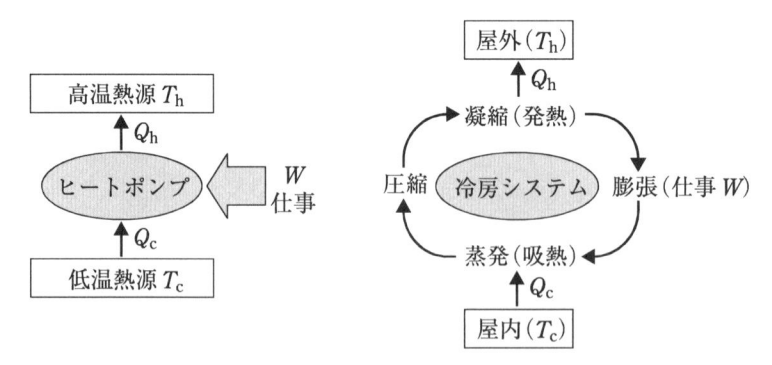

図 6.5 ヒートポンプの概念図と具体例

温熱源の温度差が小さいほどCOPは大きくなることがわかる．なお，COP 2 は必ず1より大きくなる．なぜなら，エネルギー保存則より $Q_h$ は $Q_c$ と $W$ の和であり，$Q_h > W$ であるからである．

---

**【例題 6.3】** ヒートポンプを使って，27 °C の室内から 34 °C の外気に熱を移動させたい．熱が毎秒 15 kJ 室内から移動する場合，空調器の必要最小の仕事率を求めよ．

[解答] 空調は冷房であるので，低温側の熱を利用している．低温熱源の温度を 27 °C (300 K)，高温熱源の温度を 34 °C (307 K) として，式(6.9)を用いて成績係数を計算する．

$$\text{COP 1} = \frac{300}{307-300} = 42.8$$

毎秒低温熱源から移動する熱は，$Q_c = 15 \text{ kJ s}^{-1} = 15 \text{ kW}$

したがって，仕事率は成績係数の定義より

$$W = \frac{Q_c}{\text{COP 1}} = 0.35 \text{ kW}$$

---

現実のヒートポンプのCOPは4～5程度であり，逆カルノーサイクルよりもかなり小さい．これは作動流体の温度範囲が5 °C から 40 °C であるためである．すなわち，現実の装置を考える場合には6.4節で学ぶ熱の移動速度の評価が必要で，その移動速度は温度差に比例するからである．なお，ヒートポンプは廃熱など未利用エネルギーを有効活用でき，空調だけでなく種々の化学プロセスにおいて用いられている．

まとめれば，次のようなことがいえる．

① カルノーサイクルである熱サイクルは熱から最大の仕事が取り出される．
② 逆カルノーサイクルであるヒートポンプでは低温側から高温側に熱を移動させるのに最小の仕事を与えればよい．
③ 両サイクルは可逆過程であるので，最大仕事と最小仕事は等しい．

## 6.3 エネルギーの評価

### a．エクセルギー

上述のエントロピーの導入により，熱の質的劣化が明らかとなり，熱エネルギーを評価するためには量と質の両方が重要であることがわかった．ここでは，実用性を念頭に置き，Rant (1953) が提示したエクセルギーについて学ぶ．エクセルギーは日本語で有効仕事と翻訳され，

ある環境の中に環境と異なる温度，圧力をもつ系があるとき，その系を環境と同じ温度，同じ圧力にするまでに取り出せる最大仕事である．エクセルギーはエネルギーと同様いくつかの種類があるが，熱エクセルギーについて説明する．

このエクセルギーは熱を保有している物体を高温熱源 $T_h$，環境を低温熱源 $T_c$ とするカルノーの熱サイクルを考え，取り出される仕事から求められる．注意しなければならないのは，高温熱源の温度は一定ではなく熱をサイクルに与えるにつれて温度は次第に低下し，最後には環境と同じになることである．式で表せば，エクセルギー $E$ は次のようになる．

$$E = \int_{T_c}^{T_h} dQ_h \left(1 - \frac{T_c}{T_h}\right) = \int_{T_c}^{T_h} mC_p \left(1 - \frac{T_c}{T_h}\right) dT_h$$
$$= mC_p \left\{ (T_h - T_c) - T_c \ln \frac{T_h}{T_c} \right\} \tag{6.11}$$

ここで，$m$ は物体の質量 [kg] で，$C_p$ は定圧比熱 [J kg$^{-1}$K$^{-1}$] で温度にかかわらず一定としている．右辺の第1項は高温熱源から移動した熱量で，第2項は無効熱とよばれ，仕事に変えることができない．無効熱はエントロピーで書き表せば，$T_c dS$ となる．

与えられた環境下で物体のもつ顕熱のうち仕事に変える割合を有効比 $\gamma$ とよび，次式のようになる．

$$\gamma = 1 - \frac{T_c}{T_h - T_c} \ln \frac{T_h}{T_c} \tag{6.12}$$

有効比はエネルギーの質を考えたという意味で熱効率と異なる（図6.6参照）．高温の熱エネルギーほど有効比が大きいので，質の高いエネルギー形態であることを示す．

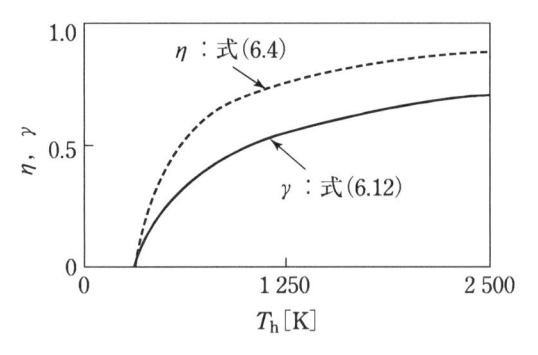

図 6.6 有効比と高温熱源の温度

## 6.3 エネルギーの評価

**【例題 6.4】** 環境の温度を 15 ℃ として比熱一定 $4.2\,\mathrm{kJ\,kg^{-1}\,K^{-1}}$ の物体 1 kg あたりのエクセルギーを計算せよ．ただし，物体の温度の範囲は $-30\,^\circ\mathrm{C}$ から $1000\,^\circ\mathrm{C}$ とする．

**[解答]** 式 (6.11) を用いて単位質量あたりのエクセルギーを求める．

$$\frac{E}{m} = 4.2\left[\{(273+T_\mathrm{h})-288\} - 288\ln\frac{273+T_\mathrm{h}}{288}\right]\,\mathrm{kJ\,kg^{-1}}$$

表 6.1

| 物体の温度 [℃] | 1 000 | 800 | 200 | 60 | 45 | 30 | 15 | 0 | −15 | −30 |
|---|---|---|---|---|---|---|---|---|---|---|
| エクセルギー [kJ kg⁻¹] | 2 340 | 1 706 | 177 | 13.4 | 6.14 | 1.58 | 0 | 1.7 | 7.05 | 16.5 |

表 6.1 より物体の温度が下がれば，エクセルギーは急激に減少する．しかし，物体の温度が環境温度より低くても，エクセルギーを有している．液化天然ガス (LNG) を用いた冷熱発電はその応用である．

熱エネルギーにおいては，環境との温度差が大きい方がより有効な仕事が取り出されることがわかった．したがって，熱エネルギーの有効利用は高温域ではできるだけ仕事を取り出すシステムを導入する方が望ましい．しかし，いったん利用されると熱エネルギーの排出温度は低下するから，その廃熱を再利用するとエクセルギーも低下する．このような特性からカスケード的にエネルギーを利用することが考えられる．この基本的概念は，図 6.7 に示されるように高温の熱エネルギーは動力・電力に，低温の熱エネルギーは熱に利用するコジェネレーション（熱電併給）である．

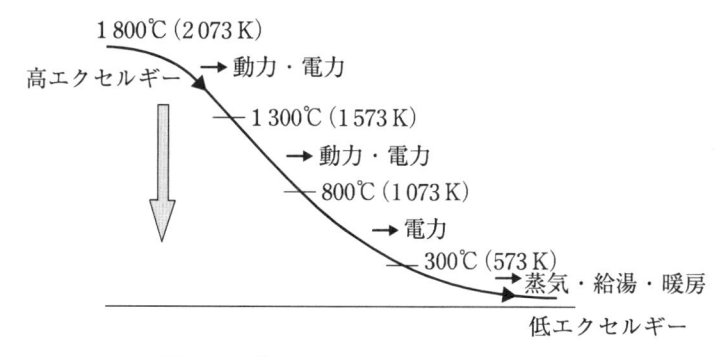

図 6.7 熱エネルギーのカスケード利用

### b．コジェネレーション技術

コジェネレーションとは上述したエクセルギーに基づいた発想で，高温部の熱は動力・電力に，低温部の熱は加熱という熱エネルギー利用システムである．すなわち，燃料には都市ガスや天然ガスなどが使

用され，エンジンやタービンを駆動して発電し，同時に廃熱を温水または蒸気として回収し，種々のプロセスや冷暖房・給湯に利用するようになっている．動力・電力を取り出す装置には，ガスエンジン，ディーゼルエンジン，ガスタービン，燃料電池などがある．図 6.8 は各システムのヒートバランスを示す．今後，エネルギーシステムの分散化および小型化の点から，ガスタービンと燃料電池の普及が期待されている．

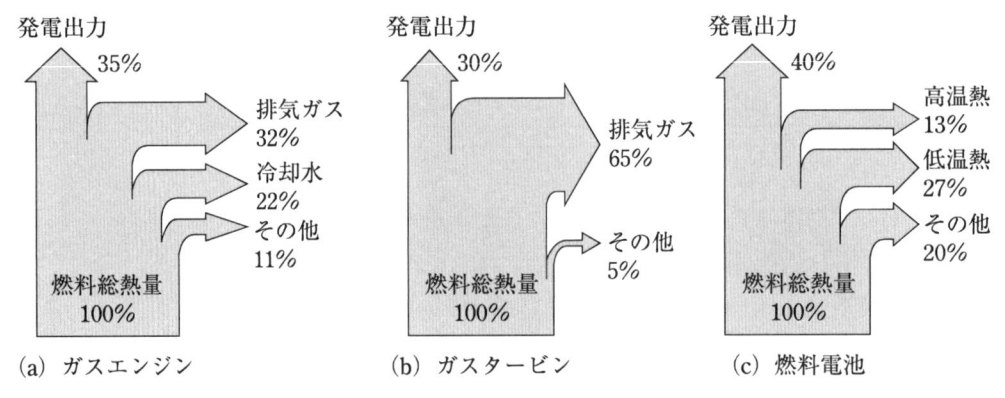

図 6.8 各システムのヒートバランス

(a) ガスエンジン：発電出力 35%，排気ガス 32%，冷却水 22%，その他 11%，燃料総熱量 100%
(b) ガスタービン：発電出力 30%，排気ガス 65%，その他 5%，燃料総熱量 100%
(c) 燃料電池：発電出力 40%，高温熱 13%，低温熱 27%，その他 20%，燃料総熱量 100%

### c．発電システム

電気は産業活動と人々の生活水準の向上に大きな役割を担っており，エネルギーに占める割合も年々増加して，2030 年には電力化率（年間の総電力消費量と総エネルギー消費量との比）は 50 % 近くになるといわれている．発電量に占める火力のシェアは 50 % を越えており，火力発電の技術の動向を熱効率の立場から眺めてみよう．わが国の火力発電の平均熱効率は，1955 年に 22.2 % であったが，その後の技術進歩で 1970 年には 36.4 % にまでに向上した．しかし，それ以降は伸びが停滞し，1990 年の熱効率は 37.1 % であった．先に述べたように，カルノーサイクルの熱効率を上回ることはできないが，熱効率をさらに飛躍的に向上させる検討が行われている．

いくつかのアイデアのある中で，ガスタービンと蒸気タービンを直列に組み合わせた方法がある．これは熱エネルギーのカスケード利用の観点から理にかなっており，有望である．図 6.9 はコンバインドサイクルシステムの構成を示す．それぞれのタービンは材料強度の関係で最高温度が制限されており，ガスタービンでは 1650 K 前後が上限であり，一方蒸気タービンでは 1000 K 程度である．すなわち，タービンはそれぞれ使用温度域が決まっている．したがって，コンバインドサイクルはそれぞれの使用温度域の特徴を生かして総合熱効率の向上を狙ったものである．現在稼働しているシステムでは熱効率は 47 % である

図 6.9　コンバインドサイクル

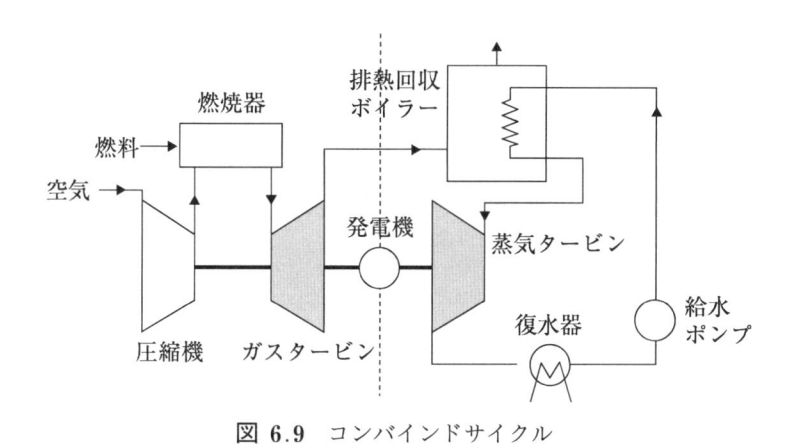

が，55 % の熱効率を目指して技術開発が行われている．

## 6.4　熱エネルギーの輸送過程

### a．伝熱の形態

　熱力学第二法則から，温度差があれば熱は自然に高温から低温側へ輸送され，エントロピーの増加または有効仕事の減少を生じることを学んだ．熱の移動は熱エネルギーを利用してエネルギー変換を行う場合にはその変換過程において必ず起こる．したがって，熱が移動する不可逆現象を正しく理解する必要がある．熱が移動する現象の総称をここでは伝熱とよぶ．

　伝熱には，熱伝導，対流伝熱，放射伝熱の三つがある．実用的には，単位時間あたりに移動する熱量の評価が重要であり，これを伝熱速度と定義し，温度差との関係を学ぶ．

### b．熱 伝 導

　熱伝導は固体内の伝熱である．熱が固体内を高温から低温へ移動する現象で，固体を形成する分子の振動運動により生じた内部エネルギーが順次隣接する分子に伝わっていく．図 6.10 のようにある平板固体壁内に温度差がある場合，伝熱速度と温度差の関係は次式のように Fourier の法則（1822）で定式化されている．

$$q = -\lambda A \frac{dT}{dx} = \lambda A \frac{T_1 - T_2}{L} \tag{6.13}$$

ここで，$q$ は伝熱速度 [W または J s$^{-1}$]，$\lambda$ は壁の熱伝導度 [W m$^{-1}$ K$^{-1}$]，$A$ は伝熱面積 [m$^2$]，$L$ は壁の厚さ [m] である．$T_1$, $T_2$ はそれぞれ高温壁および低温壁の温度 [K] である．伝熱速度を伝熱面積で割った値を熱流束とよんでおり，4 章では Fourier の法則は熱流束で表示されている（式(4.4)参照）．

なお，熱伝導度は物質によって異なり，種々のハンドブックにより求めることができる．

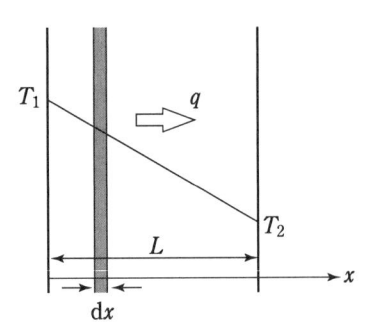

**図 6.10** 平板の熱伝導

【**例題 6.5**】厚さ 15 cm の耐火れんが（熱伝導度 0.12 W m$^{-1}$K$^{-1}$），20 cm の断熱れんが（熱伝導度 0.03 W m$^{-1}$K$^{-1}$）および 10 cm の普通れんが（熱伝導度 0.06 W m$^{-1}$ K$^{-1}$））からなる平面炉壁がある．耐火れんがの表面温度が 1500 K，普通れんがの外壁温度が 330 K であるとき，壁面 1 m$^2$ あたりの熱損失を求めよ．また，各れんがの接触部の温度は何度か．

［**解答**］式(6.13)を用いて各層の伝熱速度を求める．ここで，各れんがの熱伝導度や厚さを区別するため，耐火れんが，断熱れんが，普通れんがをそれぞれ添え字 1, 2, 3 と置く．耐火れんがの内面温度 $T_1$，耐火れんがと断熱れんがの接触部の温度 $T_2$，断熱れんがと普通れんがの接触部の温度 $T_3$，普通れんがの外面温度 $T_4$ とすれば，伝熱速度は次のように与えられる．

$$q_1 = \lambda_1 A \frac{T_1 - T_2}{L_1}$$

$$q_2 = \lambda_2 A \frac{T_2 - T_3}{L_2}$$

$$q_3 = \lambda_3 A \frac{T_3 - T_4}{L_3}$$

ここでは，定常状態を考えているので，$q_1 = q_2 = q_3 = q$（一定）である．上式を用いて，伝熱速度 $q$ を温度差（$T_1 - T_4$）で表すと次式のようになる．

$$q = \frac{T_1 - T_4}{(L_1/\lambda_1 A) + (L_2/\lambda_2 A) + (L_3/\lambda_3 A)}$$

したがって，壁面 1 m$^2$ あたりの熱損失 $q/A$ は

$$\frac{q}{A} = \frac{1500 - 330}{(0.15/0.12) + (0.2/0.03) + (0.1/0.06)} = 122 \, \text{J m}^{-2}\text{s}^{-1}$$

各れんがの接触部の温度は各層の伝熱速度式から求められる．

$$T_2 = T_1 - \frac{qL_1}{A\lambda_1} = 1\,500 - \frac{122 \times 0.15}{0.12} = 1\,347\,\text{K}$$

$$T_3 = T_4 + \frac{qL_3}{A\lambda_3} = 330 + \frac{122 \times 0.1}{0.06} = 533\,\text{K}$$

### c．対流伝熱

対流伝熱は流体内の伝熱を対象とする．流体内に温度差があって流体が動いている場合，流体分子自体が熱エネルギーをもって移動する．そのため，対流伝熱は熱伝導に比べて伝熱速度はきわめて大きく，工業上しばしば利用される．図6.11のようにある流体内に温度差がある場合，伝熱速度は次式のようにNewtonの冷却則（1701）で定式化されている．

$$q = hA(T_1 - T_2) \tag{6.14}$$

ここで，$h$ は伝熱係数 $[\text{W m}^{-2}\text{K}^{-1}]$ である．$T_1$，$T_2$ はそれぞれ高温流体温度および低温壁温度である．

**ニュートンの冷却則**
「ニュートンの冷却法則」とよばれる場合もあるが，法則というよりはむしろ伝熱係数の定義を示す式である点に注意されたい．

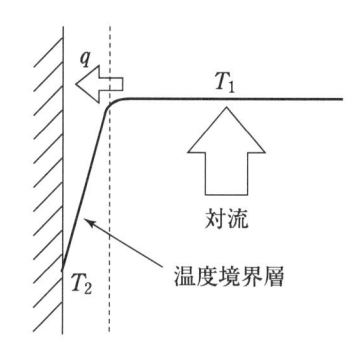

図 6.11 対流伝熱

伝熱係数は流体の諸性質，流動の状態，伝熱面の形状などに依存する．多くの場合，無次元数で表示された相関式が与えられている．たとえば，円管内を流体が乱流で流れる場合は，次の相関式が適用できる．

$$Nu = 0.023\,Re^{0.8}Pr^{0.4} \tag{6.15}$$

ここで，$Nu$ は Nusselt 数，$Re$ は Reynolds 数，$Pr$ は Prandtl 数である．これらの無次元数は次のように定義されている．

$$Nu = \frac{hD}{\lambda} \tag{6.16}$$

$$Re = \frac{VD}{\nu} \tag{6.17}$$

$$Pr = \frac{\nu}{\kappa} \tag{6.18}$$

ここで，$D$ は管径，$V$ は平均速度，$\nu$ は流体の動粘度，$\kappa$ は流体の熱拡

**反応槽の伝熱**
反応槽で均一液相反応を行う場合にも絶えず撹拌を行う．これは場所によって濃度のむらができるのを防ぐためであるが，壁面での伝熱係数 $h$ を増大させることにより，反応によって発生する熱の除去（吸熱反応の場合には熱の供給）を促進する意味合いが大きい．

散率($=\lambda/\rho C_\mathrm{p}$)である．詳細については参考文献[2]を参照されたい．

### d．放射伝熱

放射伝熱は熱を伝える媒体を必要としないで，電磁波の形での伝熱である．たとえば，地球が適度に暖められ生命を維持できるのは，太陽からの放射伝熱のおかげである．すべての物体は熱放射線を出しており，他の物体に達すると，一部は反射され，また一部は透過し，残りは物体に吸収される．物体に吸収される割合を吸収率とよび，とくに吸収率1の物体を黒体とよぶ．図6.12のように二つの黒体からなる平面で温度差がある場合，伝熱速度はStefan-Boltzmannの法則（1884）を適用して，次のように与えられる．

$$q = 5.67 \times 10^{-8} A_1 F_{12} (T_1^4 - T_2^4) \tag{6.19}$$

ここで，$F_{12}$は角関係であり，二つの平面間の距離，面積，相互の位置関係によって決定され，平面1からの放射のうち平面2に到達する割合を表す．ここでは詳細をさけるが，興味ある方は参考文献[2]を参照されたい．

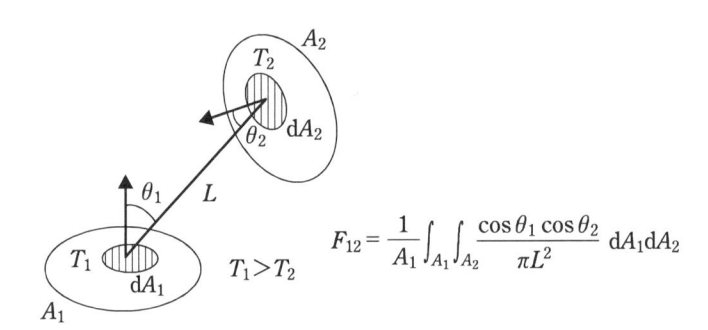

$$F_{12} = \frac{1}{A_1} \int_{A_1} \int_{A_2} \frac{\cos\theta_1 \cos\theta_2}{\pi L^2} \mathrm{d}A_1 \mathrm{d}A_2$$

**図 6.12** 2平面間の放射伝熱

式(6.19)からわかるように伝熱速度は温度の4乗の差に比例するので，高温の場合放射伝熱は重要となる．実在の物体は完全な黒体ではないため，黒体からのずれを表す指標として黒度（熱放射率）が用いられる．黒度は物体や表面の性状に強く依存している．

### e．熱交換器

エネルギーシステムでは種々の伝熱装置があるが，ここでは代表的な熱交換器について概説する．熱交換器とはある流体から伝熱壁を隔てて他の流体へ熱を移動させる装置である．向流式熱交換器を模式化すれば図6.13のようになる．この場合，壁の熱伝導と流体による対流伝熱を考慮しなければならない．そこで，新たに高温流体と低温流体の温度差を推進力とした総括伝熱係数$U$を次のように定義する．

$$q = UA(T - t) \tag{6.20}$$

ここで，高温流体側の伝熱係数を$h_1$，伝熱面積を$A_1$，低温流体側の伝

熱係数を $h_2$，伝熱面積を $A_2$ とし，伝熱壁の熱伝導度を $\lambda$，壁厚さを $L$，平均伝熱面積を $A_{av}$ とすれば，高温流体側面積基準の総括伝熱係数 $U_1$ は次のようになる．

$$\frac{1}{U_1 A_1} = \frac{1}{h_1 A_1} + \frac{L}{\lambda A_{av}} + \frac{1}{h_2 A_2} \tag{6.21}$$

次に高温流体と低温流体の温度差は熱交換器内で図に示されるように変化するので，温度差をどのように定義するかが問題である．詳細はさけるが，高温流体の温度低下と低温流体の温度上昇による熱収支を考えれば，温度差は次のような対数平均温度差で与えられる．

$$\Delta(T-t)_{lm} = \frac{\Delta_1 - \Delta_2}{\ln(\Delta_1/\Delta_2)} \tag{6.22}$$

ここで，$\Delta_1$，$\Delta_2$ はそれぞれ熱交換器入口と出口における高温流体と低温流体の温度差である．したがって，熱交換器全体の伝熱速度は次式のように与えられる．

$$q = U_1 A_1 \Delta(T-t)_{lm} \tag{6.23}$$

これは，熱損失を無視すれば高温流体および低温流体の顕熱変化に等しい．

$$q = w_1 c_1 \mathrm{d}T = w_2 c_2 dt \tag{6.24}$$

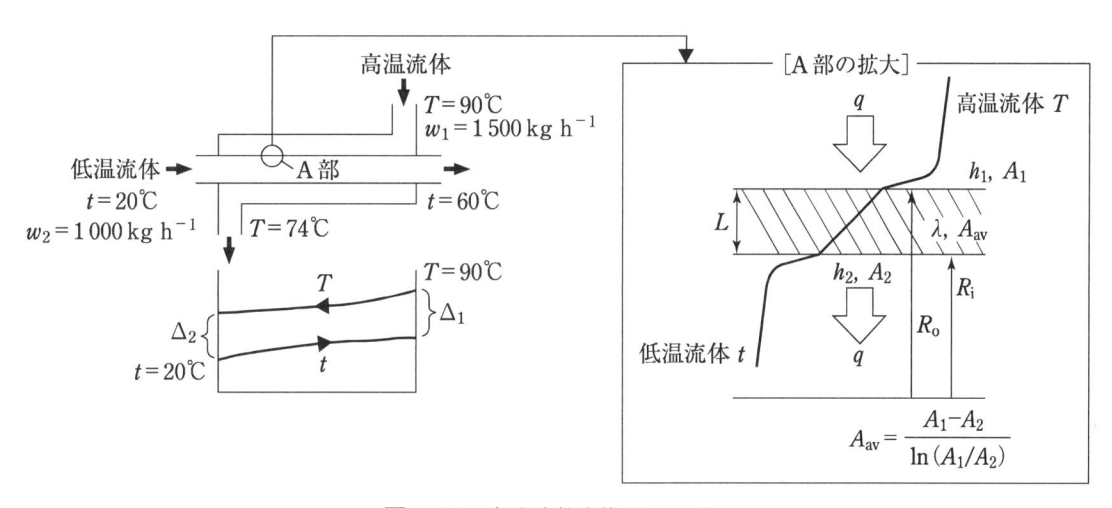

図 6.13 向流式熱交換器のモデル

【例題 6.6】向流型二重管式熱交換器を用いて，流量 $1000\,\mathrm{kg\,h^{-1}}$ の油を $20\,°C$ から $60\,°C$ まで加熱したい．加熱には温度 $90\,°C$，流量 $1500\,\mathrm{kg\,h^{-1}}$ の水を利用する．総括伝熱係数を $250\,\mathrm{W\,m^{-2}\,K^{-1}}$ としたときの伝熱面積を求めよ．ただし，油と水の比熱はそれぞれ $2.5\,\mathrm{kJ\,kg^{-1}K^{-1}}$，$4.2\,\mathrm{kJ\,kg^{-1}K^{-1}}$ とする．

［解答］式(6.20)を用いて，油の顕熱量から伝熱速度を求める．

$$q = w_2 c_2 dt$$
$$= \frac{1\,000}{3\,600} \times 2.5 \times \{(273+60)-(273+20)\} = 27.8\,\text{kJ}\,\text{s}^{-1}$$

次に伝熱速度から，熱交換された水の出口温度を計算する．

$$T_2 = T_1 - \frac{q}{w_1 c_1} = (273+90) - \frac{27.8}{(1\,500/3\,600) \times 4.2} = 347\,\text{K}$$

熱交換器の入口と出口の温度差がわかったので，式(6.22) より対数平均温度差を計算する．

$$\Delta(T-t)_\text{lm} = \frac{\Delta_1 - \Delta_2}{\ln(\Delta_1/\Delta_2)} = \frac{(90-60)-(74-20)}{\ln\{((90-60)/(74-20)\}} = 40.8$$

これを式(6.23)に代入して伝熱面積を求める．

$$A_1 = \frac{q}{U_1 \Delta(T-t)_\text{lm}} = \frac{27.8 \times 10^3}{250 \times 40.8} = 2.73\,\text{m}^2$$

**保温容器**
伝熱促進とは逆に，熱の流入・流出速度をできるだけ遅くしたい場合も多い．たとえば，魔法瓶は，容器（ガラスまたはステンレス）の壁を二重にし，その間を真空にするとともに，真空部に面した壁面に銀メッキを施すことにより熱の伝導，対流，輻射による移動を極力防止するようにした容器である．

#### f．伝熱促進

　伝熱の3形態とも，伝熱速度は推進力である温度差に強く依存することがわかった．したがって，伝熱速度を増加させたい場合は温度差を大きくすればよい．しかし，先に学んだ"熱力学"におけるエントロピーや有効仕事を思い出せば，温度差を大きくすることはエントロピーの増大を意味し"伝熱"における伝熱速度とは相反する関係にあり，熱的設計にあたっては両者を考慮しなければならない．たとえば，熱交換器の設計を考えれば推進力である温度差をできるだけ小さくして，伝熱速度を大きくする方が得策である．すなわち，伝熱面積を大きくするかまたは伝熱係数を大きくするかである．そのため，現在さまざまな伝熱促進法[3] が提案されている．図6.14 は自動車のラジエーターの構造を示す．多くのフィンがついており，これによって伝熱面積の拡大と伝熱係数の促進を同時に可能にし，従来よりも小型化され，かつ性

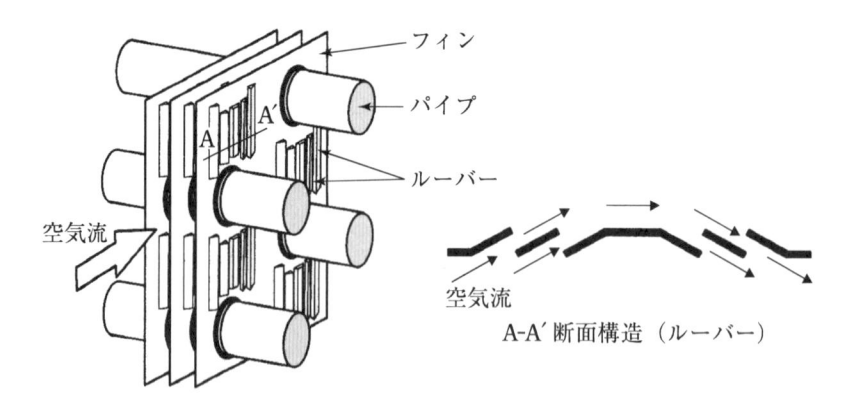

**図 6.14** 高性能ラジエーター

## 演習問題（6章）

**6.1** ピストン・シリンダ装置に400 kPa，30 ℃の窒素ガスが0.5 m³入っている．この装置内にある電熱器が作動して，電圧120 V，2 Aの電気が5分間流れた．窒素は一定圧力下で膨張し，この間に2.8 kJの熱損失が生じた．窒素の比熱は29.1 J mol⁻¹ K⁻¹として，窒素の最終温度を求めよ．

**6.2** 熱帯地方では，海洋の表面近くの海水は太陽エネルギーを吸収して1年中暖かい．しかし，太陽光線は遠くまでは届かず，深層海水は低い温度に保たれている．この温度差を利用した動力プラントが提案され，海洋温度差発電(ocean thermal energy conversion；OTEC)とよばれている．表層海水が25 ℃，深層海水が5 ℃とした場合の最大熱効率を求めよ．

**6.3** 屋外の温度が33 ℃のとき屋内を24 ℃に保つために，ヒートポンプによる冷房システムが用いられる．この家は，壁や窓を通して600 kJ min⁻¹で熱が進入している．また，家の中では人間や照明その他の電気器具が120 kJ min⁻¹で熱を発生している．このシステムに必要な最小仕事率を求めよ．

**6.4** 可逆サイクルであるヒートポンプを使って風呂を沸かす．最小仕事はガス湯沸かし器を用いる場合の必要熱量に比べていくらの割合となるか．ただし，風呂の容積は1 m³とし，最初に20 ℃の水が入っており，40 ℃まで昇温するとする．また，水の比熱は4.2 kJ kg⁻¹ K⁻¹とする．

**6.5** 例題6.1から水のエクセルギー変化を求め，必要熱量と比較して電気加熱の不可逆性を示せ．ただし，電気エネルギーはすべて熱エネルギーに変換されるものとする．

**6.6** 長さ$s$，内径$r_1$，外径$r_2$の中空円筒を考える．内面および外面はそれぞれ一定温度$T_1$，$T_2$に保たれるとする（$T_1 > T_2$）．この場合の伝熱速度をFourierの法則を使って導出せよ．ただし，熱伝導度は$\lambda$とする．

**6.7** 熱伝導度$\lambda = 0.93$ W m⁻¹ K⁻¹，厚さ0.2 mmの紙（耐熱温度170 ℃）で容器をつくり，内部に100 ℃の水を入れ，外から1200 ℃のガス火炎で加熱するとき，ガス側の伝熱係数$h_1 = 93$ W m⁻² K⁻¹，水側の伝熱係数$h_2 = 2325$ W m⁻² K⁻¹として，伝熱速度と紙の表面温度を求め，紙でも火炎に耐えられることを確かめよ．

**6.8** 加熱蒸気を用いて水を加熱するために，二重管式向流熱交換器を作製した．実際にその温度を測定したら次のようであった．

    蒸気の入口温度 250℃　　水の入口温度　20℃
    蒸気の出口温度 125℃　　水の出口温度 100℃

経済上，蒸気の出口温度を100℃とするためには，熱交換器の管長を何倍にしたらよいか．ただし，水の入口温度および流量は変えないものとし，管の長さを変化させても総括伝熱係数は変化しないものとする．また，熱交換器からの熱損失は無視できるものとする．

### ■ 参考文献

1) P.W.アトキンス：エントロピーと秩序，日経サイエンス社 (1992)．
2) 望月貞成：伝熱工学の基礎，日新出版 (1994)．
3) 甲藤好郎：伝熱学特論，養賢堂 (1984)．

# ■プロセスシステム 7

　1章でも述べたように，化学プロセスは分離プロセスや反応プロセスなどさまざまなプロセスが有機的に結合されて物質生産の機能を果たしている．そこでは，化学プロセスを，分離や反応などのサブシステムが有機的に結合したひとつのトータルシステムとしてとらえ，化学プロセス全体を最適に設計・運転・操作する必要がある．そのための学問が本章で学ぶプロセスシステム工学である．

　一つのシステムを設計する工学的な手順は，① 設計目的の明確化，② システムに課せられる制約・前提条件の明確化，③ システム構成の列挙（候補の選出），④ 候補のスクリーニング，⑤ 設計・決定，となる．

　①〜⑤のステップを踏んで，一つのシステムを設計しようとする際，目的に応じて"最適"にシステムを設計するということが設計の成否の鍵を握る．

　本章では，"最適"という概念がどのようなものかについてまず説明し，そこで使える数理的・システム工学的手法の一例を示す．ついで，熱交換システムの最適な設計手法について紹介し，システム工学的なプロセス設計法がどのようなものか，その一例を学ぶことにする．

**システム設計**
システム設計は，明確な目標を決める goal-oriented な方法論の学問といってよい．

## 7.1 最適という概念

　蒸留塔や反応器などを用いる化学プロセスのみならず通信や物流のネットワークなどを設計・計画するとき，限られた時間やお金を最大限に活用して，できるだけ満足いくものをつくりたいと思うであろう．その行為こそが最適化（optimization）であり，人間にとって，根本的で普遍的な行為であるといえる．この最適化を適切な情報の取得と処理によって合理的に行おうとするのがシステム工学であるといってよいだろう．

　最適化を合理的に行おうとする際，まず必要となるのが最適化の目的，最適化の満足度を評価する指標である．その評価指標（尺度）を明確にしなければ，システムの良さや悪さを判断できない．最適化の評価

**評価指標**
評価指標は英語では performance index とよばれる．

指標を決めた後は，その指標の値を変えうる要因（変数）が何であるか，その要因のなかで，設計者や立案者が恣意的に設定することのできる変数が何であるかを明確にしなければならない．その変数は，設計変数，操作変数あるいは決定変数とよばれる．その評価指標を $f$，決定変数を $x$ と表すと，最適化するという行為は数理的には次のように表現される．

$$\min_x f(x) \quad \text{あるいは} \quad \max_x f(x)$$
$$\text{subject to} \quad x \in \Omega$$

すなわち，評価関数 $f$ を，$x$ を使って最大化あるいは最小化せよという問題が最適化問題の数理的表現となる．subject to $x \in \Omega$ という表現は，あるシステムをつくるときに，無尽蔵にお金が使えたり資材が投入できたりするわけではなく，必ず，何らかの制約がある．そのような制約条件を，決定変数 $x$ を決定する際には，ある制約集合 $\Omega$（これを可能領域（feasible region）とよぶ）内の要素から $x$ を決めねばならないという形で表現したものである．たとえば，最適な変数 $x$ の値を 10 までの自然数の中で選ばなければならないとき，$\Omega = \{1, 2, \cdots, 10\}$ という集合になる．

**min, subject to**
$\min_x f(x)$ は $x$ という変数を使って関数 $f$ を最小にするという意味．subject to とは，最小化（あるいは最大化）するとき，to 以下の条件に従えという意味．

【例題 7.1】 $A \xrightarrow{k} B$ なる反応を図 7.1 に示すような三つの連続槽型反応器（CSTR）を用いて行うとしよう．反応は不可逆一次で，第 $i$ 番目の反応器での反応速度 $r_{Ai}\,[\text{mol m}^{-3}\text{s}^{-1}]$ は，その反応器での A 成分の濃度 $C_{Ai}\,[\text{mol m}^{-3}]$ を用いて

$$-r_{Ai} = kC_{Ai}$$

で表される．このとき液流量 $F\,[\text{m}^3\text{s}^{-1}]$ とし，反応速度定数 $k\,[\text{s}^{-1}]$ は濃度に依存せず一定であるとする．また，反応により液の密度の変化はないとする．これらの条件下で，入口の A 成分濃度を $C_{A0}$ として，出口の A 成分の濃度が $C_{A3}$ となるような反応器システムを反応器容積 $V_1 + V_2 + V_3$ が最小になるように設計したい．どうすべきか？

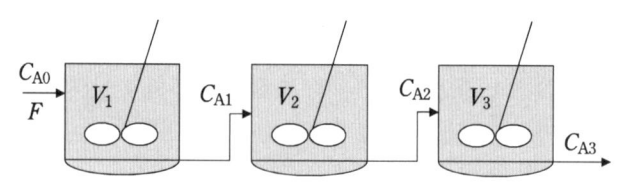

図 7.1 連続槽型反応器の最適化

**プロセス方程式**
対象とするプロセスの変数間の因果関係を表す数式をプロセス方程式という．

［解答］この問題は，最適化の評価関数 $f$ を次のようにとり，

$$f(V_1, V_2, V_3) = V_1 + V_2 + V_3$$

とし，各反応器での物質収支を表すプロセス方程式

$$C_{A0} = C_{A1}\left(1 + \frac{kV_1}{F}\right)$$

$$C_{A1} = C_{A2}\left(1 + \frac{kV_2}{F}\right)$$

$$C_{A2} = C_{A3}\left(1 + \frac{kV_3}{F}\right)$$

を変数間の制約条件とする最適化問題と考えることができる．

まず，上述のプロセス方程式から，反応器容積 $V_i (i=1, 2, 3)$ に関する制約式

$$\left(1 + \frac{kV_1}{F}\right)\left(1 + \frac{kV_2}{F}\right)\left(1 + \frac{kV_3}{F}\right) = \frac{C_{A0}}{C_{A3}}$$

を導き，最適点は，この制約式と評価関数から等号制約条件付きの最適化手法である Lagrange 乗数 $\lambda$ [1] を用いて，

$$J = \sum_{i=1}^{3} V_i +$$
$$\lambda\left\{\left(1 + \frac{kV_1}{F}\right)\left(1 + \frac{kV_2}{F}\right)\left(1 + \frac{kV_3}{F}\right) - \frac{C_{A0}}{C_{A3}}\right\}$$

という評価関数の極値条件より導くことができる．

すなわち，極値条件

$$\frac{\partial J}{\partial V_i} = 1 + \lambda\left(1 + \frac{kV_m}{F}\right)\left(1 + \frac{kV_n}{F}\right)\frac{k}{F} = 0$$

（ただし，$m \neq n \neq i, m, n = 1, 2, 3$）

から，$(1 + kV_1/F) = (1 + kV_2/F) = (1 + kV_3/F)$ が導ける．これにより，三つの容積の合計を最小にするのは $V_1 = V_2 = V_3$ を満たすときであることがわかる．

すなわち，$V_1 = V_2 = V_3 = \left(\sqrt[3]{C_{A0}/C_{A3}} - 1\right)F/k$ が求まる．

**Lagrange 乗数**
等号制約下での最適化理論の一つである．等号制約式を $g_i(x) = 0$ の形にして，$g_i(x)$ の部分に変数 $\lambda_i$ を掛けたを評価関数に加えて，見かけ上，等号制約を消す手法である．独立な等号制約式の数だけラグランジェ乗数 $\lambda_i$ を使う必要がある．

現実に化学プロセス全体を一つのシステムとして設計する場合，例題 7.1 のように簡単には行かない．経済性・安全性や環境負荷などの多方面からの最適性の評価が必要となる．すなわち，一つの評価関数ではシステムの最適性の評価が十分でなかったり，制約条件の設定が単純でなかったりする．そのため，計算機が進歩した今日でも，①から⑤の手順をすべて自動で行える手法はなく，まだまだ経験と勘に頼るところが多い．以下では，その中でシステム的最適設計手法として実際に使われている熱交換システムの最適設計法[2~3]について紹介しよう．

**多目的最適化**
評価関数が多数ある最適化は，多目的最適化といわれる．

**ピンチテクノロジー**
pinch technology. 省エネルギー解析手法としていろいろなところで使われている．

## 7.2 最適熱交換システムの設計（ピンチテクノロジー）

### a. エネルギー有効利用の評価指標

　化学工場では，いままで学んできたような蒸留塔や反応器をはじめとするさまざまな化学装置が稼動している．それらの装置では，加熱や除熱など熱（エネルギー）の出し入れや交換が行われ，物質が変換・加工されている．たとえば，発熱反応が起こっている反応器では，反応熱の除熱操作が行われる．また，蒸留塔では，塔底で高圧蒸気を使って液体に熱を加え気化させ，塔頂で気体を冷却し液化する操作が行われている．省エネルギー性を考えた場合，工場内でエネルギーをむだにしたくない．できれば，反応器で除熱した反応熱を蒸留塔塔底の加熱源として利用するなど，複数の装置の熱源をできるだけ有効に利用した熱交換を行いたい．このような装置の熱源の有効利用を行う場合，どの装置の熱源を使ってどの装置を加熱するべきか，あるいは除熱は冷媒で行うべきか冷水で行うべきかなど，エネルギーの有効利用性を考え，熱交換のしかたを決めたい．

　エネルギーの有効利用性を考えた熱交換のしかたとは，300℃（573 K）の高温の反応器を零度以下の冷媒で冷却することはエネルギーのむだが多いことや，100℃（373 K）の反応器を熱源として，393 K 以上の沸点をもつ液体を気化させることは無理であることなどを考慮して，温度レベルと熱量を同時に評価したエネルギーの利用のしかたのことをいう．ここでは，エネルギーの有効性の評価の指標として前章で学んだエクセルギーを使い，エネルギーを有効に利用した熱交換システムの設計問題を考えることにしよう．

　外界の温度が 25℃（298 K）のとき，318 K の水 1 kg と 348 K のお湯 0.4 kg とでどちらが熱源としての利用価値があるかということを考えるときに利用できる指標がエクセルギーである．

　外界が $T_0$ [K] のとき，比熱が $C_p$ [J kg$^{-1}$ K$^{-1}$] で温度 $T_1$ [K] の物質 $W$ [kg] がもつエクセルギー $E$ [J] は，次式のように求められる．

$$E = \int_{T_0}^{T_1} \frac{T - T_0}{T} W C_p dT \tag{7.1}$$

【例題 7.2】外界の温度が 25℃（298 K）のとき，318 K の水 1 kg と 348 K のお湯 0.4 kg のエクセルギーを求めよ．ただし，比熱は温度に依存せず $4.2 \times 10^3$ J kg$^{-1}$ K$^{-1}$ で一定とする．
［解答］318 K の水 1 kg のエクセルギーは

$$E_1 = \int_{298}^{318} \left(\frac{T-298}{T}\right)(1)(4.2\times 10^3)\,dT$$

$$= 4.2\times 10^3 [T - 298\ln T]_{298}^{318} = 2\,699\,\text{J}$$

同様に，348 K のお湯 0.4 kg の場合は，

$$E_2 = \int_{298}^{348} \left(\frac{T-298}{T}\right)(0.4)(4.2\times 10^3)\,dT = 6\,346\,\text{J}$$

となる．

外界と平衡にある物質を外界温度 $T_0$ から $q_1$ の熱量を使って加熱して $T_1$ にし，さらに $q_2$ の熱量を加え $T_2$ とした場合，加熱に要したそれぞれの熱量とエクセルギーの関係は図 7.2 のようになる．物質が温度 $T_1$ でもつエクセルギーは式 (7.1) から図中の A の面積で表される．また，温度 $T_2$ で，物質がもつエクセルギーは図中の A+B の面積に等しい．したがって，その物質の温度が $T_1$ から $T_2$ に変化したことよるエクセルギーの変化は，図中の B の面積で表せる．この図を使って，図 7.3 に示すような熱交換器に流入流出する物質のエクセルギーの変化を表現しよう．

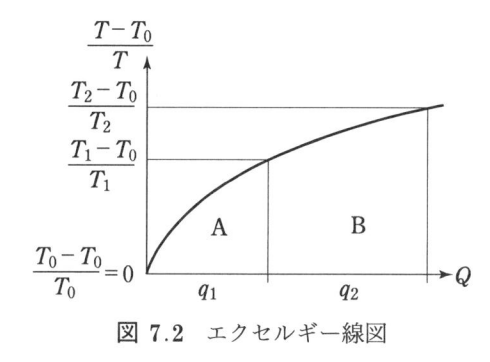

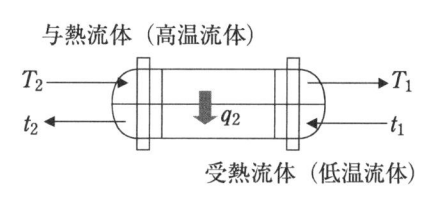

**図 7.2** エクセルギー線図　　**図 7.3** 熱交換器の一例

図 7.3 に示される熱交換器では，高温流体（熱を与えて自分自身は温度が下がる流体，与熱流体とよぶ）は熱量 $q_2$ を放出して，自身の温度を $T_2$ から $T_1$ にさげ，低温流体（熱をもらって温度が上がる流体，受熱流体とよぶ）は，その熱量を受けて温度を $t_1$ から $t_2$ に上げている．それぞれの流体のエクセルギー変化は，個別には図 7.2 のように描くことができ，二つをまとめると図 7.4 のようになる．高温流体が，$T_2$ から $T_1$ に変化することによるエクセルギーの減少は，図中の C+D の面積であり，低温流体のエクセルギーの増加は，図中の D となる．したがって，$(T-T_0)/T$ 対 $Q$ の線図上，与熱流体の温度変化を表した線と受熱流体の温度変化を表した線の間の面積がエクセルギー損失を表す．これより，この熱交換器では，図中の C の面積に相当するエクセルギー

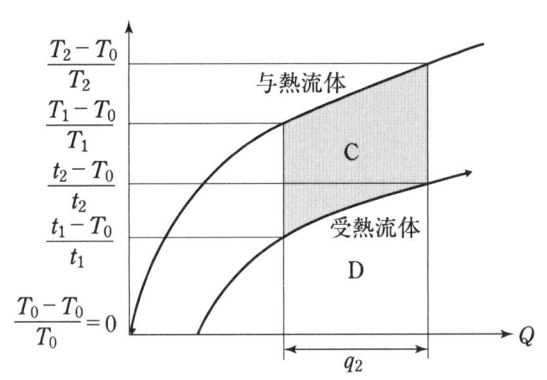

図 7.4　熱交換器でのエクセルギー損失

が与熱流体から受熱流体へ熱が移る際に損失していることがわかる．

### b. $T$-$Q$ 線図

$(T-T_0)/T$ 対 $Q$ の線図は，縦軸の値が $(T-T_0)/T$ の温度 $T$ に関する非線形関数であるため作図に手間がかかる．もっと簡便にエクセルギー損失の大小を評価できるような図として，縦軸に温度 $T$，横軸に熱量 $Q$ をとった $T$-$Q$ 線図がある．これは，$(T-T_0)/T$ が $T$ に関して単調な増加関数であることを活かし，縦軸を $T$ とすることにより，$(T-T_0)/T$ の目盛りの間隔を変えたような図をつくることに相当する．これにより，この図を使って，絶対値は本来のエクセルギー値とは異なるものの，相対的にはエクセルギーの損失の大小が評価できる．

【例題 7.3】いま，与熱流体 1，受熱流体 2，3 の合計三つの流体があり，それぞれ図 7.5 の表のように温度を変えたいとしよう．加熱には，これらの流体以外に，100 ℃（373 K）の蒸気（スチーム）が利用できるとする．ただし，スチームはコストが掛かるのでできるだけ使う量を少なくしたい（表中のスチームを使う量は，設計の結果決まる値であるため？にしている）．図 7.5 のような熱交換器シ

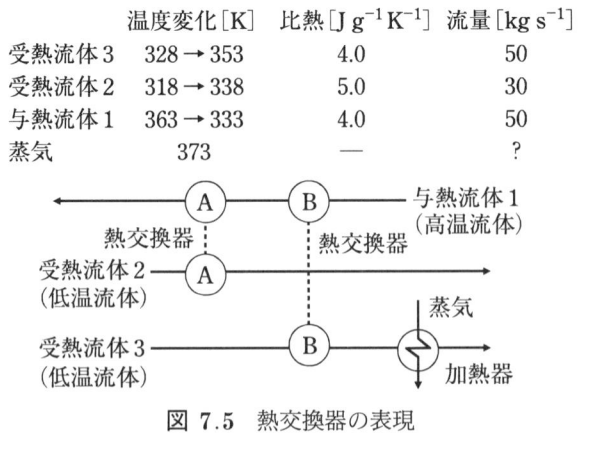

|  | 温度変化 [K] | 比熱 [J g$^{-1}$ K$^{-1}$] | 流量 [kg s$^{-1}$] |
|---|---|---|---|
| 受熱流体 3 | 328 → 353 | 4.0 | 50 |
| 受熱流体 2 | 318 → 338 | 5.0 | 30 |
| 与熱流体 1 | 363 → 333 | 4.0 | 50 |
| 蒸気 | 373 | — | ? |

図 7.5　熱交換器の表現

## 7.2 最適熱交換システムの設計

ステムを考えた．図中○─○は，熱交換器を表し，その○が位置する流体間同士で熱を交換していることを示している．また，○内を矢印が貫く記号は，加熱器であり，必要な熱量だけ蒸気を供給できるとする．このシステムの $T$-$Q$ 線図を描け．

[**解答**] 個々の流体の $T$-$Q$ 線は描けるが，図7.4のように受熱流体と与熱流体がどれだけの量を熱交換しているかや，エクセルギーをどれくらい損失しているかは，各熱交換器において入出流体の温度を決めなければ求まらない．そこで，仮に，熱交換器Aでは，高温流体を348 K で流入，333 K で流出させ，低温流体を318 K で流入，338 K で流出させたとする．また，熱交換器Bでは，高温流体を363 K で流入，348 K で流出させ，低温流体を328 K で流入，343 K で流出させられるように熱交換器を設計できたと考えると，図7.6のような $T$-$Q$ 線図が描け，各熱交換器（A, B）でのエクセルギー損失が図中の斜線の領域 ($L_1+L_2$) で表される．また，受熱流体3を所定の温度353 K に上げるためには，与熱流体1だけでは十分でないこともわかる．与熱流体1だけでは，受熱流体3は343 K までしか上がらない．そこで，受熱流体3を343 K から353 K にするために必要な熱量 $200\,\mathrm{kJ\,s^{-1}}$ をまかなうために蒸気が使われている．この加熱器でのエクセルギー損失は，図中の領域 $L_3$ で表され，加熱に必要な蒸気量も，図中線分 $S$ に相当する熱量として求められる．しかし，これではまだ，エネルギーを最適に利用しているかどうかはわからない．

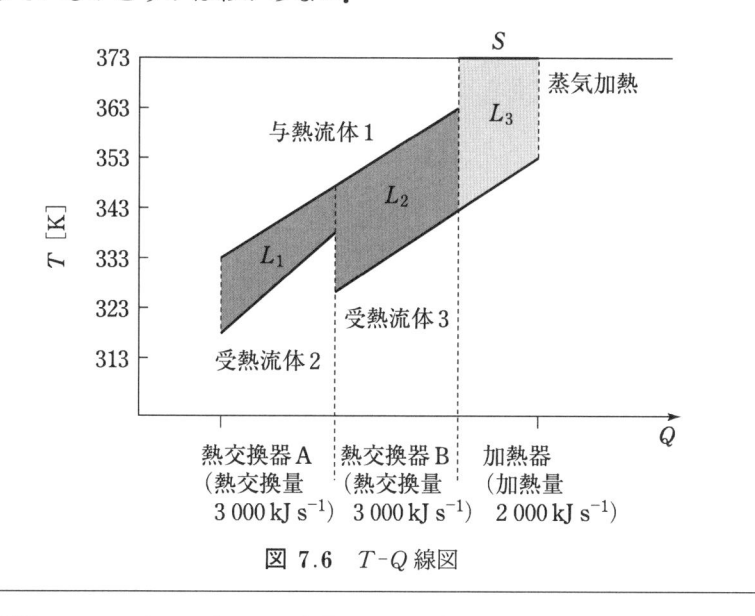

**図 7.6** $T$-$Q$ 線図

例題7.3のように，個々の流体の $T$-$Q$ 線図が描けても，熱交換する温度を決めなければ，エクセルギー損失はわからない．エクセルギー損

**伝熱面積を求める式**

熱交換器の伝熱面積 $A$ を求める単純な式に次式がある．

$$A = \frac{Q}{U\Delta T_{1m}}$$

ここで $Q$ は熱交換すべき熱量，$U$ は総括伝熱係数，$\Delta T_{1m}$ は対数平均温度差

$$\Delta T_{1m} = \frac{(T_2 - t_2) - (T_1 - t_1)}{\ln \dfrac{T_2 - t_2}{T_1 - t_1}}$$

で，これが推進力となる．

**最小接近温度差**

本来は，最小接近温度差は最適化に使うべき決定変数である．しかし，決定変数として最適化するとシステムの候補の数が多くなり，最適化計算に時間がかかる．また，伝熱係数の誤差に対して脆弱な最適解になってしまうそのため，通常は経験値を使って決める．

失が可能な限り少なくなるように熱交換する流体の組合せ，熱交換する量および温度を決めることこそが熱交換器システムの最適設計問題となる．

**c. 最小接近温度差**

図7.4のエクセルギー線図および図7.6の $T$-$Q$ 線図から，熱交換によるエクセルギー損失を少なくするには，できる限り受熱流体と与熱流体の $T$-$Q$ 線図上での縦軸の距離を小さくすればよいこと，すなわち，熱交換させる高温流体の温度と低温流体の温度差をできるかぎり小さくすればよいことがわかる．しかし，両流体の温度差がゼロに近づくと，熱交換の推進力がゼロに近くなり，非常に大きな伝熱面積をもつ熱交換器を設計せねばならなくなる．これではエクセルギー的には得でも，装置の建設コストが莫大となり経済性が悪い．

逆に，両流体の温度差を大きくすれば，熱交換の推進力が大きくなり熱交換器の伝熱面積は小さく，建設コストは少なくてすむが，一方で，エクセルギー損失は大きくなる．現実には，このような建設コストとエクセルギーのトレードオフ関係（こちらを立てればあちらが立たぬという関係）を考えて，熱交換の際に許容できる最小限の受熱流体と与熱流体との温度差を経験的に定めている．これは，$T$-$Q$ 線図上，受熱流体と与熱流体を縦軸（温度軸）に関して接近させうるもっとも小さい値であり，最小接近温度差とよばれ，通常5〜10Kの範囲に定められる．最小接近温度差を定めれば受熱流体と与熱流体との間の熱交換量を $T$-$Q$ 線図上で次のように定めることができる．

いま，受熱流体と与熱流体の $T$-$Q$ 線が図7.7のように得られているとき，最小接近温度差を10Kとし，エクセルギー損失を最小にする熱

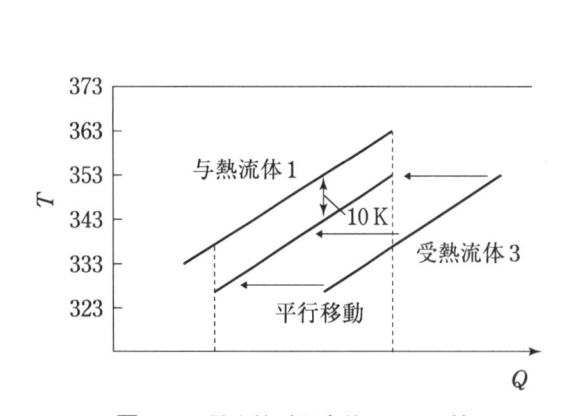

図7.7 最小接近温度差と $T$-$Q$ 線

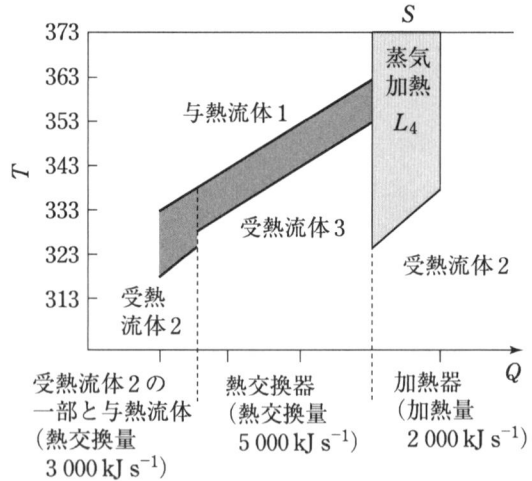

図7.8 熱交換システム例

交換のしかたは，どちらかの流体の $T$-$Q$ 線を横軸（熱量の軸）方向に，両流体の縦軸の間隔がどこかの点で，最短で 10 K になるまで平行移動することにより，決定できる．

受熱流体と与熱流体が一つずつであれば，図 7.7 のように最小接近温度差の考え方を使って，建設コストとエクセルギー損失をともに考慮した準最適な熱交換量が求められる．しかし，受熱流体と与熱流体が複数あると単純にはいかない．例題 7.3 の熱交換器システムの設計問題では，まず，与熱流体 1 と受熱流体 2 の $T$-$Q$ 線の最小接近温度差が 10 K となるように，与熱流体 1 と受熱流体 2 の $T$-$Q$ 線を配置し，そののち，受熱流体 3 の $T$-$Q$ 線を，受熱流体 2 の線と重ならない範囲で平行移動させた．また，与熱流体 1 と重ならない領域を蒸気で加熱することにして温度を決めた．もし，図 7.8 のように与熱流体 1 と受熱流体 3 の最小接近温度差が 10 K となるように熱交換量を先に決めてしまうと，受熱流体 2 の熱の交換相手が与熱流体 1 だけでは不十分となり，蒸気を使って受熱流体 2 を加熱せねばならなくなり，受熱流体 3 より低温の受熱流体 2 をスチームで加熱することになり，加熱器でのエクセルギー損失が大きくなる（図 7.8 の $L_4$）．

このように設計者が勝手な判断で最小接近温度差をとり受熱流体と与熱流体の組合せを決め，残りの熱交換器が決まってしまうのでは，ひとによって設計が異なるため，最適（あるいは準最適）解を求める手法とはいえない．受熱流体や与熱流体が数多くあっても，上述してきた最小接近温度差，エクセルギーの損失の概念を使って $T$-$Q$ 線図上でだれもが同じ熱交換システムを設計できるようにしなければならない．そのためのアイデアが次の熱複合線（コンポジットカーブ）という考え方である．

### d. 熱複合線

次の条件を満たすように加熱したい二つの受熱流体があるとする．

受熱流体 1：流量 $F_1$，温度 $T_{1i} \to T_{1o}$，比熱 $C_1$，

　　　　受熱量 $Q_1 = F_1 C_1 (T_{1o} - T_{1i})$

受熱流体 2：流量 $F_2$，温度 $T_{2i} \to T_{2o}$，比熱 $C_2$，

　　　　受熱量 $Q_2 = F_2 C_2 (T_{2o} - T_{2i})$

温度が $T_{1i} < T_{2i} < T_{1o} < T_{2o}$ の関係を満たしている場合，両流体の加熱を ① 受熱流体 1 の $T_{1i}$ から $T_{2i}$ までの加熱，② 受熱流体 1 と 2 の混合流体（仮想）の $T_{2i}$ から $T_{1o}$ までの加熱，③ 受熱流体 2 の $T_{1o}$ から $T_{2o}$ までの加熱のレベルに分ける．受熱流体 1 と 2 の混合流体を $T_{2i}$ から $T_{1o}$ まで加熱するために必要な熱量は，受熱流体 1 と 2 を個別に $T_{2i}$ から $T_{1o}$ まで加熱するために必要な熱量の和（$q_1 + q_2$）に等しい．

**経験による最小接近温度差**
経験的に推奨される最小接近温度差は，石油精製分野では，伝熱係数に不確定要因が多いので 30～40 K，石油化学・化学プロセスでは 10～20 K，低温プロセスは 2～5 K といわれている[2]．

**準最適**
最小接近温度差を決定変数とせず，経験的に決め，数学的に厳密な最適解を求めることを実行していないので最適に準ずるという意味で準最適という．

**熱交換システム**
複合線という考え方を導入しても，最小接近温度差の経験値の選び方など，熱交換システムの構造に自由度は残る．

これは $T$-$Q$ 線図上では，図 7.9 のようになる．このようにして与熱流体の $T$-$Q$ 線，複数の受熱流体の $T$-$Q$ 線をまとめた線を与熱流体の与熱複合線，受熱流体のそれを受熱複合線とよぶ．

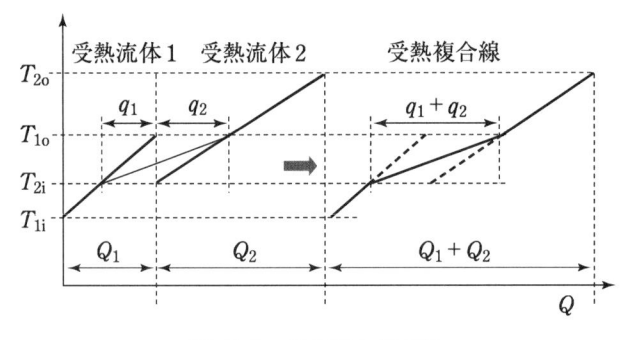

図 7.9 複合線の作成法

与熱複合線，受熱複合線をそれぞれ 1 本の与熱流体，受熱流体の $T$-$Q$ 線と見なし，縦軸に関する両線の差がいずれかの場所で最小接近温度になるよう，両線のどちらかを横軸に対して平行移動する（図 7.10）．受熱流体と与熱流体の熱交換だけで加熱や冷却の要求が満たされないところは，例題 7.3 で蒸気を使用したのと同様に，プラント外部から蒸気や冷却水などの熱源を導入する必要がある（図 7.10 の点線部分）．このようにして複合線を $T$-$Q$ 線図上で構成し，最小接近温度差を満たす範囲でエクセルギー損失を最小にするように平行移動し，熱交換量やプラントにおける与熱源や受熱源の存在，外部から導入しなければならない最小限の蒸気や冷却水量を求めることができる．

**与熱源と受熱源**
名前のとおり，熱を与える熱源を与熱源（スチームなどの与熱流体を含む），熱を受けとる熱源を受熱源（冷却水などの受熱流体を含む）という．

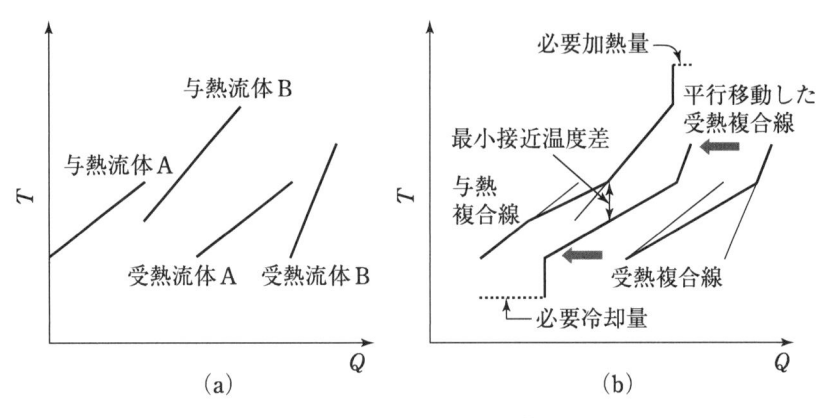

図 7.10 与熱複合線と受熱複合線

### e. 複合線の分解と熱交換器の構成

実際に熱交換器を作る際には，複数の流体を混合流体として本当に混ぜて，熱交換することはできない．実際に熱交換器を構成するには，複合線を分解し，元の与熱流体あるいは受熱流体の $T$-$Q$ 線に戻した上

で，個々に与熱-受熱流体間で熱交換器を構成していかねばならない．

複合線を元に戻す手順は次のようになる．まず，$T$-$Q$ 線図の横軸（熱量）を，与熱複合線と受熱複合線の折れ点ごとに区切る．各区間では，与熱複合線，受熱複合線はそれぞれ一つあるいは複数の与熱，受熱流体からなる．その複合線を図 7.11 に示すように，状況に応じて個々の与熱流体あるいは受熱流体の $T$-$Q$ 線に分解する．その際，流体間の温度差がもっとも小さくなる個所で，最小接近温度差の条件を満たすように一つの流体を二つ以上に分割して熱交換する必要もある（図 7.11(b)）．また，図 7.11(c) に示すように分解が一意でない場合もある．

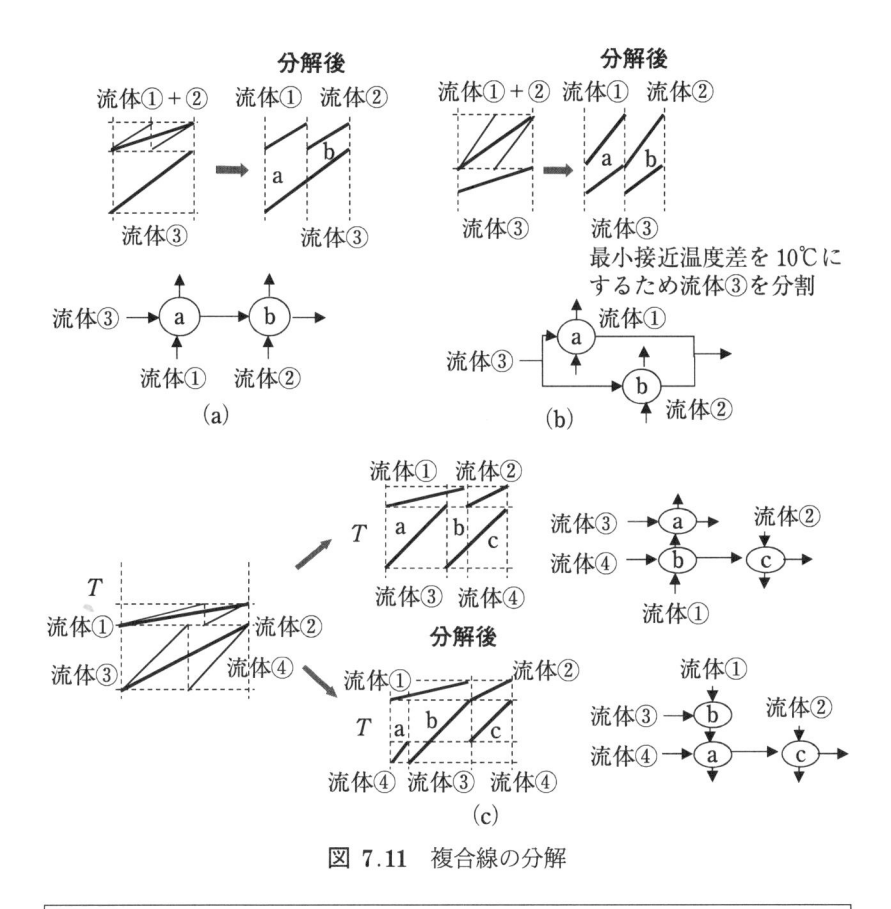

図 7.11 複合線の分解

【例題 7.4】例題 7.3 の受熱流体，与熱流体をもつプロセスの最適な熱交換器ネットワークを構成せよ．その際，複合線を描き，最小接近温度差を 10 K として，必要な蒸気加熱量，冷却水量を求めよ．
[解答] 図 7.12 に示すように最小接近温度差 10 K となるまで，受熱流体複合線を平行移動する（図中の点線）．このとき，低温側で受熱流体に熱を与える与熱源がないことがわかる．もし，低温側での与熱源を外部から導入できないならば，受熱流体複合線と与熱

流体複合線との左端が横軸上で一致するまで受熱流体複合線を平行移動させ，低温側であらたな与熱源を必要としないようにする（図中実線の受熱線）．この $T$-$Q$ 線図から最低必要な $100\,°\mathrm{C}$（373 K）の蒸気が $2000\,\mathrm{kJ\,s^{-1}}$ と求まる．また，熱交換器群は，図 7.12(b) のように設計できる（くしくも図 7.6 の熱交換システムの構成が最適であったことがわかる）．このように $T$-$Q$ 線図を使うことによりエクセルギー損失の少ない最適な熱交換システムを図的に設計することができる．

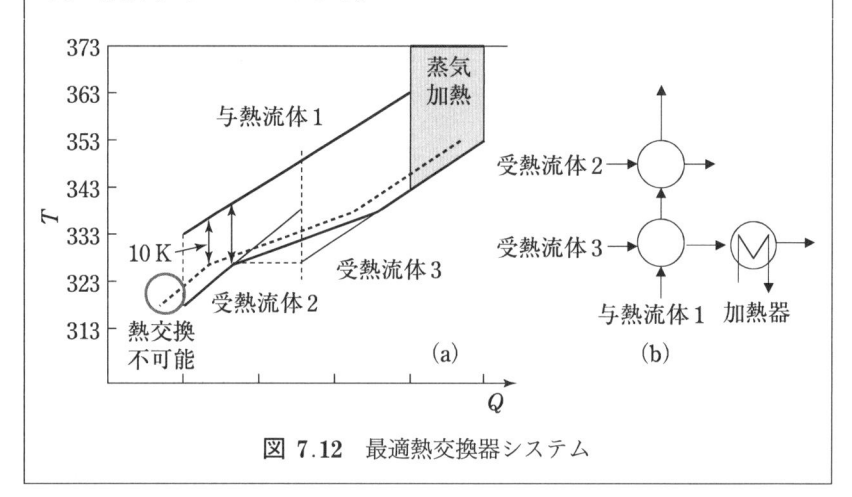

図 7.12 最適熱交換器システム

**最適解の検討**
最適解が一つ得られて終わりでなく，その解が他の評価尺度で，どのくらいの値をもつかを検討しておく必要がある．とくに，得られた最適解が，不確定な要因に対してどのくらい柔軟で頑強であるかを確かめておく必要がある．熱交換システムの場合，伝熱係数の変化や，外界から流れ込む流体の温度や流量が変わっても熱交換が可能か否かの検討である．

　現実に化学プロセス全体を一つのシステムとして設計する場合，経済性・安全性や環境負荷など多目的な評価尺度で設計していかねばならなくなる．ここで紹介した熱交換器の設計問題でも，エクセルギー損失と装置設計費を最小にすることが必ずしも両立せず，最小接近温度差という概念を使って，妥協点を見つけなければならなかった．また，対象とする範囲（システムバウンダリー）や前提条件の設定が単純でないことも多い．とくに，環境やエネルギーに関連するシステムの設計を実施する場合，装置まわりでの環境・エネルギーの最適化を考えるのか，工場周りか，日本規模での環境・エネルギーの最適化を考えるのかなどの設定が難しい．このように，計算機が進歩した今でも，システム設計をすべて自動で行える手法は少なく，まだまだ経験と勘に頼るところが多い作業である．現在，人間に取って代わり，最適な設計を計算機ですべて自動的に行おうとするよりも，設計者や立案者の決定支援としてさまざま情報を提供する方法論の一つとして最適化手法の開発が進められている．

　システマティックにより効率的に最適に，ものをつくっていくことは，工学の真髄であり，プロセスシステム工学の最適化の概念，システム合成（synthesis）の考え方は将来ますます必要性が増すであろう．

## 演習問題（7章）

**7.1** 線形の等号制約条件 $x+y=a$ のもとで，評価関数 $f(x,y)=4x^2+y^2+b$ を最小とする $x,y$ を Lagrange 定数を使って求めよ．

**7.2** 図のような二つの完全混合槽からなる吸収装置がある．成分 A をモル分率で 0.1 含んだガス 1 [kmol h$^{-1}$] を吸収液と接触させ，最終的には，成分 A をモル分率で 0.01 にして放出したい．各完全混合槽を去るガス中の A 成分モル分率 $y$ と吸収液中の A 成分モル分率 $x$ の間には，$Ky=x$（$K$ は比例定数）の平衡関係が成り立つものとする．二つの槽に導入される液の流量を $u_1, u_2$ [mol h$^{-1}$] とする．導入コスト $u_1+u_2$ が最小となる $u_1, u_2$ を求めよ．（ヒント：物質収支 $(0.1-y)=u_1Ky$，$(y-0.01)=0.01 Ku_2$ と評価関数 $u_1+u_2$ から Lagrange 定数 $\lambda_1$, $\lambda_2$ を用いて，極値条件から $\lambda_1(u_1K+1)-\lambda_2=1+\lambda_1Ky=1+\lambda_2K(0.01)=0$ を求める）

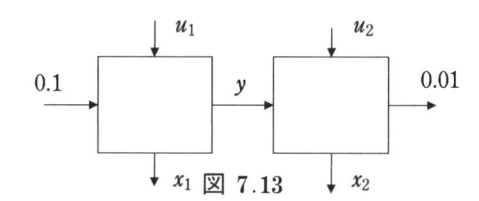

図 7.13

**7.3** 表 7.1 に示すような熱交換で潜熱変化だけが起こる蒸留塔のコンデンサーおよびリボイラー群がある．最小接近温度差を 10 K とした場合，どのコンデンサーとリボイラーを熱交換できるか（コンデンサーで奪い取る熱量を，他の蒸留塔のリボイラーでの炊き上げに使うこと）$T-Q$ 線図を描いて説明せよ．

表 7.1

|  | 温度 [°C] | 交換熱量 [J s$^{-1}$] |
|---|---|---|
| 蒸留塔 1 のコンデンサー | 343 → 343 | 1 000 |
| 蒸留塔 1 のリボイラー | 353 → 353 | 1 000 |
| 蒸留塔 2 のコンデンサー | 363 → 363 | 2 000 |
| 蒸留塔 2 のリボイラー | 373 → 373 | 2 000 |
| 蒸留塔 3 のコンデンサー | 383 → 383 | 1 500 |
| 蒸留塔 3 のリボイラー | 403 → 403 | 1 500 |

### 参考文献

1) 福島雅夫，システム制御情報学会編：数理計画入門，朝倉書店（1996）．
2) B. Linnhoff ほか（青山 洋 訳）：省エネルギーのためのピンチ解析法ガイドブック，シーエムシー（1997）．
3) 長谷部，橋本：プロセスシステム工学，京都大学工学部授業資料（2002）．

# 付　録

## 付録1　国際単位系（SI）

### a．SIの基本単位

**表 A.1　SI基本単位とSI補助単位**

| 物理量 | 単位の名称 | | 単位の記号 |
|---|---|---|---|
| 長さ | メートル | meter | m |
| 質量 | キログラム | kilogramme | kg |
| 時間 | 秒 | second | s |
| 電流 | アンペア | ampere | A |
| 熱力学的温度 | ケルビン | kelvin | K |
| 光度 | カンデラ | candela | cd |
| 物質量 | モル | mole | mol |
| 平面角 | ラジアン | radian | rad |
| 立体角 | ステラジアン | steradian | sr |

### b．組立単位

**表 A.2　固有の名称をもつおもな組立て単位**

| 物理量 | 単位の名称 | 単位の記号 | SI単位および組立て単位による定義 |
|---|---|---|---|
| 力 | newton | N | $kg\,m\,s^{-2} = J\,m^{-1}$ |
| 圧力 | pascal | Pa | $kg\,m^{-1}\,s^{-2} = N\,m^{-2} = J\,m^{-3}$ |
| エネルギー | joule | J | $kg\,m^2\,s^{-2} = N\,m = Pa\,m^3$ |
| 仕事率 | watt | W | $kg\,m^2\,s^{-3} = J\,s^{-1}$ |

### c．単位の接頭語

**表 A.3　単位の接頭語**

| 名称 | 記号 | 大きさ | 名称 | 記号 | 大きさ |
|---|---|---|---|---|---|
| テラ（tera） | T | $10^{12}$ | デシ（deci） | d | $10^{-1}$ |
| ギガ（giga） | G | $10^9$ | センチ（centi） | c | $10^{-2}$ |
| メガ（mega） | M | $10^6$ | ミリ（milli） | m | $10^{-3}$ |
| キロ（kilo） | k | $10^3$ | マイクロ（micro） | μ | $10^{-6}$ |
| ヘクト（hecto） | h | $10^2$ | ナノ（nano） | n | $10^{-9}$ |
| デカ（deca） | da | 10 | ピコ（pico） | p | $10^{-12}$ |

## d. 重要数値

① 気体定数　　　　　　　　　　$R = 8.314 \text{ J mol}^{-1} \text{ K}^{-1}$
② 重力加速度　　　　　　　　　$g = 9.807 \text{ m s}^{-2}$
③ 理想気体の273K，1気圧での体積$= 22.4 \times 10^{-3} \text{ m}^3 \text{ mol}^{-1}$
④ 空気の平均分子量(概略値)　　$= 29 \times 10^{-3} \text{ kg mol}^{-1}$

## e. 単位換算

① 圧　力　　　$1 \text{ atm} = 1.0133 \times 10^5 \text{ Pa}$
② 粘　度　　　$1 \text{ P(poise)} = 1 \text{ g cm}^{-1} \text{ s}^{-1} = 0.1 \text{ N s m}^{-2} = 0.1 \text{ Pa s}$
③ 力　　　　　$1 \text{ dyn} = 10^{-5} \text{ N}$
④ エネルギー　$1 \text{ erg} = 10^{-7} \text{ J}$
　　　　　　　$1 \text{ cal}_{\text{th}}(\text{熱化学}) = 4.1840 \times 10^{-3} \text{ J} = 1.163 \times 10^{-6} \text{ kW h}$
⑤ 仕事率　　　$1 \text{ PS}(\text{仏馬力}) = 735.5 \text{ W} = 735.5 \text{ J s}^{-1}$
⑥ 熱伝導度　　$1 \text{ kcal}_{\text{th}} \text{ m}^{-1} \text{ h}^{-1} \text{ °C}^{-1} = 1.163 \text{ J m}^{-1} \text{ s}^{-1} \text{ K}^{-1}$
⑦ 伝熱係数　　$1 \text{ kcal}_{\text{th}} \text{ m}^{-2} \text{ h}^{-1} \text{ °C}^{-1} = 1.163 \text{ J m}^{-2} \text{ s}^{-1} \text{ K}^{-1}$

# 付録2　ギリシャ文字

表A.4　ギリシャ文字

| 大文字 | 小文字 | 読み方 | 大文字 | 小文字 | 読み方 | 大文字 | 小文字 | 読み方 |
|---|---|---|---|---|---|---|---|---|
| A | $\alpha$ | アルファ | I | $\iota$ | イオタ | P | $\rho$ | ロー |
| B | $\beta$ | ベータ | K | $\kappa$ | カッパ | $\Sigma$ | $\sigma$ | シグマ |
| $\Gamma$ | $\gamma$ | ガンマ | $\Lambda$ | $\lambda$ | ラムダ | T | $\tau$ | タウ |
| $\Delta$ | $\delta$ | デルタ | M | $\mu$ | ミュー | $\Upsilon$ | $\upsilon$ | ウプシロン |
| E | $\varepsilon$ | イプシロン | N | $\nu$ | ニュー | $\Phi$ | $\phi$ | ファイ |
| Z | $\zeta$ | ゼータ | $\Xi$ | $\xi$ | グザイ | X | $\chi$ | カイ |
| H | $\eta$ | イータ | O | $o$ | オミクロン | $\Psi$ | $\psi$ | プサイ |
| $\Theta$ | $\theta$ | シータ | $\Pi$ | $\pi$ | パイ | $\Omega$ | $\omega$ | オメガ |

# 演習問題解答

## ■1章

**1.1** （略）

**1.2** （略）

**1.3** 水相／フェノール相＝0.521

**1.4** 製品（留出液）／残留液（缶残）＝0.064（モル比），質量比＝0.14

**1.5** 出口ガス組成（モル分率） $N_2$：0.695，$CO_2$：0.074，$H_2O$：0.074，$C_2H_4O$：0.148，$C_2H_4$：0.010
発生熱量：348 kJ (mol-ethylene)$^{-1}$

**1.6** (1) $C_3H_6$：$NH_3$：$O_2$＝2：2：3
(2) 出口組成（モル分率） $C_3H_6$：0.065，$NH_3$：0.073，$N_2$：0.606，$O_2$：0.101，$C_2H_3CN$：0.034，
　　　　　　　　　　　　$C_2H_3CHO$：0.009，$H_2O$：0.112
(3) 出口組成（モル分率） $C_3H_6$：0.135，$NH_3$：0.018，$N_2$：0.511，$O_2$：0.009，$C_2H_3CN$：0.072，
　　　　　　　　　　　　$C_2H_3CHO$：0.018，$H_2O$：0.235
(4) 炉へのガス：空気＝1：2.31（モル比＝容量比）

**1.7** 循環ガス（1モル）に対する抜き出し割合　Arのモル分率が5％の場合：0.069モル，10％の場合：0.037

**1.8** 熱交換器からの排出ガスの温度　540 K

**1.9** (1) 出口組成　$C_2H_6$：0.310，$C_2H_4$：0.127，$H_2$：0.127，$H_2O$：0.436　(2) $1.65\times10^7$ kJ

**1.10** (1) 石灰石1 kgあたりの天然ガス使用量：5.5モル，メタンの完全燃焼した割合：77％　(2) 反応器の温度：1 440 K

**1.11**　　　　　　　　　　　物質収支データ表　［単位 kg h$^{-1}$］

| | 1 | 2 | 3 | 4 | 5 | 6 | 7 | 8 |
|---|---|---|---|---|---|---|---|---|
| $(C_6H_{10}O_5)_n$ | 10 | 15.00 | 15.00 | — | — | — | — | — |
| $C_6H_{10}O_5$ | — | 1.92 | — | 1.92 | 1.92 | — | — | 1.92 |
| $C_6H_{12}O_6$ | — | 9.20 | — | 9.20 | 0.18 | — | — | 0.18 |
| $C_2H_5OH$ | — | — | — | — | 4.61 | — | 4.56 | 0.05 |
| $CO_2$ | — | — | — | — | — | 4.41 | — | — |
| $H_2O$ | 90 | 91.89 | 3.00 | 88.89 | 88.89 | — | 0.31 | 88.58 |
| 計 | 100 | 118.01 | 18.00 | 100.01 | 95.60 | 4.41 | 4.87 | 90.73 |

## ■2章

**2.1** $-r_A=k_3(2k_1/k_4)^{1/2}[Cl_2]^{1/2}[O_2]^{3/2}$

**2.2** （略）

**2.3** 54.6 kJ mol$^{-1}$

**2.4** (1) $\tau=2.7\times10^3$ s，$V=0.75$ m$^3$　(2) $\tau=53$ s，$V=1.2\times10^{-2}$ m$^3$，管長 15.4 m

**2.5** 61.8 m

**2.6** 差異なし

**2.7** （略）

**2.8** $-r_A=1.14\times10^{-3}C_A^{1.76}$ mol m$^{-3}$ s$^{-1}$

## 3章

**3.1** 221 Pa, $2.22 \times 10^{-3}$ mol m$^{-2}$ s$^{-1}$

**3.2** $N_{OG} = 4.86$, $Z = 2.4$ m

**3.3** 0.0242 mol%

**3.4** $x_D = 0.72$, $x_W = 0.52$

**3.5** $W = 550$ kmol h$^{-1}$, $x_W = 0.13$, 理論段数 10

**3.6** 51%

**3.7** 3段

**3.8** $q_A = \dfrac{q_m K_A C_A}{1 + K_A C_A + K_B C_B}$, $q_B = \dfrac{q_m K_B C_B}{1 + K_A C_A + K_B C_B}$

**3.9** (略)

**3.10** $2.7 \times 10^6$ s

**3.11** 276 μm

**3.12** 下図に示すように，準安定結晶と安定結晶の溶解度が異なるため，溶液濃度は，先に析出した準安定結晶すべてが溶解するまで準安定結晶の溶解度で一定値を保ち，その後，安定結晶の溶解度にまで減少する．

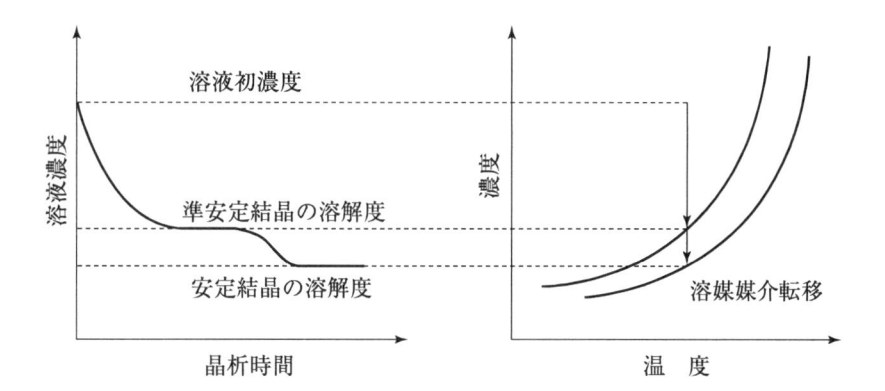

**3.13** 67 kg

**3.14** 7.47 h

**3.15** (1) 4.1 kg-乾き空気 s$^{-1}$　(2) $3.3 \times 10^2$ kJ s$^{-1}$　(3) 0.90(材料予熱区間) + 0.16(減率乾燥区間) + 12.50(表面蒸発区間) = 13.56 m$^3$

**3.16** (略)

**3.17** 3.7

**3.18** (略)

## 4章

**4.1** $\tau_{-r\theta}\Big|_{r=R_2} \cong \mu \dfrac{dv_\theta}{dr}\Big|_{r=R_2} \cong \dfrac{2\pi\mu N}{R_2/R_1 - 1}$

**4.2** $I_0 = \dfrac{D_A S (C_2 - C_1)}{L}$, $\dfrac{I}{I_0} = \dfrac{1}{1 + S/2nrL}$

**4.3** 非圧縮生流体では流体中のどの部分も運動中に密度が変化しない．

**4.4** (略)

**4.5** $Re = 3.08 \times 10^5 (> 2\,300)$ で乱流. $f = R\Delta p/(\rho \overline{u^2} L) = 3.6 \times 10^{-3}$, ゆえに $\Delta p = 1.33 \times 10^4$ Pa

**4.6** 慣性力と変性力は，それぞれ $m\dfrac{L}{t^2} \approx \rho L^3 \dfrac{L}{(L/U)^2} = \rho L^2 U^2$, $\mu \dfrac{U}{L} L^2 = \mu U L$ で与えられる．よって，[慣性力]/[粘性力] $\sim UL/\nu = Re$

**4.7** $Q = \dfrac{\pi D_1^2 D_2^2}{4\sqrt{D_1^4 - D_2^4}} \sqrt{2gh(\rho'/\rho - 1)}$

**4.8** 出口に円管を付けない場合：$u = \sqrt{2gh}$

出口に円管を取り付けた場合：$u' = -8\,vL/R^2 + \sqrt{2gh(8\,vL/R^2)^2}$

**4.9** $Re = 9.96 \times 10^4$．図4.8より，動力数 $N_\mathrm{p} = P/\pi N^3 D^5 = 1.7$．よって，動力 $P = 14.5\,\mathrm{W}$

**4.10** 充填層の高さ $L$，体積 $V$ とすると，[流体が通過する部分の断面積]$\times L/V =$ [充填層内で流体が占める体積]$/V = \varepsilon$，[濡れ部分の長さ]$\times L/V \fallingdotseq$ [充填層内の充填物の表面積]$/V = a_\mathrm{t}$．ゆえに，$De = 4\varepsilon/a_\mathrm{t}$．

## ■5章

**5.1** (1)

| 粒径区分 [μm] | 個数 $\Delta n_i$ | 中心径 $D_{\mathrm{p}i}$ | 粒径幅 $\Delta D_\mathrm{p}$ | 頻度 $\dfrac{\Delta n_i}{N\Delta D_{\mathrm{p}i}}$ | 粒径幅 $\Delta \ln D_\mathrm{p}$ | 頻度 $\dfrac{\Delta n_i}{N\Delta \ln D_{\mathrm{p}i}}$ |
|---|---|---|---|---|---|---|
| 0〜2 | 0 | 1 | 2 | 0 | — | — |
| 2〜4 | 17 | 3 | 2 | $7.08 \times 10^{-3}$ | $6.93 \times 10^{-1}$ | $2.04 \times 10^{-2}$ |
| 4〜6 | 78 | 5 | 2 | $3.25 \times 10^{-2}$ | $4.05 \times 10^{-1}$ | $1.60 \times 10^{-1}$ |
| 6〜8 | 181 | 7 | 2 | $7.54 \times 10^{-2}$ | $2.88 \times 10^{-1}$ | $5.24 \times 10^{-1}$ |
| 8〜10 | 248 | 9 | 2 | $1.03 \times 10^{-1}$ | $2.23 \times 10^{-1}$ | $9.26 \times 10^{-1}$ |
| 10〜12 | 228 | 11 | 2 | $9.50 \times 10^{-2}$ | $1.82 \times 10^{-1}$ | $1.04 \times 10^{0}$ |
| 12〜14 | 166 | 13 | 2 | $6.92 \times 10^{-2}$ | $1.54 \times 10^{-1}$ | $8.94 \times 10^{-1}$ |
| 14〜16 | 113 | 15 | 2 | $4.71 \times 10^{-2}$ | $1.34 \times 10^{-1}$ | $7.05 \times 10^{-1}$ |
| 16〜18 | 78 | 17 | 2 | $3.25 \times 10^{-2}$ | $1.18 \times 10^{-1}$ | $5.52 \times 10^{-1}$ |
| 18〜20 | 50 | 19 | 2 | $2.08 \times 10^{-2}$ | $1.05 \times 10^{-1}$ | $3.95 \times 10^{-1}$ |
| 20〜22 | 28 | 21 | 2 | $1.17 \times 10^{-2}$ | $9.53 \times 10^{-2}$ | $2.45 \times 10^{-1}$ |
| 22〜24 | 13 | 23 | 2 | $5.42 \times 10^{-3}$ | $8.70 \times 10^{-2}$ | $1.25 \times 10^{-1}$ |
| 計 | 1200 | | | | | |

(2) 面積平均径：14.23 μm，体積平均径：15.54 μm　(3) $D_\mathrm{pg} = 10.43$，$\sigma_\mathrm{g} = 1.481$

**5.2** 空気中：$-1.31 \times 10^{-10}\,\mathrm{N}$，水中：$-7.08 \times 10^{-9}\,\mathrm{N}$　$v_t = 1.65 \times 10^{-4}\,\mathrm{m\,s^{-1}}$

**5.3** $1.65 \times 10^{-17}\,\mathrm{C}$

**5.4** (1) $x = \displaystyle\int_0^t v_x \mathrm{d}t = \dfrac{v_{x0} - u_x}{\alpha}\{1 - \exp(-\alpha t)\} + u_x t$

$z = \displaystyle\int_0^t v_z \mathrm{d}t = \dfrac{\alpha v_{z0} - \beta}{\alpha^2}\{1 - \exp(-\alpha t)\} + \dfrac{\beta}{\alpha} t$

(2) $3.00 \times 10^{-4}\,\mathrm{m}$

**5.5** $K_1 = 4.0\,\mathrm{m^6\,s^{-1}}$，$V_0 = 24\,\mathrm{m^3}$，$t_0 = 144\,\mathrm{s}$

**5.6** 0.5

**5.7** 93.3 μm

**5.8** 95 %

## ■6章

**6.1** 60 °C

**6.2** 0.0671

**6.3** 0.364 kW

**6.4** 3.27 %

**6.5** 電気から熱のエネルギー変換によって 9.56 kJ kg$^{-1}$ のエクセルギー損失が生じる．

**6.6** $2\pi\lambda s(T_1 - T_2)/\ln(r_2/r_1)$

演習問題解答

6.7 紙の表面温度は162℃であり，耐熱温度より低い．
6.8 1.13倍

## 7章

7.1 $x=a/5$, $y=4a/5$, $\lambda=8a/5$
7.2 $y=\sqrt{0.1}\cong 0.32$
7.3 $T$-$Q$線図を以下に示す．蒸留塔3のコンデンサーでの除熱量を蒸留塔2のリボイラーを加熱量に，蒸留塔2のコンデンサーでの除熱量の一部を蒸留塔1のリボイラーの加熱量として使うことができる．

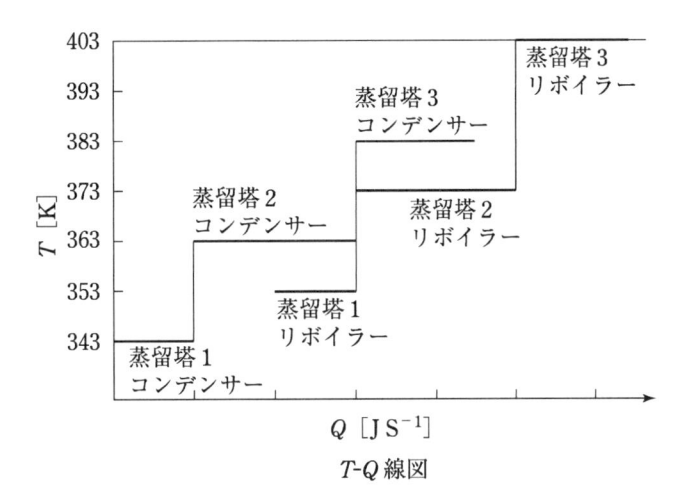

$T$-$Q$線図

# 索 引

## A〜Z

Allen 域　149
Arrhenius の式　22
Arrhenius プロット　23
Bernoulli
　——の式　139
　——の定理　138
Bernoulli 関数　139
BET 式　88
Boltzmann　166
Carnot サイクル　165
Carnot の熱機関　163
Clausius　162,165
Darcy 則　142
Fanning の摩擦係数　136
Fick の法則　120,129
Fourier の法則　130,171
Freundlich 式　89
Froude 数　136
Grashof 数　136
Hagen-Poiseille の式　132
Henry 式　54,88
Henry 定数　54,120
Henry の法則　54,120
HTU　63
Joule　162
Kelvin　165
Knudsen 拡散　53
Knudsen 流　120
Kozeny-Carman の式　142
Lagrange 乗数　181
Langmuir 式　88
Lewis 数　136
Lewis の関係　106
Maxwell　166
McCabe-Thiele 図解法　78
Michaelis 定数　26
Michaelis-Menten 式　26

Navier-Stokes 方程式　131,134
Newcomen の蒸気機関　163
Newton
　——の運動法則　127
　——の冷却則　173
Newton 域　149
Newton 流体　128
Nikuradse の式　137
NTU　62
Nusselt 数　136,173
one pass　6
optimization　179
Ostwald の段階則　100
Péclet 数　136
Prandtl 数　135,136,173
$P$-$V$-$T$ の関係　2
$q$ 線　77
Rant　167
Raoult の法則　53,70
Rayleigh 数　136
Reynolds 数　132,136,149,173
Rosin-Rammler 分布　148
Ruth の沪過理論　152
Schmidt 数　135,136
shallow bed 法　46
Sherwood 数　136
Stanton 数　136
Stefan-Boltzmann の法則　174
Stokes 数　149
Thiele 数　47
Thomson　165
$T$-$Q$ 線図　184
$T$-$x$-$y$ 線図　68
Watt の蒸気機関　163
Weber 数　136
$x$-$y$ 線図　69

## あ 行

圧 損　142

圧 力　127
アナロジー　129
アンモニア　12
一次核発生メカニズム　100
一次不可逆反応　65
一方拡散　55
移動現象　126
移動単位数　62,94
移動単位高さ　62,94
移動物性　2
インターナル　74

渦拡散係数　134

エアフィルター　156
液液抽出　80
液液平衡の表現　81
液ガス比　61
液 膜　121
エクセルギー　167,182
エタノール　7,11
エネルギー　161
エネルギー収支　5,9
エントロピー　165

応 力　127
応力テンソル　128
押出し流れ　20
押出し流れ反応器　21
温度境界層　135
温度-熱量線図　184

## か 行

回収部　75
　——の操作線　76
回転数　135
回分吸着　90
　——の操作線　91

回分式蒸留　66
回分式熱風乾燥器　110
回分反応器　19
　　──の反応速度　42
カオス的混合　141
化学吸収　54
化学工学　1
　　──の応用　4
　　──の目的と体系　2
　　──の領域　4
化学プロセス　1
化学ポテンシャル　52
角関係　174
拡　散　55, 89, 129
拡散境膜　117
拡散係数　55, 116, 129
拡散混合　158
拡散操作　3
拡散-反応モジュラス　65
拡散律速　47
核発生　99
撹拌層　135
撹拌翼　141
撹拌 Reynolds 数　135
ガスエンジン　170
ガス吸収　54
ガス吸収装置　59
ガス境膜　56
ガスタービン　170
ガス分離膜　119
活性化エネルギー　22
活性中間体　23
乾き空気　105
管型反応器　19
　　──の性能　36
　　──の速度解析　46
　　──の反応操作　41
関係湿度　105
乾式分級　157
含水率　108
慣性力　135
完全混合流れ　20
完全混合流れ反応器　21
完全発達流　131
乾　燥　105
乾燥速度　109
乾燥特性曲線　108
管摩擦係数　137

還　流　68
還流比　77

気液平衡　51, 68
機械エネルギー損失　139
機械的分離操作　3
幾何学的径　146
幾何標準偏差　147
幾何平均径　147
気固平衡　51
希釈剤　80
気泡撹拌塔　59
気泡塔　59
逆透過膜　117
キャリヤー　122
吸収率　174
吸　着　87
吸着剤　87
吸着質　87
吸着速度　89
吸着帯　92
吸着等温線　88
吸着平衡　88
境界層　135
共沸温度　69
共沸混合物　69
共沸点　69
境膜抵抗　117
共役線　86
巨視的エネルギー収支　138
巨視的機械エネルギー収支　139

空間時間　33
空間速度　34
空隙率　142
空塔速度　93
屈曲係数　89
グルコース　7
クロマトグラフィー　95

ケーク沪過　152
結晶構造　96
結晶生成　99
結晶成長　99
結晶特性　97
決定変数　180
ゲル沪過　119
限界含水率　109

限界 Reynolds 数　133
限外沪過　152
限外沪過膜　119
懸濁液　151
減率乾燥　109

高温流体　183
高性能ラジエーター　176
酵　素　25
向　流　111
向流式熱交換器　174
向流操作　59
向流多段抽出　85
固液分離　151
黒　体　174
黒　度　174
コジェネレーション　169
固体触媒　47
固定層吸着法　91
　　──の操作線　93
コロナ放電　155
混　合　157
混相流　142
コンバインドサイクルシステム
　　170

## さ　行

サイクロン　154
細　孔　47, 87
細孔内拡散　47
最小液ガス比　61
最小還流比　78
最小接近温度差　186
再蒸留　65
サイズ排除機構　114
最適化　179
最適熱交換システム　182
再沸比　77
サトウキビ　7

シェルバランス　61
次元解析　135
システム工学　3
システムバウンダリー　190
湿球温度　106
湿式分級　157
湿　度　105

# 索 引

湿度図表　107, 112
質量保存則　130
湿り空気　105
湿り空気エンタルピー　106
湿り比熱　106
集　塵　154
充填蒸留塔　67
充填層　142
充填塔　59, 73
充填物　59
終末沈降速度　150
重力ポテンシャル　139
受動輸送　122
受熱源　188
受熱複合線　188
受熱流体　183
準安定領域　99
蒸気機関　163
晶　析　96, 143
　──の原理　98
　──の量論　101
晶析装置　103
状態方程式　2
蒸　留　65
蒸留操作　66
蒸留装置の構成　67
蒸留塔の仕組み　74
触　媒　25
触媒有効係数　47
所要動力　139
浸透説　56

数値積分法　31
図式解法　39
図積分法　31
スラリー　153

成績係数　166
静電気力　150
精密沪過　152
精　留　74
積算残留分布　147
積算通過分布　147
積分反応器　46
積分法　43
ゼータ電位　151
設計変数　180
接触操作　60

セルロース　7, 11
遷移域　134
線形推進力近似　90
剪断応力　127
剪断混合　158

槽型反応器　19
総括移動単位数　62
総括移動単位高さ　62
総括伝熱係数　174
総括反応速度　47
総括物質移動係数　57
総括物質移動容量係数　62, 90
操作線の式　61
操作点　85
操作変数　180
相対揮発度　70
相当直径　144, 146
相平衡　2
層　流　132
層流底層　134
速度境界層　135
速度差分離　51
阻止率　118
素反応　18
損失係数　139

## た　行

対称膜　116
対数正規分布　147
代数的解法　39
対数平均　63
対数平均温度差　186
タイライン　83
対流乾燥　105
対流混合　157
対流伝熱　173
多形溶媒介媒介転位　100
多段蒸留塔　67
棚段塔　73
タービン翼　141
多目的最適化　181
単位操作　3
単一反応　18
単一連続槽型反応器の反応操作　38
段効率　73

単蒸留　72
段操作　60
担　体　122
担体輸送　122
単抽出　83
段　塔　59
断熱飽和温度　106
断熱冷却線　107

抽　剤　80
抽　出　80
抽出試薬　122
抽出率　84
超臨界抽出　87
直線平衡関係　89
直列連続槽型反応器　19
　──の反応操作　39
直角三角座標　81
沈殿濃縮　151

定圧回分式反応操作　38
定圧系　28
定圧沪過　153
低温流体　183
定形濃度分布　92
抵抗係数　149
定常状態近似法　23
ディーゼルエンジン　170
定速沪過　153
定容回分式反応操作　37
定容系　28
定率乾燥　109
転化率　27
電気移動度　151
電気集塵器　155
テンソル　128
伝導乾燥　105
伝熱係数　173
伝熱促進　176
伝熱速度　171
伝熱形態　171
伝熱容量係数　112

糖　化　11
透過気化膜　121
等号制約式　181
塔効率　75
等湿球温度線　112

透析膜　121
動粘度　128, 173
動力数　141
トルエン　6
トレードオフ　186

## な 行

流れの形態　130
ナノテクノロジー　146
ナノ粒子　146

二重境膜説　55

濡れ壁塔　59

熱運動　127
熱エネルギーの流れ　3
熱拡散率　130, 173
熱機関　163
熱交換器　10, 174
熱交換の推進力　186
熱効率　164
熱伝導　130, 171
熱伝導率（度）　130, 171
熱複合線　188
熱放射率　174
熱力学第一法則　162
熱力学第二法則　165
熱流束　171
粘性底層　134
粘性力　135
粘　度　128
燃料電池　170

濃縮部　75
　　——の操作線　76
能動輸送　123
濃度境界層　135
濃度分極　118

## は 行

排煙脱硫技術　54
破過時間　92
バグフィルター　156
パドル翼　141
半回分式反応器　19

半減期　45
半減期法　45
反応器の設計　36
反応吸収　54, 65
反応係数　65
反応工学　3, 17
反応次数　22
反応操作　36
反応速度　17, 21, 65
反応速度解析法　41
反応の分子数　22
反応律速　47

非圧縮性流体　130
非対称膜　116
ピッチドパドル翼　141
ヒートポンプ　166
非 Newton 流体　129
微分反応器　46
微分法　42
評価指標　179
表面改質　157
表面更新説　56
非理想流れ反応器　21
ピンチテクノロジー　182
頻度因子　22
頻度分布関数　147

複合反応　18
物質移動　3
　　——の推進力　56
物質移動係数　52, 56, 117
物質移動抵抗　58
物質移動容量係数　62
物質収支　5
沸点-組成線図　68
物理吸収　54
物理吸収速度　55
物理流束　55
部分捕集効率　154
フラックス　129
フラッシュ蒸留　72
プレートポイント　83
プロセスシステム工学　179
プロセスフローシート　2
プロペラ翼　141
分画分子量　119
分　級　157

分子拡散　129
分配曲線　83
分配係数　52
分配平衡　51
分離係数　52
分離工学　3
分離剤　50
分離精製　3
分離操作　50
分離の原則　50

平均径　147
平均速度　127
平衡含水率　108
平衡比　70
平衡分離　51
並　流　111
並流操作　59
並流多段抽出　84
ヘリカルリボン翼　141
ベンゼン　6
ベンチュリー流量計　144
変容系　28

放射乾燥　105
放射性同位元素　46
放射伝熱　174
保存量　126

## ま 行

膜透過機構　115
膜透過係数　117
膜透過速度　52
膜透過速度式　116
膜分離　114
膜分離プロセス　115
マノメーター　144

見かけの速度　142
ミキサーセトラー型抽出装置　83

無次元変数　136

メタンの燃焼熱　10
面積力　127

モル流束　129

## や 行

有機溶剤の湿度図表　112
有効拡散係数　47
有効比　168
輸送係数　134

溶解拡散機構　114
溶解度　54,98
溶解度曲線　82
溶解平衡　51,54
溶　剤　80
溶　質　80
容積力　127
与熱源　188
与熱流体　183

## ら 行

ラジエーター　176
乱　流　132

力学的ポテンシャル　139
リグニン　11
リサイクル　6
理想流れ　21
理想流れ反応器　21
理想反応器　30
律　速　89
律速段階　23
律速段階近似法　23
粒　子　146
　──の大きさ　146
　──の物性　146
粒子内有効拡散係数　89
流　線　139
流　束　129
流　体　126
　──の移動現象　126
流体粒子　139
流動化開始点　143
流動層　143
粒度分布　146,148
量子サイズ効果　145
量論係数　18

量論式　18
理論段数　75,85

冷熱発電　169
レオロジー　128
連続式晶析装置　104
連続式蒸留　66
連続式熱風乾燥器　111
連続式反応器　20
　──の反応速度　46
連続精留　75
連続槽型反応器　19
　──の性能　36
　──の速度解析　48
　──の反応操作　38
連続多段蒸留塔　75
連続単蒸留　71
連続の式　130

濾　過　152
ローディング速度　60

**編著者略歴**

古崎新太郎 （ふるさき・しんたろう）

1938年　東京都に生まれる
1960年　東京大学工学部応用化学科
　　　　卒業
1982年　東京大学教授
現　在　九州大学教授をへて崇城大学
　　　　生物生命学部教授．東京大学
　　　　名誉教授・工学博士

石川　治　男 （いしかわ・はるお）

1939年　愛媛県に生まれる
1964年　大阪府立大学大学院工学研究
　　　　科修士課程修了
1990年　大阪府立大学教授
現　在　大阪府立大学名誉教授・工学
　　　　博士

役にたつ化学シリーズ8

化 学 工 学

定価はカバーに表示

2005年　3月20日　初版第 1 刷
2022年　8月 5 日　　　　第 13 刷

〈検印省略〉

編著者　古　崎　新太郎
　　　　石　川　治　男
発行者　朝　倉　誠　造
発行所　株式会社　朝　倉　書　店
　　　　東京都新宿区新小川町6-29
　　　　郵便番号　162-8707
　　　　電話　03(3260)0141
　　　　FAX　03(3260)0180
　　　　http://www.asakura.co.jp

© 2005〈無断複写・転載を禁ず〉　Printed in Korea

ISBN 978-4-254-25598-0　C3358

JCOPY　<出版者著作権管理機構 委託出版物>

本書の無断複写は著作権法上での例外を除き禁じられています．複写される場合は，
そのつど事前に，出版者著作権管理機構（電話 03-5244-5088, FAX 03-5244-5089,
e-mail: info@jcopy.or.jp）の許諾を得てください．

| 前慶大 柘植秀樹・横国大 上ノ山周・前群馬大 佐藤正之・農工大国眼孝雄・千葉大 佐藤智司著 応用化学シリーズ4 **化学工学の基礎** 25584-3 C3358　　A5判 216頁 本体3400円 | 初めて化学工学を学ぶ読者のために，やさしく，わかりやすく解説した教科書。〔内容〕化学工学の基礎（単位系，物質およびエネルギー収支，他）／流体輸送と流動／熱移動（伝熱）／物質分離（蒸留，膜分離など）／反応工学／付録（単位換算表，他） |
|---|---|
| 前京大 橋本伊織・京大 長谷部伸治・京大 加納　学著 **プロセス制御工学** 25031-2 C3058　　A5判 196頁 本体3700円 | 主として化学系の学生を対象として，新しい制御理論も含め，例題も駆使しながら体系的に解説〔内容〕概論／伝達関数と過渡応答／周波数応答／制御系の特性／PID制御／多変数プロセスの制御／モデル予測制御／システム同定の基礎 |

## ◆役にたつ化学シリーズ〈全9巻〉◆

基本をしっかりおさえ，社会のニーズを意識した大学ジュニア向けの教科書

| 安保正一・山本峻三編著 川崎昌博・玉置　純・山下弘巳・桑畑　進・古南　博著 役にたつ化学シリーズ1 **集合系の物理化学** 25591-1 C3358　　B5判 160頁 本体2800円 | エントロピーやエンタルピーの概念，分子集合系の熱力学や化学反応と化学平衡の考え方などをやさしく解説した教科書。〔内容〕量子化エネルギー準位と統計力学／自由エネルギーと化学平衡／化学反応の機構と速度／吸着現象と触媒反応／他 |
|---|---|
| 川崎昌博・安保正一編著 吉澤一成・小林久芳・波田雅彦・尾崎幸洋・今堀　博・山下弘巳他著 役にたつ化学シリーズ2 **分子の物理化学** 25592-8 C3358　　B5判 200頁 本体3600円 | 諸々の化学現象を分子レベルで理解できるよう平易に解説。〔内容〕量子化学の基礎／ボーアの原子モデル／水素型原子の波動関数の解／分子の化学結合／ヒュッケル法と分子軌道計算の概要／分子の対称性と群論／分子分光法の原理と利用法／他 |
| 太田清久・酒井忠雄編著 中原武利・増原　宏・寺岡靖剛・田中庸裕・今堀　博・石原達己他著 役にたつ化学シリーズ4 **分析化学** 25594-2 C3358　　B5判 208頁 本体3400円 | 材料科学，環境問題の解決に不可欠な分析化学を正しく，深く理解できるように解説。〔内容〕分析化学と社会の関わり／分析化学の基礎／簡易環境分析化学法／機器分析法／最新の材料分析法／これからの環境分析化学／精確な分析を行うために |
| 水野一彦・吉田潤一編著 石井康敬・大島　巧・太田哲男・垣内喜代三・勝村成雄・瀬恒潤一郎他著 役にたつ化学シリーズ5 **有機化学** 25595-9 C3358　　B5判 184頁 本体2700円 | 基礎から平易に解説し，理解を助けるよう例題，演習問題を豊富に掲載。〔内容〕有機化学と共有結合／炭化水素／有機化合物のかたち／ハロアルカンの反応／アルコールとエーテルの反応／カルボニル化合物の反応／カルボン酸／芳香族化合物 |
| 戸嶋直樹・馬場章夫編著 東尾保彦・芝田育也・圓藤紀代司・武田徳司・内藤猛章・宮田興子著 役にたつ化学シリーズ6 **有機工業化学** 25596-6 C3358　　B5判 196頁 本体3300円 | 人間社会と深い関わりのある有機工業化学の中から，普段の生活で身近に感じているものに焦点を絞って説明。石油工業化学，高分子工業化学，生活環境化学，バイオ関連工業化学について，歴史，現在の製品の化学やエンジニヤリングを解説 |
| 宮田幹二・戸嶋直樹編著 高原　淳・宍戸昌彦・中條善樹・大石　勉・隅田泰生・原田　明他著 役にたつ化学シリーズ7 **高分子化学** 25597-3 C3358　　B5判 212頁 本体3800円 | 原子や簡単な分子から説き起こし，高分子の創造・集合・変化の過程をわかりやすく解説した学部学生のための教科書。〔内容〕宇宙史の中の高分子／高分子の概念／有機合成高分子／生体高分子／無機高分子／機能性高分子／これからの高分子 |
| 村橋俊一・御園生誠編著 梶井克純・吉田弘之・岡崎正規・北野　大・増田　優・小林　修他著 役にたつ化学シリーズ9 **地球環境の化学** 25599-7 C3358　　B5判 160頁 本体3000円 | 環境問題全体を概観でき，総合的な理解を得られるよう，具体的に解説した教科書。〔内容〕大気圏の環境／水圏の環境／土壌圏の環境／生物圏の環境／化学物質総合管理／グリーンケミストリー／廃棄物とプラスチック／エネルギーと社会／他 |
| 前京大 荻野文丸総編集 **化学工学ハンドブック** 25030-5 C3058　　B5判 608頁 本体25000円 | 21世紀の科学技術を表すキーワードであるエネルギー・環境・生命科学を含めた化学工学の集大成。技術者や研究者が常に手元に置いて活用できるよう，今後の展望をにらんだアドバンスな内容を盛りこんだ。〔内容〕熱力学状態量／熱力学的プロセスへの応用／流れの状態の表現／収支／伝導伝熱／蒸発装置／蒸留／吸収・放散／集塵／濾過／混合／晶析／微粒子生成／反応装置／律速過程／プロセス管理／プロセス設計／微生物培養工学／遺伝子工学／エネルギー需要／エネルギー変換／他 |

上記価格（税別）は2022年 7月現在